Traité théorique et pratique des Taillis

TRAITÉ
THÉORIQUE & PRATIQUE
DES TAILLIS

Alphonse MATHEY

1929

PRÉFACE

————

*Alphonse Mathey a écrit quelque part dans cet ouvrage :
« La Forêt n'est pas le domaine de la formule, mais le théâtre
de la vie ». Par là-même, il a défini son œuvre ; œuvre
de forestier, d'observateur, d'écrivain toujours en pleine vie.*

*Ceux qui l'ont connu gardent le souvenir de cette activité
dévorante pour laquelle l'existence entière fut un champ
perpétuel d'observations profondes.*

*Il avait entrepris de grouper le fruit de ses réflexions en un
ouvrage consacré à l'étude théorique et pratique des taillis.
Le travail est resté sur le chantier, mais de fidèles amis de ce
grand forestier ont eu l'heureuse pensée d'en publier le
premier livre.*

*Le Comité des Forêts a donné aux lecteurs de son Bulletin
la primeur de ce Traité. Commencée en 1924, cette publication
se termina brusquement en Novembre 1927, peu de jours après
la mort de l'auteur.*

*Des trois autres livres qui devaient compléter l'ouvrage,
il ne nous reste que les titres. Mathey était un esprit si original,
si personnel, sa science était si profonde et si variée, qu'il est
impossible, même en utilisant les notes éparses qu'il a laissées,
de terminer l'œuvre inachevée.*

*La lecture du premier livre du TRAITÉ DES TAILLIS
ne peut qu'augmenter l'amertume que cause à tous ceux qui
s'intéressent à la Forêt la disparition prématurée de cet homme
unique, de ce savant doublé d'un praticien, de ce grand
voyageur qui avait beaucoup vu et beaucoup retenu, de ce
poëte qui ne pouvait cacher son émotion devant les colorations
successives du tapis végétal et en même temps — fait très rare
— savait les noms et les caractères botaniques des plus
humbles plantes qui le composaient.*

*Ce premier livre intitulé « CONSIDÉRATIONS GÉNÉ-
RALES SUR LES TAILLIS » méritait d'être publié. Il
fourmille d'aperçus originaux. Il fait réfléchir. Il ouvre des
horizons nouveaux à tous ceux qui savent lire dans le grand
livre de la Nature.*

*Alphonse Mathey était avant tout un praticien expérimenté,
au jugement sûr, « un des grands chefs qui ont le plus marqué
dans notre haute administration forestière ». C'est en ces
termes que son ami Roulleau de la Roussière le présentait aux
lecteurs en annonçant la publication de son ouvrage dans le
Bulletin du Comité des Forêts.*

*Il était doué au plus haut point de l'esprit d'observation.
Dans les milieux les plus divers où il a passé, en France, en
Espagne, en Algérie, au Maroc, en Amérique, en Australie, il
lui suffisait de quelques jours pour voir, pour comparer, pour
juger, pour conclure.*

*Les pages qu'il consacre aux semences des différentes
essences d'arbres aux relations qui existent entre l'époque de
la dissémination des graines et celle de la chute des feuilles
révèlent un observateur aussi précis que clairvoyant.*

*La réputation de Mathey comme savant et comme botaniste
avait dépassé depuis longtemps les frontières de notre Pays.
« Un forestier, avait-il coutume de dire doit être aussi un
naturaliste ». Et il donna l'exemple. Les monographies des
essences qui composent le taillis, la description des divers
types de landes donnent une idée vraiment éblouissante de la
sûreté et de l'étendue de ses connaissances scientifiques.*

Mais la science n'était pas pour lui un but. Elle n'était qu'un moyen. Mathey cherchait toujours les conséquences pratiques que l'on pouvait tirer de ses observations. S'il étudiait les différentes espèces de chênes ou la paléobotanique, la fixation de l'azote de l'air par les nodosités qui se développent sur les racines de certains arbres, le rôle excitateur du sous-bois sur la végétation des réserves, les enchaînements et les associations dans le monde végétal, c'était toujours pour en déduire les indications d'ordre pratique qui peuvent être utiles aux propriétaires forestiers.

C'est là le véritable intérêt de son ouvrage. Tout ce qu'il dit du charme et du bouleau, du rôle améliorant de l'aune, de la formation des drageons du tremble, son plaidoyer en faveur de l'alisier et du sorbier, les pages qu'il consacre au peuplier, tout cela est à retenir et à méditer.

Car c'est bien à méditer qu'Alphonse Mathey nous convie. Ses aphorismes font affluer à l'esprit de chacun les exemples qu'apporte l'expérience personnelle. « Le sol fait la forêt, mais la forêt réagit sur le sol ». « Les morts-bois préparent la venue des essences forestières ». « La présence de certaines espèces du sous-bois indique qu'il serait prématuré d'exploiter le taillis ».

Comme il l'a dit lui-même au cours de sa lumineuse étude, les idées qu'il a semées « fleuriront pour d'autres ». D'autres suivront les voies qu'il a tracées et pousseront plus loin ses découvertes au cœur de la Forêt qu'il aimait avec passion.

La propriété forestière se souviendra que les dernières lueurs de cette flamme s'élevèrent pour sa défense et elle fera survivre dans des réalisations pratiques la doctrine qu'elle a inspirée.

J. DE NICOLAY.

TRAITÉ
THÉORIQUE & PRATIQUE
DES TAILLIS [1]

LIVRE PREMIER

Considérations Générales sur les Taillis

CHAPITRE PREMIER

Les Essences considérées dans leurs rapports réciproques

I. — Définitions et Historique

Le mot *taillis* paraît venir du latin *talea* (branche coupée) ; mais les Romains se servaient des mots *cœdua sylva* pour désigner une forêt exploitée en taillis. *Sylva cœdua est quæ in hoc habetur, ut cœdatur ; vel quæ succisa, rursus ex stirpibus, aut radicibus renascitur (Dig.).*

Cette vieille définition est restée dans le langage technique, et l'on dit toujours qu'une forêt est soumise au *régime* du taillis quand elle se perpétue surtout par la repousse des souches et des racines. Depuis longtemps, on avait donc constaté que les *brins* issus de rejets de souches croissent plus vite que ceux venus de semis. Telle est, en effet, la principale raison d'être de cette méthode d'exploitation, qui permet de disposer plus rapidement des fruits de la terre. En se reportant aux vieux écrits, on constate également que plus on remonte loin dans l'histoire de notre pays, et plus on voit les taillis se couper jeunes. Les ordonnances de 1563, 1587 et 1588 défendaient que l'on coupât avant 10 ans, non seulement les bois du Roi, mais encore ceux des communautés ecclésiastiques et même ceux des particuliers. Dans son introduction pour les ventes des bois du Roi (1668), de Froidour annonce comme une révolution qu'il aurait opérée dans l'aménagement des forêts de la grande maîtrise de l'Ile-de-France, le fait d'avoir réglé les coupes de plusieurs taillis à 15, 16, 18 et 20 ans. De Froidour eut de nombreux imitateurs et, peu à peu, la notion du taillis s'élargit, en même temps que s'espacèrent les exploitations. Les recrûs de 10, 20, 30, 40 ans apparurent aux yeux les moins exercés comme des tableaux forestiers différents, et à des formes nouvelles de peuplement correspondirent des appellations nouvelles basées sur la fréquence des coupes. En consultant les *Coutumes*, on voit qu'on désignait sous les noms de : *bois de serpe*, les taillis exploités à 10 ans et au-dessous ; — *bois de coupe*, ceux recépés entre 11 et 30 ans ; — *hauts taillis*, *hautes tailles*, ou *gaulis*, ceux conduits jusqu'à 40 ans et plus. Passé 50 ans, on admettait que les bois se reproduisent beaucoup plus de semences que de rejets, d'où le nom de *futaie sur souches* qui leur a été donné. On peut donc compléter comme suit la définition latine : un *taillis* est un bois que l'on coupe à un âge tel qu'il puisse se reproduire de souches et de racines.

Mais, en faisant table rase du peuplement, on s'aperçut bien vite qu'on sacrifiait ainsi des essences rares et précieuses, puis qu'on ne récoltait que des menus bois impropres à un grand nombre d'emplois. L'usage se répandit alors de réserver, çà et là, les plus belles perches destinées à vivre au moins jusqu'à l'exploitation suivante et susceptibles de donner des produits de plus grosses dimensions. A la notion du *taillis simple* succéda ainsi celle du taillis surmonté de perches et d'arbres : c'est le *taillis-sous-futaie* ou *taillis composé*. Longtemps, le taillis constitua l'élément fondamental de ces peuplements, et la futaie n'y fut que pauvrement représentée. Mais, sur bien des points, les conditions économiques s'étant modifiées, les bois d'industrie et de service devenant rares et chers, les petits bois ayant perdu de leur importance et de leur valeur, on en vint à réduire au strict minimum le rôle du taillis et à augmenter celui de la futaie. Le taillis-sous-futaie fut alors remplacé par la *futaie sur taillis*.

Taillis simple, taillis-sous-futaie, futaie sur taillis, telles sont les phases par lesquelles a successivement passé le régime du taillis, et cet ordre chronologique est bien celui qui convient à son étude.

II. — Les essences des taillis

D'après le mode de reproduction des taillis, on conçoit immédiatement que ces derniers doivent être surtout composés d'essences supportant bien la taille et repoussant facilement de souches ou de racines. C'est là principalement l'attribut des bois feuillus. Pourtant, quelques rares essences résineuses, comme les thuyas, peuvent aussi s'adapter à ce mode de régime, et l'on comprend que, dans le taillis-sous-futaie, les résineux, spontanés ou introduits, puissent prendre place dans la réserve.

Parmi les végétaux feuillus entrant dans la composition du taillis, les uns frappent le regard par la taille et les dimensions élevées qu'ils acquièrent avec le temps : ce sont les *essences constitutives* du *peuplement principal ;* les autres, de taille et de dimensions réduites, forment surtout une *trame de remplissage :* on les désigne communément sous le nom de *morts-bois,* et le peuplement qui en dérive se nomme *peuplement accessoire.* La représentation proportionnelle des essences principales et accessoires varie dans des limites considérables ; nous verrons qu'elle est sous la dépendance étroite des facteurs naturels de la station et du traitement proprement dit.

Les essences principales se divisent en *bois durs* et en *bois tendres* ou *bois blancs.* Les bois durs comprennent les chênes, le hêtre, le charme, le frêne, l'orme, les érables, le châtaignier, le poirier, le pommier, les alisiers, le sorbier, le cerisier, le robinier, le caroubier, les pistachiers, l'olivier, le micocoulier ; les bois blancs ont pour principaux représentants le tremble, le tilleul, l'aune, le bouleau, les peupliers, le saule blanc.

Le passage des essences principales aux morts-bois se fait par une catégorie nombreuse de végétaux plus humbles dans leur taille et dans leurs dimensions, mais dont le rôle cultural est souvent énorme et dont l'importance économique n'est en général point négligeable. Ce sont ces végétaux qui constituent le peuplement de *remplissage* des vieux taillis et la *trame* des broussailles algériennes et du maquis corse. Parmi les plus importants, nous citerons le coudrier, les saules (S. Marsault, S. fragile, etc,), les cornouillers, les nerpruns, le cytise, la bourdaine, les sureaux, les aubépines, l'aliboufier, le lentisque, le philaria, le laurier rose, l'anagyre fétide, l'arbousier, le jujubier, les sumacs, le ciste ladanifère, l'halimie, l'if, le houx, les genévriers.

La phalange plus nombreuse encore des *morts-bois* proprement dits forme la *souille* du taillis. Elle peut faire défaut dans les peuplements âgés comme aussi constituer la masse des broussailles. Son rôle cultural et essentiellement transitoire apparaît surtout dans les jeunes coupes, où elle couvre le sol et empêche son ravinement, sa dénudation et son appauvrissement. Les principaux morts-bois de nos taillis, de nos brousses, de nos landes, de nos garrigues, des broussailles et du maquis sont les asperges arborescentes, les adenocarpes, l'amélanchier, l'andromède, certaines anthyllides, l'argyrolobe, le baguenaudier, l'épine-vinette, le buis, les calycotomes, les chèvrefeuilles, les cistes, les clématites, les coronilles, les éphèdres, l'épine noire, les fusains, les genêts, les groseilliers, l'hippophaé, le jasmin, les lavatères, le lyciet, le myrthe, le néflier, l'osyris, le paliure, les retams, les salsepareilles, les sarothames, le spartier, les suédées, le troène, les viornes, la vigne, le whitania.

Il est enfin une dernière catégorie de très petites plantes ligneuses, qui, au même titre que la végétation herbacée, constituent le *tapis végétal* de nos bois et contribuent si fort à leur donner une physionomie caractéristique. Ce sont les airelles, les ajoncs, l'atragène, les bruyères, les bugranes, les busseroles, la camarine, les daphnés, le fragon, les globulaires, les hélianthèmes, les lavandes, les rhododendrons, le romarin, les ronces, les rosiers, les thymélées, etc.

III. — Tempérament des essences

Les plantes vivent en décomposant à *la lumière* l'acide carbonique de l'air ; elles expulsent l'oxygène et gardent le carbone qu'elles assimilent pour en former leur propre substance. Ce phénomène est connu sous le nom d'*assimilation chlorophyllienne*. Pour chaque espèce végétale, l'assimilation se fait dans des limites fort étendues d'éclairage. Entre la limite inférieure, marquée par l'*étiolement*, et la limite supérieure, indiquée par la *dessication*, le *fanement*, le *ratatinement* des organes, il y a un degré optimum caractérisé par le développement normal de la plante.

Ce besoin plus ou moins grand de lumière dénote le *tempérament* du végétal. On n'en connaît pas la mesure *absolue*, et la mesure *relative* s'obtient par comparaison, en étudiant la façon dont les plantes se comportent les unes par rapport aux autres. On divise les essences forestières en essences d'*ombre* et de *lumière*. Le passage des unes aux autres se fait par transitions insensibles. D'une façon générale on peut dire que le *besoin de lumière* de chaque essence est *inversement proportionnel* à son *couvert*. Par ce mot de couvert, on désigne l'*ombrage* projeté sur le sol par la *cime*. On pourrait en obtenir la mesure exacte. Les essences à couvert *léger* sont des essences de lumière; celles à couvert *épais*, des essences d'ombre. Les premières vivent à l'état isolé ou clair, les secondes à l'état serré ou de massif. Le tempérament de la plante est *surtout accusé* dans le jeune âge, à l'état de plantule et de semis. C'est une des raisons pour lesquelles on qualifie souvent de *robustes* les essences de lumière, et de *délicates* les essences d'ombre. Les semis des premières s'installent en plein découvert et *filent* sous un ombrage même modéré ; les semis des secondes, au contraire, ne s'installent qu'à la faveur de cet ombrage et disparaissent sous une insolation trop vive.

Peuvent être classées comme :

Essences de pleine lumière

Peuplement principal. — Bouleau, tremble, saule blanc, peuplier, chêne, acacia, sorbier, alisiers, poirier, pommier, cerisier, caroubier, micocoulier.

Peuplement de remplissage. — Saules, nerpruns, aliboufier, jujubier, sumac thézera, ciste ladanifère, halimie, genévrier.

Souille. — Buis, genêts, épine noire.

Essences de lumière
- *Peuplement principal.* — Frêne, châtaignier, orme, aune, pistachier, olivier.
- *Peuplement de remplissage.* — Cytise, bourdaine, aubépines, sumac.
- *Souille.* -- Troène.

Essences de demi-ombre
- *Peuplement principal.* — Érables, tilleuls.
- *Peuplement de remplissage.* — Coudrier, cornouiller, sureaux.

Essences d'ombre
- *Peuplement principal.* — Charme, hêtre.
- *Peuplement de remplissage.* — Houx, if.
- *Souille.* — Groseillier, chèvrefeuille, clématites, vigne, lierre.

Le tempérament des essences peut être modifié par différentes circonstances de sol, de climat, et par une plus ou moins longue adaptation à un genre déterminé de vie. Plus les terrains sont frais et profonds, plus l'atmosphère est humide, plus aussi on constate que *le couvert est épais.* Chacun sait que le sol se nettoie *plus vite* dans les riches taillis de la plaine que dans les misérables taillis des coteaux calcaires.

Plus on se rapproche des limites de l'aire d'une essence et plus cette dernière accuse la caractéristique de son tempérament. Ainsi, dans les hautes altitudes, il faut davantage de lumière à une plante pour prospérer en raison de la brièveté de la période végétative. Pour ce motif, les *forêts alpestres de fin* se présentent généralement à l'état de bouquets peu serrés ou même d'arbres isolés.

Tout ce qui tempère l'intensité de la lumière (expositions Nord et Est, déclivité brusque des pentes, abris variés, ciel embrumé) concourt à rapprocher les essences d'ombre des essences de lumière. C'est ainsi que le hêtre peut se comporter comme une essence de demi-lumière sur les versants Nord et Est des coteaux jurassiques de l'Est et du Centre de la France et même comme une essence de pleine lumière dans le Plateau Central (Ussel) et le Pays de Caux (bocages entourant les fermes) où il est planté sans abri sur les routes et dans les champs. Inversement, tout ce qui exalte l'intensité de la lumière concourt à atténuer les effets du couvert chez les essences à tempérament robuste. C'est ainsi que, dans le Midi de la France, le chêne peut se comporter comme une essence de demi-ombre et vivre sous un ombrage assez prononcé.

En se développant sous le couvert, les plantes portent des feuilles plus *minces* et plus *larges* qu'en plein découvert. C'est là un phénomène d'adaptation au milieu, qui leur permet de prolonger leur existence menacée. Préservée d'une évaporation trop active, la feuille peut, en effet, augmenter sans inconvénient sa surface d'absorption, ce qui lui permet également de profiter de l'humidité relativement considérable que renferme le sol maintenu frais et ombragé. On conçoit d'ailleurs que le mode de culture puisse, jusqu'à un certain point, *modifier à la longue le tempérament des essences*, puisque lui-même n'est pas autre chose qu'un *caractère acquis par hérédité*. Il serait impossible de s'expliquer autrement la permanence des essences d'ombre et de lumière depuis l'origine jusqu'à nos jours. On remarquera d'ailleurs combien est faible la proportion des premières comparativement à celle des secondes.

Il est à peine besoin de faire remarquer que le régime du taillis convient surtout aux essences de lumière, celui de la futaie aux essences d'ombre. Par contre, on ne saurait trop insister sur l'importance du tempérament relatif des essences qui donne la clef de tous les phénomènes d'alternance et de substitution constatés dans les taillis exploités à des âges différents. Ce tempérament des essences fournit également de très précieuses indications pour la création de peuplements artificiels. Nous verrons en particulier que, par l'emploi d'engrais chimiques appropriés, on peut fournir aux sols les plus ingrats l'humidité nécessaire à l'évolution des plantes les plus délicates et assurer ainsi leur reprise en plein découvert. En fait, tout se borne à *modifier* la station naturelle et à rapprocher la plante des conditions dans lesquelles se fait son évolution normale. Nous aurons donc souvent à revenir sur ces questions de couvert et de tempérament des essences, qui jouent un si grand rôle dans la technique des taillis.

IV. — Longévité des essences

La longévité des végétaux varie considérablement avec l'espèce (*longévité spécifique*), l'individu (*longévité individuelle*) et les conditions dans lesquelles chaque essence a vécu *(longévité sociale)*.

La *longévité spécifique* est *absolue* ou *technique : absolue*, quand elle désigne l'époque de la *mort naturelle* survenant *fatalement* à la suite de l'altération des organes ou de la destruction partielle des tissus par les parasites, toutes circonstances qui provoquent ou facilitent l'écroulement des vieux arbres sous le poids de leur cime ou l'action mécanique des météores ; *technique*, quand elle envisage seulement la durée moyenne pendant laquelle les arbres d'une essence déterminée peuvent rester debout sans que leur bois s'altère. Certaines essences, comme le chêne, les ormes, les tilleuls, le châtaignier, peuvent vivre 500 ans et plus. Le hêtre, le frêne, les érables, le charme durent un peu moins. Le bouleau, le tremble, les aunes dépassent rarement un siècle. Il n'est pas rare de trouver des chênes âgés de 300 ans et plus, dont le bois, parfaitement sain, est doué de toutes les qualités qui le font rechercher dans l'industrie et dans les arts ; par contre, on constate fréquemment que les trembles âgés de 60 à 80 ans sont cariés au cœur et impropres à tous usages.

La taille n'est pas un critérium absolu de la longévité des végétaux forestiers, car, malgré leur petite élévation, l'if, le houx, le buis peuvent vivre plus longtemps que les chênes, les tilleuls et les ormes. Toutes circonstances égales d'ailleurs, les essences de bois durs sont plus longévives et plus résistantes aux causes de destruction que les essences de bois tendres. La longévité technique est également sous la dépendance étroite des facteurs de la station qui influent sur la qualité du bois ; ainsi le hêtre de plaine est beaucoup moins durable que celui des coteaux et des montagnes granitiques ou calcaires. D'une façon générale, le bois des arbres âgés est moins nerveux, moins raide, que celui des arbres jeunes ; il se laisse plus facilement travailler et se tourmente moins une fois mis en œuvre.

La connaissance élémentaire du monde végétal apprend que tous les sujets d'une même espèce n'ont pas la même longévité, alors cependant qu'ils vivent dans des conditions identiques. D'aucuns, malingres, disparaissent très vite ; d'autres, exceptionnellement vigoureux, prolongent leur existence bien au-delà du terme moyen. Cette longévité *individuelle* se trahit par des signes extérieurs très utiles à discerner rapidement, car le grand art du forestier praticien consiste justement à reconnaître à première vue ces *arbres d'élite*. Les balivages dans les taillis-sous-futaie reposent presque entièrement sur cette distinction.

La longévité des arbres élevés à *l'état isolé* est *plus grande* que celle des arbres *vivant en massif*. La culture peut donc amener les premiers à de plus grosses dimensions que les seconds Ce fait tient en grande partie à la lutte pour la lumière, la nourriture et la vie, qui se poursuit dans le sol et dans l'air entre les sujets d'un même peuplement. La

rapidité de croissance dans le jeune âge intervient tout
d'abord pour favoriser la prééminence de certaines espèces ;
puis l'activité plus ou moins soutenue de cette végétation
occasionne un nouveau déchet dans les survivants. Toutes
les essences qui ne peuvent suivre le développement en
hauteur du peuplement passent dans le sous-étage et sont
progressivement éliminées, si leur tempérament ne se prête
pas à ces conditions nouvelles d'existence. C'est ainsi que le
tapis végétal disparaît sous les peuplements fermés, puis que
les morts-bois, dont l'élan en hauteur se ralentit promptement, sont progressivement éliminés par les essences du
peuplement principal. Entre ces dernières, la lutte se
poursuit avec des chances diverses de succès, sans que la
survivance soit toujours assurée aux essences les plus longévives. Nous verrons, en effet, qu'en raison de leur extrême
plasticité, les essences d'ombre peuvent souvent se substituer en masse aux essences de lumière, plus longévives,
dans les taillis exploités à longue révolution.

Il est enfin toute une catégorie de plantes, dites grimpantes, telles que le lierre, le chèvrefeuille, la clématite, le
houblon, la vigne, les smilax, qui, par un phénomène
spécial d'adaptation, peuvent être indifféremment considé-
rées comme d'ombre et de lumière. Elles s'élèvent, en effet,
avec les essences autour desquelles elles grimpent, pour
étaler au soleil leurs jeunes organes et se placer ainsi dans
les conditions les plus favorables à leur développement. La
lutte pour la lumière, qui se poursuit ainsi entre la liane et
l'arbre, tourne même généralement au désavantage de ce
dernier, enserré par les anneaux d'une spire qu'il ne peut
parvenir à rompre.

Au point de vue pratique, on peut distinguer les essences
longévives : olivier, chêne, orme, tilleul, châtaignier, hêtre,
frêne, érable, charme, sorbier, alisier, poirier, pommier,
caroubier, pistachier, micocoulier, lentisque, philaria, if,
houx, buis, susceptibles de vivre plus d'un siècle ; les

essences *moyennement longévives* : bouleau, tremble, aune, cerisier, saule blanc, etc., en général capables de vivre moins d'un siècle, mais plus de 50 ans ; les essences *peu longévives*, telles que le coudrier, les saules, les nerpruns, les sureaux et tous les autres morts-bois, qui disparaissent *généralement* des peuplements âgés de plus de 50 ans, ou qui ne s'y maintiennent que dans des conditions très spéciales, par exemple dans les vides.

Je me hâte d'ajouter, toutefois, que les limites assignées par les flores à la vie des essences forestières sont souvent ridiculement faibles, et il est bien peu de végétaux, même parmi les plus humbles, qui, en situation favorable, ne soient susceptibles de doubler hardiment le terme de l'existence qu'on leur mesure parcimonieusement. Le fait m'est apparu principalement en Algérie, où des arbres et des bosquets *maraboutiques* atteignent des dimensions et des âges insoupçonnés. J'en conclus qu'il faut toujours conserver les bois sains et bien venants, en arbres ou en cépées, quels qu'ils soient. Les dimensions qu'ils prennent en font, non seulement un sujet d'admiration sans cesse renouvelé, mais encore une source inappréciable de richesse pour l'avenir. Je me propose de revenir sur ce sujet en parlant des morts-bois injustement dédaignés.

V. — Port et enracinement des essences

Le port d'un végétal est l'aspect extérieur sous lequel il se présente à nos yeux. La forme, la hauteur et la couleur de la tige, la disposition de la cime concourent à donner à chaque essence une physionomie particulière permettant de la distinguer à première vue, sans recourir aux caractères botaniques.

L'élévation du fût permet tout d'abord d'effectuer une première répartition dans la masse des espèces ligneuses qui peuplent nos forêts. C'est ainsi qu'on réserve plus spécialement le nom *d'arbre* aux végétaux dont la tige s'élève, simple et unie, à 6, 7 mètres au minimum ; qu'on désigne sous le nom *d'arbuste* (petit arbre) les végétaux rameux dès la base et dont la hauteur varie de 1 à 6 mètres ; enfin qu'on réserve la qualification *d'arbrisseau* aux morts-bois de très petite taille, comme les bruyères, les sarothamnes, les genêts, etc.

La couleur du fût fournit également de bons indices pour la détermi-

Fig. 1.
CHÊNES ROUVRES, FORÊT DE SOIGNE (Slavonie)

nation rapide des grandes essences. Le hêtre, le châtaignier ont une écorce lisse, brillante ; celle des chênes est fortement crevassée chez les sujets adultes, et la profondeur, comme aussi la disposition des sillons, permettent de distinguer facilement le pédonculé du rouvre. Chez le chène rouvre, même parvenu à un âge avancé, l'écorce est finement, régulièrement et verticalement striée : il n'y a pas, à proprement parler, de sculptures ; chez le chène pédonculé, au

Fig. 2. — CHÊNE PÉDONCULÉ DE BRESSE

contraire, l'écorce est relevée de côtes saillantes qui dessinent des losanges plus ou moins réguliers (Fig. 1 et 2). Des caractères à peu près identiques aident à la distinction, fort importante également au point de vue pratique, des saules blanc et fragile. Comme le montrent les photographies (Fig. 3 et 4), les sillons sont moins profonds et les sculptures de l'écorce sont plus régulières chez le saule blanc que chez le saule fragile. L'érable sycomore a une écorce rougeâtre, qui s'exfolie en larges plaques; celle de l'érable à feuilles

Fig. 3. — ÉCORCE DE SAULE BLANC

d'obier lui ressemble beaucoup, tandis que celle de l'érable plane reste indéfiniment grisâtre et finement réticulée. L'écorce de l'érable champêtre, d'abord relevée dans la jeunesse d'ailes liégeuses, s'uniformise à la longue et prend une coloration d'un gris blanchâtre, assez semblable à celle de l'écorce de l'érable plane. L'alisier blanc possède dans le jeune âge une écorce d'un brun marron, qui s'éclaircit à la

Fig. 4. — ÉCORCE DE SAULE FRAGILE

longue et finit par devenir lisse et grise. L'alisier torminal
a un rhytidôme écailleux, d'un gris noirâtre, qui tombe et
qui s'exfolie partiellement. Chacun connaît l'écorce brune et
chanvreuse du sorbier domestique. Sur un brin de taillis,
il est facile de confondre les protubérances liégeuses de
l'orme avec celles de l'érable champêtre, mais, sur l'arbre
fait, l'écorce se différencie vigoureusement de celle des
autres essences par sa tonalité d'un brun rougeâtre, la longueur de ses sillons et le relief peu accusé de ses sculptures
extérieures. L'écorce du frêne, d'abord lisse, jaunâtre et çà
et là accidentée par les roses de l'*Hylesinus fraxinus*, se
gerce ensuite profondément et prend l'aspect d'une peau de
crocodile.

L'écorce des végétaux de nos forêts empruntant ses couleurs variées aux lichens, aux algues et aux mousses qui se
développent à profusion à sa surface, présente nécessairement de grandes variations avec la station, le sol et le climat.
Dans les terrains humides, le rhytidôme des chênes pédonculés se recouvre d'une pellicule cendrée ; l'écorce crevassée
et blanche pourrait induire en erreur des débutants sur la
vigueur des arbres. Enlevée d'un coup de marteau, elle
apparaît *peu épaisse,* rose à l'intérieur et recouvrant un bois
ferme et sain. Cette couleur gris cendré de l'écorce des
pédonculés est due à la présence d'un lichen crustacé, le
Biatora quernea. On verrait de même que *Lecidea leuco-
plata* donne à l'écorce des peupliers une tonalité blanche,
que *Verrucaria nitida* teinte en vert olivâtre le fût des
charmes, que *Verrucaria alba* et *V. epidermidis* colorent en
blanc l'écorce des saules et des bouleaux, que *Caloplaca
ferruginea* est cause de l'aspect brun rouge et ferrugineux
présenté par les vieux troncs des chênes et des ormes.

Il est encore à noter qu'au voisinage des grandes agglomé-
rations, il est à peu près impossible de reconnaître sûrement
les arbres par le seul examen de l'écorce. Cela tient à
l'atmosphère brumeuse, nuisible au développement des
lichens et favorable au contraire à celui des algues.

Indépendamment de la couleur, d'autres caractères tirés de la forme du fût guident aussi le praticien, très souvent obligé d'embrasser d'un coup d'œil rapide le peuplement qu'il a devant lui, afin d'en tirer bon parti. C'est ainsi que les *cannelures* du tronc sont caractéristiques chez le charme, que le fût des tilleuls est souvent bosselé, et celui des ormes, côtelé.

Quant à la forme de la cime, elle varie beaucoup suivant que l'arbre est jeune ou vieux, isolé ou en massif, situé dans un bon ou dans un mauvais terrain. Jeune, l'arbre présente d'ordinaire une cime conique, l'extrêmité flexible de ses rameaux a toujours tendance à s'incliner vers le sol, l'angle d'insertion des branches sur le tronc est faible. Vieux, l'arbre présente une cime plus ou moins globuleuse ou aplatie, les rameaux sont *rigides* et plus ou moins *redressés* à leur extrémité (héliotropisme positif), l'angle d'insertion des branches sur le tronc est maximum (forme d'adaptation due au poids du feuillage, de la neige, etc.). Toutes les essences ne s'*aplatissent pas* également avec l'âge. Les unes, comme le hêtre, le charme, le tilleul, les érables et les alisiers jouissent à un très haut degré de cette propriété. Les chênes, les frênes, les sorbiers conservent plus longtemps un port élancé. Les trembles, les aunes, surtout les bouleaux et les ormes, gardent presqu'indéfiniment leur forme en fuseau allongé.

L'aptitude des essences à *dégager* leur fût est remarquable et d'une importance capitale dans le traitement en taillis composé où les arbres sont élevés à l'état d'isolement relatif. On constate que, même complètement isolées, certaines essences, comme les peupliers, le tremble, le bouleau, l'aune, le sorbier, et, à un moindre degré, l'orme, le frêne, les chênes, se constituent toujours un fût ayant au minimum le *tiers* de la hauteur totale, tandis que le hêtre, le charme éprouvent une grande difficulté à dégager leur tronc des branches basses. Une *sélection* constante et consciente exalte singulièrement cette aptitude naturelle. J'en trouve la preuve dans les taillis de Bresse, exploités depuis un temps immémorial entre 9 et 12 ans, où l'enlèvement systématique des chênes branchus et bas a donné naissance à une race vigoureuse et élancée de pédonculés, mesurant jusqu'à 10 et 12 mètres de fût sous branches.

La façon dont se terminent les branches, leur groupement dans la cime, caractérisent le port d'un certain nombre d'essences. Ainsi le chêne pédonculé *noue* ses rameaux près de l'extrémité des branches, celles-ci finissent en *queue de vipère*; la cime est pauvre, dissymétrique, trouée. Au contraire, le chêne rouvre amincit progressivement ses branches qui finissent en *queue de couleuvre*; la cime est pleine, symétrique, régulièrement ovoïde. Dans maintes forêts exploitées en taillis-sous-futaie, cette conformation si particulière des cimes est cause de la *disparition* du *chêne pédonculé* : les gardes, au moment du balivage, prenant pour un défaut cette forme naturellement appauvrie de la cime des pédonculés, donnent *toujours* la préférence aux rouvres. Le chêne de juin, qui est une variété tardive du pédonculé, diffère complètement du type par l'aspect très régulier de sa cime groupée comme celle du rouvre et par l'amincissement progressif de ses rameaux longs et effilés comme ceux du hêtre. On peut se demander la *cause* de ces variations. Cette cause réside *uniquement* dans la plus ou moins grande précocité des arbres. Le pédonculé ordinaire, entrant en végétation quelques jours après le rouvre, est très sensible aux gelées printanières. Or, on sait que ces dernières tendent justement à *nouer* l'extrémité des rameaux, d'où part un pinceau de jeunes pousses. Telle est bien la forme caractéristique de la ramification des pédonculés, forme acquise par accidents successifs d'abord, mais qu'une longue sélection et une longue hérédité ont rendu organique. Le rouvre se développant plus vite, échappe *partiellement* aux gelées printanières : il peut donc mieux finir ses pousses et équilibrer sa cime. Enfin, le chêne de juin, qui n'est plus exposé du tout aux froids du printemps, distribue sa cime plus régulièrement encore et effile admirablement ses rameaux. C'est à une cause identique que j'attribue la forme très pleine, très ramassée et en même temps très gracile de la cime du charme, comparativement à celle du hêtre, bien plus sensible aux morsures des froids printaniers.

D'autres circonstances peuvent encore modifier le port normal des végétaux forestiers. Ainsi en est-il du développement dans la couronne des lichens fruticuleux et foliacés. Que signifie, au point de vue pratique, la présence de ces longues barbes pendantes d'Usnée, si répandues sur les cimes des arbres peuplant les combes de nos calcaires jurassiques, ou végétant sur les sols forestiers les plus ingrats ? On devra en conclure, d'abord que la station est humide, ou que l'air est frais, fréquemment renouvelé ; ensuite que l'écorce morte ou rhytidôme, substratum de la vie lichénique, est nécessairement très épaisse. Ce dernier fait est l'indice d'une végétation peu active ; mais, de ce que cette végétation est ralentie, il ne s'ensuit nullement qu'elle ne soit pas soutenue. Par suite, la présence de lichens barbus sur les branches et les rameaux n'est pas le moins du monde un signe de caducité. En revanche, elle indique généralement qu'il y aurait *avantage* à remplacer ces essences languissantes par d'autres mieux adaptées au sol et à la station. Ainsi en est-il pour le chêne des combets jurassiques, qui devrait le plus souvent céder la place au hêtre.

La forme du tronc et de la cime se modifie puissamment, suivant que l'arbre vit isolé ou en massif. Chez un sujet isolé, la cime est large, étalée ; le fût est court, branchu, *conique*. La production du bois de feu est considérable, celle du bois d'œuvre forcément réduite. Chez le sujet en massif, la cime est grêle, *redressée* ; le fût est long, propre, *cylindrique*. La production du bois de feu est faible, celle du bois d'œuvre considérable. Pour fixer les idées, je dirai que le couvert d'un chêne ayant crû en futaie pleine est environ *moitié moindre* que celui d'un chêne de même dimension ayant crû sur le même sol et dans un taillis exploité à 25 ans. Il en résulte qu'un chêne de taillis occupe à peu près deux fois plus de place qu'un chêne de futaie. S'il s'agit de hêtre, les différences sont encore plus accentuées.

Dans les taillis-sous-futaie exploités entre 8 et 40 ans, les formes *lourdes* et *trapues* des réserves sont l'apanage des courtes révolutions, les formes *sveltes* et *élancées*, celles des longues révolutions.

En ce qui concerne l'influence du sol, on peut dire que, toutes circonstances égales d'ailleurs, les terrains *rocheux* et *superficiels* donnent les arbres les plus *courts* et les plus *branchus*, les terrains *meubles, divisés* et *profonds*, les arbres les plus *élancés* et les mieux *lavés*. Les terrains *argileux* et *compacts* fournissent des sujets *intermédiaires* : les fûts *médiocrement élevés* sont bien en rapport avec des cimes *puissantes* et très *développées*. On peut donc inférer de ces observations que le taillis-sous-futaie donnera les meilleurs résultats sur les sols riches, frais et fertiles de la plaine, les moins bons sur les sols superficiels chauds et arides des coteaux calcaires jurassiques.

Enfin, proche des confins supérieurs de leur station, la plupart des essences feuillues perdent la propriété de se constituer un beau fût ; le port *empaqueté* et *rameux* caractérise ainsi ces stations rudes et froides, naturellement réservées au taillis simple et à la futaie.

S'il est utile au praticien de connaître les variations subies par la tige et la cime des arbres isolés ou en massif, il ne lui est pas moins nécessaire de posséder des données précises sur les variations éprouvées par l'appareil souterrain. En effet, les racines ne sont pas seulement des organes de *soutien* et de *fixation*, elles constituent encore des organes d'*absorption*, qui procurent à la plante l'*eau* et les *substances minérales* indispensables à son développement. La lutte pour la vie *commence dans le sol* et se *poursuit ensuite dans l'air*. De même donc que nous avons vu les appareils aériens se comporter de façon très différente au point de vue *lumière* et s'adapter plus ou moins à des conditions essentiellement variables d'existence, de même nous allons voir les appareils souterrains présenter des différences fondamentales suivant les espèces et se modifier plus ou moins bien pour satisfaire à un besoin d'*eau* impérieux. Dans l'air, c'est la lutte pour la lumière, dans le sol, c'est la lutte pour l'eau qui prime tout. Dans l'air, ce sont les cimes qui se poussent et s'étagent ; dans le sol, ce sont les racines qui se fuient et s'enfoncent. Le tout pour arriver à la forêt mélangée, utilisant au mieux l'air par ses rameaux et le sol par ses racines. On a donc été conduit à distinguer les essences *pivotantes*, qui fouillent les parties profondes du terrain, des essences *traçantes*, qui utilisent les parties superficielles.

Parmi les essences *pivotantes*, c'est-à-dire pourvues d'une forte racine principale ou pivot s'enfonçant très loin dans le sol, nous citerons les chênes, le châtaignier, les érables, le tilleul, le cerisier, le poirier, le frêne. Parmi les essences *traçantes*, c'est-à-dire pourvues de nombreuses racines latérales se développant dans les parties superficielles du sol, nous citerons le hêtre, le charme et le bouleau. Jouissent de propriétés *intermédiaires* : l'orme et l'aune avec un enracinement profond, mais non pivotant, le tremble avec un enracinement superficiel, les alisiers, les sorbiers, l'acacia, avec des enracinements très variables. Les morts-bois ont un faible appareil radicellaire, en rapport avec leur taille exigüe. L'enracinement est tantôt superficiel et traçant (épines noires et blanches, saules, mahaleb, hippophaé, etc.), tantôt il est un peu pivotant (houx, sureau, néflier), tantôt il s'irradie autour d'une *patte* renflée en nœud (cornouillers, bruyère arbre, sumac), tantôt enfin, comme chez le coudrier, les racines latérales peu profondes s'unissent en une sorte de *disque* massif, que surmontent des rejets vigoureux et que terminent une ou plusieurs racines plongeantes, jouant alors le rôle d'ancres.

Ces indications, si importantes soient-elles, sont cependant *insuffisantes* pour caractériser nettement les exigences des différentes essences, car elles ne tiennent pas compte de la façon dont les racines utilisent l'*espace cubique souterrain*. Or, c'est là un point fondamental, qui suffit souvent à lui seul pour expliquer la composition des peuplements naturels et suivre leur évolution. Enfin, un planteur ne saurait se passer de ces indications, sans tomber dans un empirisme grossier.

Que l'enracinement soit en surface ou en profondeur, il peut être tantôt *concentré*, tantôt *diffus*. Le type des enracinements concentrés est fourni par le bouleau et par le hêtre. Mais, tandis que l'appareil souterrain du bouleau n'occupe qu'une surface *infiniment réduite* avec un *lacis peu épais* de radicelles, celui du hêtre occupe beaucoup plus de place, et, dans cette place, les radicelles forment un *feutrage* extraordinairement *épais*. Si l'on tient compte, en outre, du couvert des deux essences, on comprend ainsi facilement pourquoi le chène éprouve tant de facilité à s'installer sous le bouleau, tant de difficulté à germer sous le hêtre. Il est à peine besoin de faire remarquer combien ces deux enracinements sont parfaitement adaptés aux stations de ces deux espèces végétales. Le bouleau vivant dans des terrains humides, compacts et retenant bien l'humidité (argiles des terrains bressans), n'a nul besoin d'un système puissant de racines pour se procurer l'eau nécessaire à son rapide développement ; par contre, le hêtre qui vit dans des terrains secs et filtrants a besoin de multiplier à l'infini son chevelu pour sucer l'eau enrobant les moindres particules de terre. Pour ces faits encore, on peut induire que la réserve du bouleau ne causera qu'un tort infime au taillis, tandis que celle du hêtre lui sera particulièrement dommageable.

Le chêne, le châtaignier, les érables et les ormes ont également un enracinement *concentré*, mais en profondeur, qu'il dérive, soit d'un pivot s'enfonçant carrément à une grande distance dans le sol (chêne et châtaignier), soit de racines latérales plongeantes (ormes et érables). Dans les deux cas, le réseau de l'appareil souterrain est lâche : les racines latérales ne remplaçant qu'à un âge fort avancé les racines profondes atrophiées. Cette disposition de l'enracinement explique pourquoi des essences traçantes, comme le hêtre et le charme, peuvent, à la faveur de leur résistance au couvert, s'installer jusqu'à côté du tronc des chênes et des châtaigniers, s'y développer avec vigueur, et souvent même en percer la cime (conversion des taillis en futaie).

Le charme et l'aune commencent la série des enracinements *diffus*, mais alors que celui du premier est superficiel, épais et entrelacé, celui du second est profond, lâche et en forme d'entonnoir renversé. Par suite, les cépées de charme sont toujours plus espacées et formées d'un nombre plus considérables de lances que les cépées d'aune ; par suite aussi, le chêne s'installera difficilement par voie de semis sous un taillis complet de charme, non seulement à cause du couvert, mais encore en raison du feutrage de racines qu'il rencontre à fleur de terre et qu'il ne parvient pas toujours à percer. Sous l'aune, au contraire, et malgré un feuillage déjà dense, le semis de chêne s'installe avec facilité, ses racines ne trouvant pas de concurrence dans les parties superficielles du sol.

La série se continue par le frêne et le tilleul dont l'enracinement *diffus* s'étend à la fois en surface et en profondeur, si bien que ces deux essences occupent un très grand espace cubique souterrain et se comportent souvent comme des essences *exclusives*. Elles fournissent des cépées denses, pleines, mais distantes les unes des autres. Les peuplements de frêne sont ordinairement clairs et élancés; ceux de tilleul sont un peu plus serrés. Cette particularité de l'enracinement du frêne, fouillant en tous sens et fort loin le terrain sur lequel il croît, explique pourquoi, sous un massif d'arbres un peu âgés, il ne pousse plus guère que des épines noires. Malgré son couvert relativement léger, le frêne déprime donc beaucoup le taillis.

Enfin, comme type des enracinements *diffus*, mais en *surface* seulement, nous citerons le tremble. D'une souche enfoncée à 0 m. 10, 0 m. 15 de la surface du sol, partent des racines traçantes qui s'étendent au loin et qui portent de nombreux drageons et de rares et grêles radicelles absorbantes. L'appareil souterrain du tremble constitue donc une vaste nappe superficielle à mailles très larges. De cette nappe surgit une masse de tiges aériennes qui s'éclaircissent très vite et donnent naissance à des peuplements clairs, purs, mais au travers desquels cependant le chêne finit par s'implanter solidement, son long pivot perçant sans peine la trame peu serrée et superficielle des racines du tremble.

Le schéma (figure 5) synthétise les formes d'enracinement des principales essences de nos taillis et permet d'en apprécier les rapports d'un seul coup d'œil.

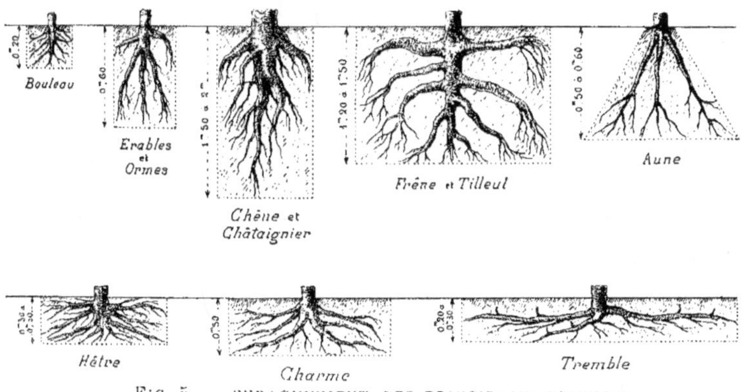

FIG. 5. — ENRACINEMENT DES PRINCIPALES ESSENCES

Il va sans dire que le sol peut modifier l'allure de l'enracinement. Ainsi, le chêne rouvre, si répandu sur les calcaires dallés de l'oolithe, oblitère de bonne heure son pivot et développe en revanche beaucoup ses racines latérales, par un phénomène évident de *balancement de croissance*. Mais ce n'est pas sur de pareils sols qu'il faut s'attendre à trouver de beaux arbres, et la forme de *contrainte* des racines aboutit à la constitution de taillis épais sans doute, mais d'une venue fort lente et d'une élévation réduite.

Les actions mécaniques peuvent aussi modifier l'enracinement normal. Chacun sait que les arbres exposés au vent développent puissamment leurs racines dans la direction opposée à celle où il souffle (exercice des organes).

Le type de forêt idéale est évidemment celui où des essences à enracinement profond alternent avec d'autres à enracinement superficiel, ce qui permet la meilleure et la plus parfaite utilisation de l'espace cubique souterrain. Si l'essence pivotante est amie de la lumière, l'essence traçante amie de l'ombre, on arrive à la conception des peuplements étagés, idéalement pleins, vivants et riches. La nature en liberté se conforme le plus souvent à ce plan qui doit être l'objectif suprême du reboiseur.

VI. — Exigences des principales essences en eau et en éléments nutritifs

Il n'y a pas de vie végétale sans eau. En effet, les arbres ont besoin d'eau pour réparer les pertes subies par l'évaporation des feuilles, pour dissoudre et rendre assimilables les éléments nutritifs minéraux, pour former leur substance organique. Sous un climat tempéré comme le nôtre, on peut admettre qu'un hectare de forêt produisant 3 à 5 mc. de bois puise dans le sol et rend à l'atmosphère 1.500 à 3.000 mètres cubes d'eau par an. L'énergie de la croissance d'une plante dépend d'ailleurs de la turgescence des cellules, et celle-ci de la quantité d'eau répandue dans les tissus. Quand cette eau diminue, la production ligneuse diminue également, si bien que *dans les sols frais il se forme deux à trois fois plus de bois que dans les terrains secs.* Toutefois, si la quantité d'eau dépasse une certaine mesure, la production se ralentit, ou cesse même à peu près complètement (eaux stagnantes).

Il en est de même dans le sol saturé d'eau des marais salants, en raison de l'imperméabilité presque absolue des tissus de la plante pour les solutions salines trop concentrées. Il y a donc un *degré d'humidité optimum* pour les forêts en général et pour chaque essence en particulier. C'est un fait d'observation banale que certaines essences sont *adaptées* à des stations *humides*, d'autres à des stations *sèches*; mais on n'a pas réussi encore à déterminer exactement la quantité d'eau nécessaire au développement normal de chaque essence. Ebermayer, Hahnel, d'autres encore ont vainement essayé de déduire les exigences des essences, de la quantité d'eau évaporée par les feuilles. Ils sont arrivés à des résultats manifestement erronés. Pour 100 grammes de feuilles, la consommation d'eau serait, d'après Hahnel, de :

85 grammes pour le frêne.
75 — — le hêtre.
60 — — l'érable.

D'après Ebermayer, le °/₀ d'eau serait en moyenne de :

70.49 pour le peuplier pyramidal,
65.90 — le frêne et le marronnier,
64.16 — l'aune glutineux et le robinier,
63.33 — les chênes, l'orme, l'aune blanc et le tilleul,
61.66 — le bouleau, le sorbier, l'érable sycomore,
59.48 — les saules, l'érable plane et le tremble,
57.02 — le peuplier blanc, le hêtre, le charme et l'érable champêtre.

Or, ces groupements sont en contradiction manifeste avec la distribution des essences dans les différents sols, ce qui prouve bien que l'étude de la forêt dans le silence du cabinet ne réserve que d'amères désillusions à ceux qui s'y livrent. Au surplus, ce qu'il importe essentiellement de savoir, c'est la façon dont se comportent les peuplements suivant les degrés d'humidité du terrain, et, à ce point de vue spécial, les *associations naturelles* des essences nous fournissent des indications infiniment curieuses et infiniment précieuses. C'est ainsi que nous trouvons :

Dans les mares où les eaux stagnent pendant presque toute l'année.	Le saule cendré en France, le laurier rose et les tamaris en Algérie.
Dans les sols *mouilleux* où l'eau reste à la surface pendant la plus grande partie de l'été, mais où cependant elle se renouvelle chaque année par écoulement, imbibition ou évaporation.	Saule fragile, saule blanc, peuplier grisaille, aune, frêne, orme, chêne pédonculé, tremble, cerisier, coudrier, groseillier rouge, houblon, vigne.
Dans les sols *humides* où l'eau s'échappe goutte à goutte d'une motte de terre que l'on presse dans la main.	Bouleau, charme, tremble, *chêne pédonculé*, chêne rouvre, aune, pommier, bourdaine, saule marsault, saule à oreillettes, airelles canches, myrtilles et uligineuses.
Dans les sols *frais* où l'humidité se trahit au toucher par une légère impression de fraîcheur.	Charme, bouleau, chêne pédonculé, *chêne rouvre*, tilleul, châtaignier, érable champêtre, sorbier, poirier, houx, if, cornouiller sanguin, sureau, bruyères, genêts à balai, néflier.

Dans les sols *secs et filtrants* où toute trace d'humidité résultant de précipitations atmosphériques disparaît en quelques jours.

Charme, chêne rouvre, tilleul, érable champêtre, érable à feuille d'obier, poirier, *alisier torminal*, sorbier, nerprun purgatif, épinette-vinette, hippophae rhamnoides, troëne, ajoncs, etc.

Dans les sols *torrides* où toute trace d'humidité disparaît après 24 heures de sécheresse.

Cornouiller mâle, amélanchier, cotoneaster, nerprun des Alpes, buis, cerisier mahaleb, baguenaudier, épine-vinette, épine-noire, troëne, viorne obier, daphnés, charme, hêtre, chêne rouvre, érable à feuilles d'obier, érable de Montpellier, érable champêtre, érable plane, alisier torminal, *alisier blanc*, sorbier.

A la seule inspection de ce tableau, on voit combien est varié le pouvoir *d'accommodation* de nos grandes essences forestières feuillues. Il y a tout un monde entre le chêne pédonculé, qui ne se maintient que dans les sols humides, et le chêne rouvre, qui se contente des terrains les plus secs ; entre le charme, presqu'*ubiquiste*, et le hêtre, plutôt *xérophile* ; entre les grands saules, l'aune, le frêne, l'orme, nettement *hygrophiles*, et le sorbier, les alisiers, l'érable à feuilles d'obier, cantonnés dans les sols secs ou torrides. La faculté d'accommodation de chaque essence peut d'ailleurs se *mesurer* assez exactement par le nombre de cases où elle figure ; c'est ainsi que le chêne rouvre et que le charme, qui se trouvent dans quatre cases, sont plus *accommodants* que le chêne pédonculé, qui se rencontre dans trois cases ; que l'aune, le hêtre, le bouleau, le tilleul, inscrits dans deux cases, sont plus *malléables* que les saules, le frêne, l'orme, l'alisier blanc, l'érable à feuilles d'obier, qui ont une aire de dissémination plus concentrée.

On remarquera aussi que les sols aquatiques offrent une flore ligneuse extraordinairement pauvre, et c'est pourquoi il convient de souligner le rôle du *saule cendré*, qui est la seule espèce végétale pouvant vivre dans les mares à eaux croupissantes des argiles du terrain bressan. A ce titre, elle peut rendre des services importants au sylviculteur, comme essence transitoire, dans certaines forêts dont le sol est particulièrement imperméable (forêt de Chaux) et où elle préparera la venue de l'*aune* et du *chêne pédonculé*.

Enfin, on conçoit qu'une modification dans la teneur en humidité du sol provoque une *évolution régressive* des peuplements. Telles forêts, jadis inondées et colmatées, aujourd'hui asséchées par le déplacement de la nappe phréatique, se *cassent* sous les yeux du forestier étonné. Et si ce dernier ne vient pas, à *point donné*, aider à la substitution si *lente* des essences par des *apports étrangers*, par des *réserves judicieusement choisies*, par un *allongement considérable de la révolution*, la forêt se *dégrade* à vue d'œil. Nous donnerons de ces faits des exemples typiques.

Les matières organiques nécessaires à la production du bois, des feuilles, de l'écorce, des racines et des fruits de nos arbres forestiers sont le produit de l'activité vitale des végétaux ; elles sont formées avec le concours de la lumière et de la chaleur, à l'aide d'un petit nombre de composés inorganiques. Ceux-ci proviennent soit de l'air (décomposition de l'acide carbonique par les feuilles), soit du sol (absorption par les poils absorbants des radicelles). Les *aliments* de la plante consistent en matières azotées (nitrates, sels ammoniacaux, amides) et en *sels minéraux* (potasse, chaux, magnésie, fer, etc., combinés aux acides phosphorique et sulfurique). Ce sont ces sels minéraux qui forment les *cendres* des végétaux, et c'est par l'*analyse* des cendres que l'on a pu se rendre compte des exigences des plantes en substances minérales. Toutefois, tous les corps simples décélés par ces analyses (soufre, phosphore, chlore, brôme, iode, fluor, bore, silicium, sodium, potassium, lithium, rubidium, magnésium, calcium, strontium, baryum, zinc, mercure, aluminium, thallium, titane, étain, plomb, arsenic, sélénium, manganèse, fer, cobalt, nickel, cuivre et argent) ne sont pas *indispensables* au développement complet de la plante, ainsi que le prouvent les cultures dans des milieux artificiels. En pratique, les corps les plus importants sont la chaux, la potasse, l'acide phosphorique, les nitrates, les sels ammoniacaux et les amides. La silice qui se trouve en grande quantité dans les cendres des feuilles à l'automne, puis dans les couches externes de l'écorce, est simplement *utile* pour la plante, soit qu'elle en consolide le squelette, soit qu'elle durcisse les tissus et les protège contre les influences extérieures défavorables. Le fer, la magnésie, le chlore, l'acide sulfurique existent presque toujours en quantité surabondante. Le manganèse, plus rare, paraît être un des meilleurs *excitants* de la végétation.

Toutes ces substances doivent être *assimilables*, c'est-à-dire en état d'être absorbées par les radicelles. Or, pour être absorbées, il faut qu'elles soient en *dissolution* dans l'eau. L'eau est donc le *véhicule* de la nutrition minérale, de même qu'il est le *facteur* essentiel de la turgescence, c'est-à-dire de la croissance. C'est à vrai dire le plus *indispensable* des aliments d'origine externe, d'où son extrême importance dans la *culture*.

Les substances minérales, extraites du sol par les racines pendant la saison de végétation, sont transportées avec l'eau dans la tige, les branches et les feuilles. Une partie de l'eau introduite s'évapore dans les feuilles, mais les sels minéraux s'y déposent et s'y accumulent d'autant plus que la transpiration est plus active. Ces substances minérales ont un rôle nettement déterminé, mais que nous ne connaissons que fort imparfaitement, dans la nutrition des plantes. Elles servent dans la formation du sucre et de l'amidon, dans les transformations chimiques qui s'effectuent au sein de l'organisme végétal, dans le déplacement et le transport des matières plastiques aux lieux d'emploi (croissance du tronc, des branches, des feuilles, des racines, etc.) ou de réserve. Je dis de réserve, car, de même que la fourmi, la plante fait, pendant l'été et l'automne, des *provisions* pour le printemps La quantité d'aliments que reçoit la plante à un moment donné, est toujours différente de celle qu'elle consomme à cet instant précis. Quand l'alimentation est plus grande que la consommation, le végétal met de côté (fibres, libriformes, rayons médullaires, parenchyme ligneux) l'excès d'aliment qu'il reçoit et se constitue ainsi des *réserves nutritives*. Quand l'alimentation est inférieure à la consommation (début de la végétation en particulier), le végétal *consomme* les réserves nutritives qu'il avait formées.

Les plantes diffèrent les unes des autres, non seulement par la composition, mais encore par la quantité de leurs cendres. Les plus riches en cendres sont les plantes aquatiques (maximum de transpiration) ; les plus pauvres, les végétaux ligneux. Toutes les parties des plantes ne renferment pas la même qualité de cendres : les tissus *vivants* en contiennent plus que les tissus *morts*, les feuilles plus que les racines et celles-ci plus que les tiges. Le tableau suivant montre les résultats fournis par l'analyse des différents organes du hêtre.

(Voir tableau page suivante)

FAGUS SYLVATICA

Parties analysées	Cendres pures	Potasse (k² O)	Soude Na² O	Chaux Ca O	Magnésie (Mg 0)	Fer Fe² O³)	Phosphore (Ph² O⁵)	Soufre (So³)	Silice Si O²	Chlore (Cl.)
Bois........	0.355	14.58	1.96	60.25	4.53	2.30	2.78	3.56	10.04	»
Ecorce.....	5 86	5.13	0.14	83.44	3.62	0.72	2.10	1.08	3.76	»
Feuilles ...	5.14	21.83	3.26	41.37	7.29	2.37	7.83	2.49	10.56	»

Un seul et même organe à divers états de développement présente une variation considérable dans la quantité et la composition des cendres. *La quantité* de cendres *augmente* avec l'âge dans les *feuilles* ; elle diminue au contraire avec l'âge dans les *tiges* et les *racines*. Ce dernier fait tient à ce que la quantité de cellules mortes, pauvres en cendres, augmente dans les tiges et les racines à mesure qu'elles vieillissent. C'est ce que mettent en évidence les tableaux ci-après :

CORYLUS AVELLANA

Les racines de   0,5 millimètre de diamètre contiennent 4,30 °/₀ de cendres

—	1	—	—	—	3,00	—
—	30	—	—	—	2,00	—
—	105	—	—	—	1,50	—

FEUILLES DE FAGUS SYLVATICA

Epoque de la récolte	Cendres pures	Potasse (k² O)	Soude (Na² O)	Chaux (Ca O)	Magnésie (Mg O)	Fer (Fe² O³)	Phosphore (Ph² O⁵)	Silice (Si O²)
16 mai.....	4.16	42.11	3.21	13.83	4.36	0.83	32.43	1.62
18 juillet...	4.73	17.15	3.74	42.31	5.63	1.45	8.29	21.39
15 octobre.	7.12	7.15	1.50	5C.66	4.12	1.39	5.13	30.50

RÉPARTITION DES ÉLÉMENTS DES CENDRES DANS LES DIVERSES PARTIES DES ARBRES (EBERMAYER)

Essences		Un kilogramme de bois séché à l'air contient							
		Cendres	Potasse (k^2 O)	Soude (Na^2 O)	Chaux (Ca O)	Magnésie (Mg O)	Phosphore (Ph^2 O)	Soufre (S O^3)	Silice (Si O^2)
Hêtre	Quartiers...	5.5	0.9	0.2	3.1	0.6	0.3	0.1	0.3
	Rondins ...	8.9	1.4	0.2	4.1	1.6	1.0	0.1	0.6
	Fagots....	12.3	1.7	0.3	5.9	1.3	1 5	0.1	1.2
Chêne	Quartiers...	5.1	0.5	0.2	3.7	0.2	0.3	0.1	0.1
	Fagots....	10.1	2	»	5.5	0.8	0.9	0.2	0.3
Bouleau		2.6	0.3	0.2	1.5	0.2	0.2	»	0.1

De ces données, on peut conclure pratiquement :

1° — Que le taillis sous futaie maintient mieux que le taillis simple la fertilité du sol ;

2° — Que l'exploitation de taillis jeunes et ne fournissant que des menus-bois épuise beaucoup plus le sol en matières minérales que celle de vieux taillis ;

3° — Que les détrapages, les débroussaillements, les nettoiements qui détruisent la souille des peuplements, peuvent bien surexciter un instant la végétation des essences du peuplement principal en supprimant la concurrence des racines dans les couches superficielles, mais qu'elles ont *toujours* pour corollaire final une *diminution* de la fertilité du sol et, partant, de la production ligneuse ;

4° — Que l'enlèvement du bois *mort* par les indigents constitue une tolérance qui, sagement réglementée, ne porte pas un grand préjudice au sol et à la forêt ;

5° — Que l'enlèvement et l'incinération des ramilles occasionnent une perte bien autrement considérable pour le sol forestier ;

6° — Que l'extraction des souches ne se légitime que comme opération culturale, soit qu'il s'agisse d'ameublir un sol compact, soit encore de favoriser le réensemencement naturel de certaines essences.

Tous les végétaux n'empruntent pas au sol des quantités identiques de substances minérales ; les uns sont voraces, les autres frugaux. Ebermayer distingue :

1°) Les feuillus à *grande consommation* : frène, peuplier pyramidal, orme champêtre, tilleul, sorbier des oiseleurs, acacia, marronnier d'inde, érables plane et sycomore, chez lesquels le taux des cendres pures s'élève à plus de 5 °/₀ du poids de substances sèches. Dans la forêt spontanée, ces essences forment rarement massif (tilleul, frène) ; elles sont le plus souvent disséminées par pieds isolés dans les peuplements.

2°) Les feuillus à *consommation moyenne* : tremble, saules, chênes, peuplier blanc, charme, hêtre et érable champêtre, chez lesquels le taux des cendres pures ne dépasse pas 5 °/₀ du poids des substances sèches. Le tremble et les chênes sont plus exigeants que le hêtre et le charme. Le hêtre demande plus de potasse et moins de chaux que le charme, d'où sa belle végétation sur les terrains *granitiques*. A part l'érable champêtre et les saules, disséminés dans les massifs, toutes les autres essences de ce groupe sont *sociales*, c'est-à-dire peuvent constituer des peuplements purs.

3°) Les feuillus à *faible consommation* : bouleau, aune glutineux, aune blanc, chez lesquels le taux des cendres se tient au-dessous de 4 °/₀ du poids de substances sèches. Comme les précédentes, ces essences peuvent se grouper pour former des peuplements sans mélange.

Ces analyses sont intéressantes à plus d'un titre. D'abord elles permettent d'expliquer les associations naturelles d'essences, elles montrent ensuite que, dans les balivages, on peut multiplier sans danger les feuillus à consommation faible ou moyenne, ce qui serait dangereux pour les feuillus à grande consommation, qui risqueraient d'épuiser la fertilité native du sol.

Les morts-bois sont en général de très petits consommateurs vivant des reliefs du festin des grandes essences. En particulier, le genêt à balais et la bruyère (callune) ne renferment pas plus de 1,80 °/₀ de cendres pures dans leur substance sèche. On s'explique donc qu'ils s'emparent des terrains les plus pauvres et qu'ils les couvrent d'un tapis exclusif et serré.

Les végétaux ayant besoin d'un certain nombre de substances minérales pour constituer leur squelette, vivre et se développer, on comprend que l'on ne puisse cultiver indéfiniment les mêmes espèces sur des sols pauvres, sans interposer des périodes de repos (jachères), sans faire alterner les cultures (assolements), ou sans restituer au sol les matières fertilisantes qui lui font défaut (apport d'engrais). C'est ce qu'enseigne la pratique journalière agricole. Dans quelle mesure ces faits s'appliquent-ils aux forêts? Généralisant ce qui avait été observé en agriculture, on s'est demandé si les assolements n'étaient pas également nécessaires en sylviculture, si, en particulier, le déclin et le retrait du chêne constatés dans certaines forêts n'étaient pas dûs à un épuisement du sol en matières minérales, et si, en d'autres termes, l'*alternance* des essences n'était pas un phénomène universel, *imposé* par la nature et masqué par la brièveté de la vie humaine. On a même caractérisé d'un mot toutes les *régressions* d'essences observées, en disant que le *sol était usé* pour les plantes en voie de disparition. Ebermayer a montré que les essences forestières sont moins exigeantes que les prairies et les plantes sarclées, qui con-

somment 265 à 319 kilos de matières minérales par hectare
et par an, mais plus exigeantes que les céréales et les pois
par exemple, qui n'en demandent que 169. à 174 kilos,
puisque la futaie de hêtre, à la vérité la plus épuisante des
cultures forestières, en réclame 215 kilos. Mais il convient
de remarquer que moitié seulement de ce total est incorporé
dans le bois et s'exporte avec lui ; le surplus faisant retour
à la couverture morte, sous forme de feuilles, aiguilles,
brindilles, fruits, etc. Enfin, de ces substances exportées, le
cinquième à peine est constitué par des corps rares (potasse,
acide phosphorique) dont la restitution est nécessaire, le
reste étant formé de chaux, de silice, etc, qui existent
toujours en quantité surabondante dans les sols forestiers les
plus pauvres. A condition donc de respecter la couverture
morte, véritable *réservoir* des matières nutritives, d'éviter
les abus de jouissance (pâturage, incendies, etc.), et de ne
point commettre des fautes culturales trop grossières, on
peut envisager la reconstitution des substances minérales
du sol forestier comme se faisant automatiquement par la
lente décomposition des roches sous l'influence des agents
atmosphériques, par le travail souterrain des animaux
fouisseurs et par les actions moléculaires qui tendent sans
cesse à ramener à la surface de nouvelles matières tirées du
sous-sol. Il faut donc chercher ailleurs que dans l'*inanition
minérale*, la cause de la disparition de nos gros chênes. Il
convient toutefois de faire remarquer à ce propos que, s'il
est possible d'enrichir un sol forestier en augmentant le
volume et le poids de sa couverture morte, réciproquement
la diminution du volume et du poids de cette même couverture entraînera nécessairement un affaiblissement de la
fertilité du sol. Par suite, dans l'évolution naturelle des
peuplements, il y a un *moment* et *un seul* où, à une épaisseur
déterminée d'humus, correspondra un état *constant* de
fertilité du sol. C'est ce moment que le forestier devra s'efforcer
d'atteindre, en faisant varier le *ressort* qui commande le

mécanisme compliqué de la vie en forêt, c'est-à-dire la *révolution*.

VII. — Plasticité des essences

C'est la propriété qu'ont les essences de se plier aux conditions variées des milieux climatique, édaphique et biologique. Nous distinguerons la plasticité *spécifique*, de la plasticité *individuelle*. La première se traduit d'abord par l'extension plus ou moins grande de l'aire d'habitation. Plus cette aire est étendue, plus aussi le végétal qui l'occupe a des tendances à *varier*. C'est ainsi que le chêne pédonculé, plus *cosmopolite* que le chêne rouvre, est aussi plus plastique. Dans son aire d'habitation, l'essence peut ensuite être tantôt *dispersée*, c'est-à-dire formant des *colonies disjointes*, tantôt *massée*, c'est-à-dire formant des *groupements continus*. L'espace occupé apparaît dans le premier cas comme une chaine brisée dont on aurait dispersé les anneaux, dans le second cas comme un grillage aux mailles plus ou moins larges. Comme type d'essence à aire disjointe, on peut citer l'aune vert qui entoure d'une ceinture étroite les contrées les plus froides de l'hémisphère boréale et qui occupe, sur nos montagnes de l'Europe Centrale, des bandes comprises entre 1,350 et 2.200 mètres d'altitude. Comme type d'essence à groupement continu, on peut citer le charme qui tisse une trame très serrée dans l'enceinte de son aire. Le charme est donc une espèce forestière *ubiquiste*, qui doit se trouver partout, et dont l'élimination des peuplements naturels est l'*indice certain* d'une culture défectueuse.

La plasticité spécifique est un peu le *miroir* du développement ontogénique des essences. Chacun sait que la végétation actuelle a poussé de puissantes racines dans le passé, que les formes vivantes dérivent d'autres plus anciennes, et que les espèces qui s'épanouissent aujourd'hui sous nos yeux n'ont, ni la même origine, ni la même ancienneté. « Les

forêts, loin d'être toujours pareilles à elles-mème, loin de
s'être perpétuées depuis l'origine des choses avec la même
ordonnance et composées des mèmes éléments, ont, au contraire, beaucoup changé dans le cours des âges. Celles que
nous avons sous nos yeux, spécialement en Europe, en ont
remplacé d'autres plus anciennes et ces *substitutions* ont eu
lieu à plusieurs reprises, tantôt à l'aide de modifications partielles, tantôt aussi en s'adressant à un passé lointain, dans
de telles conditions que l'ancienne ordonnance n'ait, avec
la nôtre, que des rapports indirects ou lui soit même totalement étrangère ». (¹).

En ce qui concerne l'origine, il est universellement admis
que le continent paléarctique a été le berceau de la plupart
des éléments de la flore contemporaine. Si donc nous trouvons aujourd'hui ces éléments si loin de leur commune
patrie, c'est qu'il y a eu des *migrations végétales*, de même
qu'il y a eu des *migrations humaines.* Si lentes qu'elles aient
été, ces migrations ont laissé des traces ineffaçables de leur
passage, traces qui accusent des différences considérables
dans la progression des espèces. Les plus plastiques ont
suivi le mouvement migrateur, mais en abandonnant lentement leurs anciennes positions. Les moins plastiques ont été
emportées par le courant bien au-delà des frontières de
l'Europe, tandis que celles douées de qualités moyennes
sont restées isolées sur des points privilégiées, où elles se
comportent comme des plantes *refoulées.* Ces considérations, pour théoriques qu'elles apparaissent de prime abord,
n'en ont pas moins un énorme intérêt pratique, surtout
pour ceux qui parlent couramment d'enrichir nos forêts
françaises avec des espèces exotiques, dont on oublie de
donner la filiation et qui, trop souvent, sont des espèces
refoulées ou même déjà émigrées, ayant par conséquent
perdu toute souplesse et toute plasticité. Leur emploi géné-

---

(1) De Saporta. Origine paléontologique des arbres cultivés.

ralisé ne peut conduire qu'à des déboires. Par contre, le praticien peut souvent utiliser le courant migrateur, dans le sens de son mouvement, et propager *artificiellement*, sur le bourrelet de son aire d'habitation, une essence à grand rendement, alors surtout que celle-ci tend déjà à briser le cadre trop étroit dans lequel elle est enfermée. C'est en vertu de ce principe fécond que l'on cherche actuellement à convertir en futaie résineuse les mauvais taillis qui confinent aux sapinières. Et ce que l'on appelle le *pouvoir envahissant* de certaines essences montagnardes n'est pas autre chose qu'une *forme* de leur *plasticité spécifique*.

On s'est récemment moqué des forestiers qui, tout en refusant une part à l'exotisme dans la constitution de nos forêts, se résolvent cependant à utiliser des espèces indigènes hors de leur station et à titre transitoire. Ceux-là font cependant une application judicieuse et raisonnée des lois biologiques, puisqu'ils ne font, en somme, que *dépayser* des essences très souples, choisies en raison même de cette plasticité, et appelées à se développer dans un milieu peu différent de celui qui leur est assigné par la nature. La preuve en est qu'en faisant l'inventaire des associations végétales (ligneuses et herbacées) des stations artificielles et naturelles, on sera surpris du nombre des espèces communes aux deux milieux. Il n'en serait évidemment pas de même pour des essences exotiques. Aussi, mon étonnement est-il grand quand je vois préconiser l'introduction dans nos taillis de plantes notoirement refoulées, comme le Sapin de Numidie, le Picea Morinda, etc., qui déjà ont dû quitter, à une époque ancienne, les cieux incléments de notre patrie. On peut mieux sans doute légitimer les essais entrepris avec les espèces les plus plastiques du nouveau monde, espèces qui sont en quelque sorte les *homologues* des nôtres. Mais là encore, je n'en vois pas nettement l'utilité, car ces espèces ont généralement un bois fort médiocre, inférieur comme qualité à celui de nos essences indigènes. N'en est-il pas ainsi tout particulièrement du chène rouge d'Amérique, comparé à notre variété tardive du pédonculé ?

Si l'espace elliptique A B, A' B' (Fig. 6) représente l'aire d'une espèce qui progresse dans le sens N S, c'est au centre même C de cette ellipse que le *bois est le meilleur* (Voir Traité d'Exploitation commerciale des bois, Tome I, p 43) et que la *plasticité spécifique* est maxima. En A A', le bois est plus léger ; en B B', il est plus mou et plus poreux. En A A', l'essence se comporte comme une plante refoulée ; en B B', elle lutte avec peine contre les plantes qu'elle chasse devant elle. En C, l'action du forestier est réduite à sa plus simple expression ; il peut trancher et tailler sans provoquer de profondes perturbations dans la composition des peuplements ; en A A' et B B', cette action est prépondérante : toute faute culturale (enlèvement de la couverture, pâturage, détrapage, élimination d'essences accessoires) se traduira donc

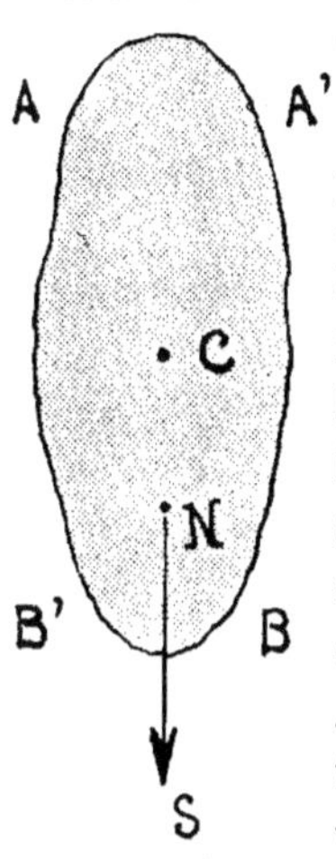

Fig. 6

immédiatement par un renversement dans la proportion numérique des espèces et par une régression de la forêt, si celle-ci comprend, comme essence principale, celle qui justement lutte pour l'existence. On pourrait multiplier à l'infini les preuves de ce que j'avance. Je me bornerai à en citer quelques-unes, choisies parmi les plus typiques : disparition des forêts de cèdre de l'Aurès par suite de l'élimination du sous-bois sous l'influence du pâturage ; difficulté de la régénération naturelle du sapin vers les limites inférieures de son aire, après élimination du hêtre ; évincement du chène par le hêtre et le sapin sur les confins supérieurs de son habitat. Enfin, c'est dans la zone de pleine expansion, au centre de l'aire générale ou de l'aire partielle de dispersion, que l'on devra s'attendre à trouver des variations spécifiques, héréditaires, utiles à la propagation de l'espèce dans l'espace et dans le temps. Ainsi, c'est bien au fond de l'immense cuvette formée par les alluvions bressanes, c'est-à-dire dans la région louhannaise (forêt de Pourlans), qu'est apparue la race tardive du chêne pédonculé (chêne de juin de M. Gilardoni), dont la forme ordinaire est partout représentée dans cette région. La plasticité de cette race, assurément très jeune, s'accuse par le fait même de sa propagation naturelle, qui se fait moins dans les alluvions quaternaires que dans les argiles pliocènes du limon bressan. Les autres stations françaises du chêne de juin, indiquées par quelques forestiers, sont à tout le moins douteuses.

En ce qui concerne enfin l'*ancienneté* des espèces, il est évident que les moules les plus neufs sont aussi les meilleurs, à condition d'être adaptés à l'usage auquel on les destine. Une étude phylogénétique, même sommaire, ne rentre pas dans le cadre de ce travail. Je me bornerai donc simplement à esquisser grossièrement ici l'histoire du groupe des

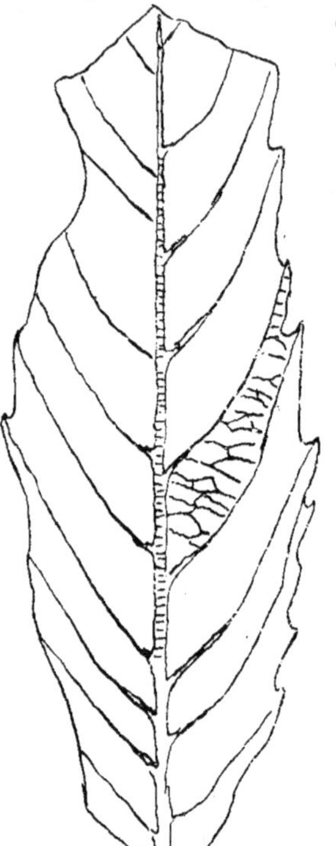

Fig. 7 – FEUILLE DE DRYOPHYLLUM

châtaigniers et des chênes et à montrer le parti qu'on peut tirer de ces considérations au point de vue pratique. C'est dans le genre *Dryophyllum* du Crétacé d'Aix-la-Chapelle que l'on *croit* avoir trouvé la souche ancestrale commune des Castaninées et des Quercinées. Les Dryophyllum (Fig. 7 et 8) constituent un type mal défini, tenant le milieu entre les chênes et les châtaigniers, mais cependant plus proches de ces derniers. Ils nous viennent en ligne directe de la zone arctique du Groënland et de l'Alaska. Le genre, aujourd'hui éteint, a été violemment refoulé à l'époque éocène, et il a laissé des traces de son passage dans les dépôts de Sézanne, d'Armissan, de Ménat, étc. De la souche mère se sont d'abord séparées les Castaninées, différenciées les premières par des étapes très rapprochées, mais qui ont épuisé très vite leur plasticité initiale et n'ont donné naissance qu'à deux bourgeonnements : les *Castanopsis*, châtaigniers à feuilles persistantes de l'Asie, et les *Castanea*, châtaigniers à feuilles caduques, dont le terme extrême est notre châtaignier commun qui s'étend sur toute la partie tempérée des continents boréaux, et qui apparaît dans le pliocène du Japon où il vit encore actuellement. De leur origine reculée, de certaines imperfections organiques du fruit (chatons mâles érigés, vestiges d'hermaphroditisme dans la fleur, gland soudé à l'involucre), dérive déjà une cause d'infériorité pour les Castaninées. Mais cette infériorité a été considérablement accrue par l'adaptation très ancienne de ces végétaux aux sols siliceux. Cette séquestration de l'espèce sur des plages restreintes de l'écorce terrestre a dû contribuer beaucoup à diminuer son faible pouvoir de variation et à limiter son aire d'extension. Et, dans cette aire elle-même, chacun sait que le châtaignier se comporte si mal qu'il n'a plus les allures d'une espèce indigène. C'est seulement avec beaucoup de soins qu'on le maintient sporadique dans nos taillis sous futaie français, où les longues révolutions lui sont contraires.

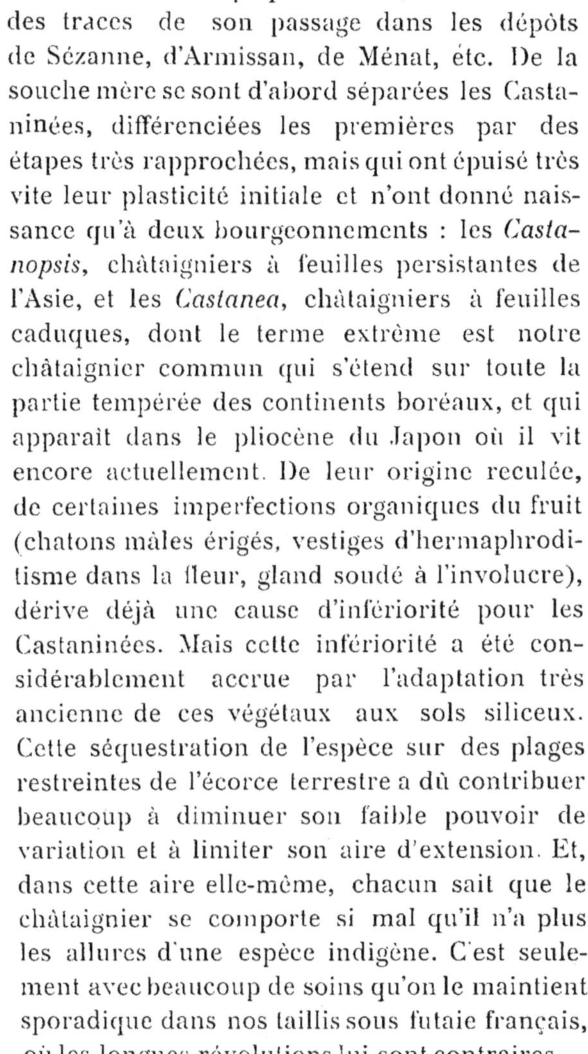

FIG. 8

FEUILLE DE
DRYOPHYLLUM

D'après la même hypothèse, les Quercinées se seraient détachées beaucoup plus tard du rameau mère, à l'époque cénomanienne, et non sous la forme européenne, mais bien sous les formes américaines, asiatiques ou indiennes des *Lytocarpus*, des *Cyclobalanus*, des *Chlamydobalanus*, des *Pasania*, qui constituent des formes de passage entre les Castaninées et les Quercinées et qui ont conservé des premières une partie de leurs caractères dégradants. De quelle risée n'entoureraiton pas ceux qui voudraient aujourd'hui introduire dans nos arboretums ces espèces à demi fossiles ? Le progrès esquissé dans le développement de ces nombreuses sections, actuellement émigrées, ne s'est pas ralenti ; peu à peu l'hermaphroditisme a complètement disparu, les sexes se sont nettement séparés et les glands, renfermés dans une cupule ouverte, sont tombés librement sur le sol, s'offrant pour ainsi dire d'eux-mêmes aux agents naturels de dispersion. De là, date la rapide expansion du genre et sa grande polymorphie.

Avec M. de Saporta, nous pouvons distribuer ces Euquercinées en trois groupes, savoir :

1°) Le groupe des *Cerris*, très développé à partir du paléocène, reconnaissable à ses capsules hérissées de pointes et à la maturation bisannuelle de ses glands. A ce groupe se rattachent un grand nombre de formes éteintes du miocène et quelques autres encore vivantes, ou bien refoulées très loin (*Quercus serrata* de l'Asie), ou bien émigrées (*Quercus œgilops, Q. Vallonea* de la Grèce et de la Macédoine, *Quercus Castaneœfolia* de l'Algérie), ou bien encore représentées en France (*Quercus cerris*), mais alors en pleine voie de déclin et de retrait. A en juger par les pauvres produits que donne, dans la plaine de Saint Vit où il expire, ce chêne chevelu, pourtant le dernier venu de la série, ce n'est évidemment pas à ce groupe que nous devrons nous adresser pour rajeunir nos forêts et leur infuser un sang plus généreux. Bien au contraire, les effets d'une gestion attentive et avisée devront tendre, au moins en France, à substituer à ces formes usées, d'autres plus jeunes, plus souples et mieux adaptées au climat.

2°) Le groupe des *Yeuses* qui offre cette particularité d'avoir pris naissance en dehors du continent paléarctique et qui, pour cette raison, est exclu de l'Amérique. Il date du miocène moyen et possède des feuilles coriaces et persistantes. La maturation des glands varie d'une espèce à l'autre. De tout temps confinés dans la région méditerranéenne, ces chênes continuent à la caractériser. Le *Quercus palæo-ilex*, forme éteinte du miocène moyen, paraît être la souche commune des *Quercus ilex, suber* et *coccifera*.

Le bourgeonnement des espèces de ce groupe semble avoir atteint ses dernières limites. D'une part, en effet, le chêne-liège tend à rétrograder en Algérie, sous l'influence de la dessication progressive du climat, et sa forme occidentale ne se maintient bien que sous le climat humide et doux des Landes. D'autre part, la variété ballote du chêne Yeuse accuse le dernier effort d'une plasticité épuisée. En fait, chaque fois que nous verrons les Yeuses lutter avec les formes plus jeunes du groupe suivant des Rouvres, c'est en faveur de ces dernières que se tranchera la lutte, si le forestier n'intervient pas. C'est un peu, je crois, ce qui se passe en Kabylie, où le chêne zeen tend à évincer le chêne liège aux altitudes supérieures.

3°) Le groupe des *Rouvres* à feuilles généralement caduques, à cupules garnies d'écailles courtes, petites et imbriquées, à maturation annuelle des glands, est le dernier rameau de cette frondaison luxuriante ; c'est aussi le plus souple, le plus riche en espèces et en individus. Alors que les Cerris déclinent et meurent, que les Yeuses sont parvenus à une phase culminante de développement, les Rouvres, au contraire, continuent à évoluer sous nos yeux et à donner naissance à de nouvelles variétés, qui sont autant d'espèces en voie de formation. C'est dans cette marche en avant qu'ils se sont divisés et subdivisés en un grand nombre de sous-groupes comprenant par ordre d'ancienneté :

a) Des formes à feuilles très simplement découpées et remarquables par leurs lobes marginaux égaux, peu profonds, formes auxquelles se rattachent les *Quercus prinus* de l'Amérique et *Q. Mirbeckii* (chène zeen) de l'Algérie.

b) Des formes à feuilles sessiles, plus ou moins longuement atténuées à la base, à lobes souvent aigus, formes aujourd'hui émigrées en Asie, mais comprenant encore des types très polymorphes, tels que *Quercus dentata*.

c) Des formes à feuilles profondément incisées pinnatipartites, à segments également lobés, auxquelles appartiennent les *Quercus tozza* de France, *Q. farnetto* d'Italie, *Q. conferta* de Grèce et *Q. lusitanica* du Portugal. Toutes ces espèces se comportent à l'égal d'une branche mal nourrie, issue d'un tronc cependant vigoureux ; leur aire est rétrécie, émiettée, brisée ; leur tendance à la variation est nulle. Notre chène tauzin en particulier redoute fort les froids rigoureux ; cantonné dans la région douce de l'Ouest, il sera tôt ou tard évincé par le chène pédonculé, avec lequel il se trouve déjà mélangé.

d) Des formes à feuilles lobées et membraneuses, constituant la section des Rouvres proprement dits, subdivisés elle-même en trois espèces, pubescent, rouvre et pédonculé ; la première essentiellement xérophile, la seconde ubiquiste et la troisième franchement hygrophile. De ces trois espèces, deux ont déjà des prototypes dans l'Europe Centrale à l'époque miocène ; seul le pédonculé n'est pas connu à l'état fossile. Cela explique la plasticité, la polymorphie et l'étendue de l'aire de dispersion de ce dernier. Espèce cosmopolite, ondoyante et diverse, elle sait se rajeunir au milieu d'un

monde qui vieillit, et, de son tronc si jeune, a jailli sous nos
yeux un vigoureux rameau, le chêne de juin, qui constitue
la variété d'avenir de nos climats tempérés.

Par ces quelques exemples, je me suis efforcé de montrer
l'intérêt pratique de la paléobotanique en sylviculture. C'est
un jeu de briser le cadre de nos associations forestières :
quelques degrés de chaleur, quelques gouttes d'eau en plus
ou en moins suffisent d'ailleurs à le faire, en dehors de
toute intervention humaine. Mais c'est déjà plus difficile de
suivre l'évolution naturelle des peuplements, et tout à fait
impossible d'arrêter la régression qui en est trop souvent la
conséquence, sans remonter à la source du mal, c'est-à-dire
sans faire intervenir la plasticité initiale des essences. Que
de tâtonnements, que d'erreurs n'évitera-t-on pas, en mettant
au service de la pratique les données scientifiques que nous
apportent, chaque jour plus nombreuses et plus précises,
l'ontogénie et la philogénie !

Mais, pour tirer l'horoscope d'une essence en un point
déterminé, ce n'est pas tout que d'en connaître l'origine et
l'ancienneté. Il est telle circonstance où le tempérament, le
sol, le milieu, le traitement, embrouillent comme à plaisir
l'écheveau des déductions théoriques. La forêt vivante nous
apparaît alors comme un creuset où viennent se fondre
toutes les théories scientifiques, et rien, dès lors, ne peut
suppléer à son étude patiente et attentive. En ce qui concerne
l'action du tempérament et du traitement, il suffit de citer le
cas du hêtre peu plastique dans son jeune âge et émigrant
des sols qui lui conviennent le mieux, comme les calcaires
de l'oolithe, sous l'influence des courtes révolutions, — très
plastique au contraire dans son âge mûr et envahissant alors
les vieux perchis dans les sols qui lui conviennent le moins,
comme les argiles humides du pliocène. Le chêne offrant
des tendances contraires, l'antagonisme de ces deux essences
est ainsi complet. Comme exemple de l'action du sol (modification de sa structure moléculaire), je citerai la propagation

rapide du bouleau dans les forêts exploitées à un âge reculé et où, précédemment, cette essence était inconnue. Dans ces différents cas, la plasticité spécifique ne joue plus qu'un rôle secondaire, et tout se passe comme si la modification du milieu excitait la vitalité de l'essence envahissante, la rapprochait en d'autres termes des conditions où elle a pris naissance.

Quant à la *plasticité individuelle*, elle est sous la dépendance étroite de l'âge. Plus l'arbre est jeune, plus il est souple, mieux il se plie aux conditions variées du milieu. La confirmation de ce fait apparaît clairement dans les taillis-sous-futaie. Vient-on à allonger la révolution, on constate que les baliveaux suivent sans peine le taillis dans son essor ; que les modernes eux-mêmes s'accommodent facilement des nouvelles conditions de vie, car la disparition des branches basses de la couronne est compensée par un développement plus considérable des branches supérieures ; que les anciens, figés par contre dans un moule invariable, ne peuvent plus réparer dans le haut les atteintes faites dans le bas à leur ramure par le taillis qui les étreint et sont, dès lors, exposés à dépérir. Nous sommes donc bien autorisés à dire que le baliveau est plus plastique que le moderne, et celui-ci que l'ancien. Par suite, on pourra allonger *brusquement* et *indéfiniment* la révolution dans les taillis très pauvres en réserves ou ne comprenant que des baliveaux et des modernes, puisque la répercussion ne s'en fera pas sentir sur la futaie. Au contraire, dans les taillis renfermant des anciens en proportion raisonnable, l'allongement de la révolution doit être *lent* et *progressif*, pour ne pas dégrader la réserve.

VIII. — Essences préférantes, indifférentes et améliorantes

On a reconnu depuis longtemps que, quelle que soit la station, le groupement des plantes s'effectue de façon différente suivant les sols et que les flores du calcaire, du gra-

nit, de l'argile, des salants offrent de puissants contrastes.
Cette adaptation particulière des végétaux est, pour les uns,
la conséquence de la nature chimique du terrain, pour les
autres, la résultante de son état physique et de son mode
mécanique de désagrégation. En fait, ces deux actions sont
concomitantes, car la nature chimique du sol est en relation
plus ou moins intime avec son humidité et sa température.

Au point de vue biologique, il convient de remarquer que,
plus ces phénomènes d'adaption sont étroits et plus est
lointaine la cause qui leur a donné naissance. Les plantes
nettement préférantes sont ordinairement des espèces peu
plastiques.

Le grand principe de la nutrition minérale des végétaux
est que la *consommation règle l'absorption*. Mais cette
absorption se faisant en vertu des lois physico-chimiques de
l'osmose, la plante peut fort bien ne pas absorber exclusivement des substances utiles à son développement, ou
absorber en trop grande quantité des substances qui lui servent bien normalement d'aliments, mais qui, prises en trop
grande quantité, lui deviennent nuisibles. Les végétaux ayant
des exigences nutritives différentes, ne se comportent pas de
la même façon avec les diverses solutions minérales. Les
plantes du calcaire peuvent absorber, sans en souffrir, de
grandes quantités de carbonate de chaux, tandis que le
moindre excès de ce sel chez les plantes de la silice entrave
la formation d'amidon et de chlorophylle et agit sur elles
comme un véritable poison. Les plantes des marais salants
ont également la propriété de consommer impunément une
quantité de chlorure de sodium mortelle pour leurs concur-
rentes. Chez ces dernières, la surabondance de sel marin
provoque la fermeture des stomates et, par suite, arrête
l'assimilation du carbone. Cela est si vrai qu'il suffit de
blesser les feuilles d'une plante languissante pour ouvrir une
porte d'entrée à l'acide carbonique et pour voir verdir la
feuille sur tout le pourtour de la blessure.

Parmi les végétaux adaptés à telle ou telle nature de sol, les uns sont *exclusifs*, c'est-à-dire ne se rencontrent que sur ces sols ; les autres sont seulement *préférants*, c'est-à-dire plus nombreux et plus vigoureux sur ces sols que sur les autres. Les végétaux exclusifs sont souvent qualifiés de *réactifs*.

On peut distinguer :

a) Calcicoles exclusives	*Érable à feuilles d'obier*, Cytise faux ébénier, Cerisier mahaleb, Cotoneaster cotonneux, Baguenaudier, Buis, Coronille arbrisseau.
b) Calcicoles préférantes	*Érable de Montpellier, Alisier torminal, Sorbier domestique, Tilleul à petites feuilles, Aune blanc, Chêne yeuse, Thuya*, Cornouiller mâle, Nerprun alaterne, Nerprun des Alpes, Paliure épineux, Saule drapé, Saule à grandes feuilles, Genévrier commun, Daphné bois gentil, Daphné lauréole, Épine-vinette, Viorne flexible, Bruyère multiflore, Lavande officinale, Lavande stœchas, Romarin officinal.
c) Silicicoles exclusives	*Chêne-liège, Chêne tauzin, Châtaignier, Peuplier blanc, Peuplier Grisaille*, Saule à oreillettes, Ciste à feuilles de sauge, Genêt d'Allemagne, Genêt d'Angleterre, Genêt griot, Genêt blanchâtre, Genêt à feuilles de lin, Genêt à balais, Callune bruyère, Bruyère vagabonde, Bruyère ciliée, Bruyère cendrée, Bruyère à balais, Bruyère en arbre, Ajonc d'Europe, Ajonc nain, Airelle myrtille, Airelle uligineuse, Airelle canche, Rhododendron ferrugineux.

d)	Silicicoles préférantes	*Bouleau verruqueux, Robinier faux acacia, Aune vert, Cerisier à grappes*, Bourdaine, Houx, Genêt d'Espagne.
e)	Halophytes exclusives	Ephèdre commun, Ephèdre fragile, Ephèdre élevé, Plantain maritime, Salicorne frutescente, Arroche faux pourpier, Pourpier de mer, Salsola Kali, Salsola Soda.
f)	Halophytes préférantes	*Tamarix de France, Tamarix d'Afrique, Tacahout.*
g)	Indifférentes	*Chêne rouvre, Chêne pédonculé, Chêne Kermès, Hêtre, Frêne, Orme champêtre, Orme de montagne, Erable champêtre, Erable sycomore, Erable plane, Poirier, Pommier, Sorbier domestique, Alisier blanc, Charme, Tremble, Aune glutineux, Tilleul à grandes feuilles, Cerisier merisier*, Coudrier, Cornouiller sanguin, Saule marsault, *Saule blanc*, Saule fragile, Saule viminal, Saule cendré, Nerprun purgatif, Prunellier, Aubépines, Néflier, Sureau noir, Sureau à grappes, Fusain, Troène, Viorne obier, If, Cotoneaster commun, Genêt des teinturiers, Ronce bleuâtre, Ronce des rochers, Framboisier, Groseillier rouge, Groseillier des Alpes, Groseillier des rochers, Daphné thymélée, Fragon, Chèvrefeuille des bois, Lierre, Houblon, Vigne.

Par cette énumération, on peut se rendre compte que la plupart de nos grandes essences forestières sont indifférentes à la nature de la base minéralogique du sol, cette dernière étant surtout marquée par la composition de la souille et du tapis végétal. En outre, il est à noter que, dans les terrains calcaires, la flore arbustive et herbacée se montre toujours étonnamment riche, formée de types nom-

FIG. 9. — NODOSITÉS BACTÉRIENNES DE L'ACACIA
a, a, en chapelet. — *b, b,* isolées.

breux, variés, en quelque sorte *enchevêtrés*. C'est le contraire qui a lieu dans les terrains siliceux, où les espèces peu nombreuses sont toujours sociales et ont tendance à s'isoler, à se grouper, ne formant qu'un peuplement *déchevêtré* avec, au plus, deux dais superposés de feuillage. Le même contraste existe dans la contexture de la forêt et la composition de la flore sous les climats extrêmes. Alors que, dans les stations rudes et froides, la pauvreté des espèces engendre des peuplements déchevêtrés, monotones, à un ou deux étages de végétation, dans les stations brûlantes (Algérie, Midi de la France), la multiplicité des espèces engendre, au contraire, des peuplements enchevêtrés, plusieurs fois étagés, où il est difficile de trouver la *dominante*. Les massifs *déchevêtrés* sont fragiles, difficiles à conduire, le moindre choc les renverse et leur reconstitution naturelle se fait lentement. Les massifs *enchevêtrés* sont rustiques, faciles à traiter : ils résistent à des causes prolongées de

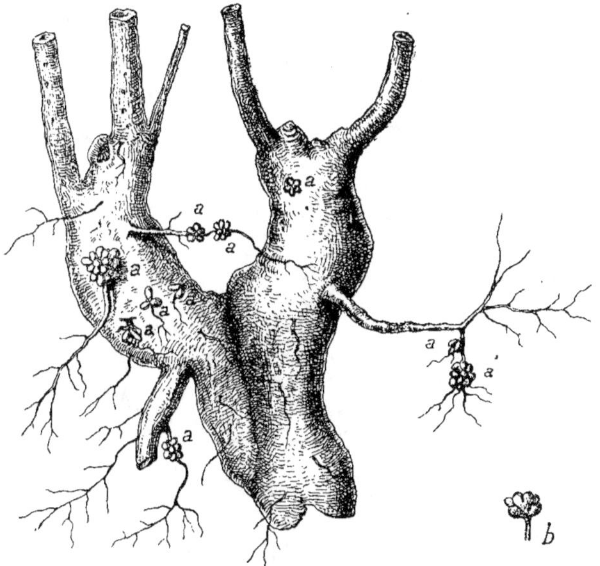

Fig. 10. — NODOSITÉS BACTÉRIENNES DE L'AUNE :
a, a, a, Nodosités en place. — *b*. Nodosité séparée.

destruction et leur reconstitution naturelle s'opère relativement vite.

Dans la pratique culturale, les *réactifs* donnent de précieuses indications sur le choix des essences à cultiver ou à introduire dans les peuplements. C'est un mythe que de vouloir propager le chêne-liège où croissent la bruyère multiflore et le thuya ; c'est une faute que de planter le

châtaignier, le bouleau, même l'acacia, où poussent le
buis et le mahaleb, le sorbier domestique proche de la
callune, le chêne yeuse au travers des fourrés de bruyère
arbre, etc.

Sous la dénomination *d'essences améliorantes*, nous ran-
geons celles qui, comme les Légumineuses (fig. 9), possèdent la curieuse propriété de fixer directement l'azote de

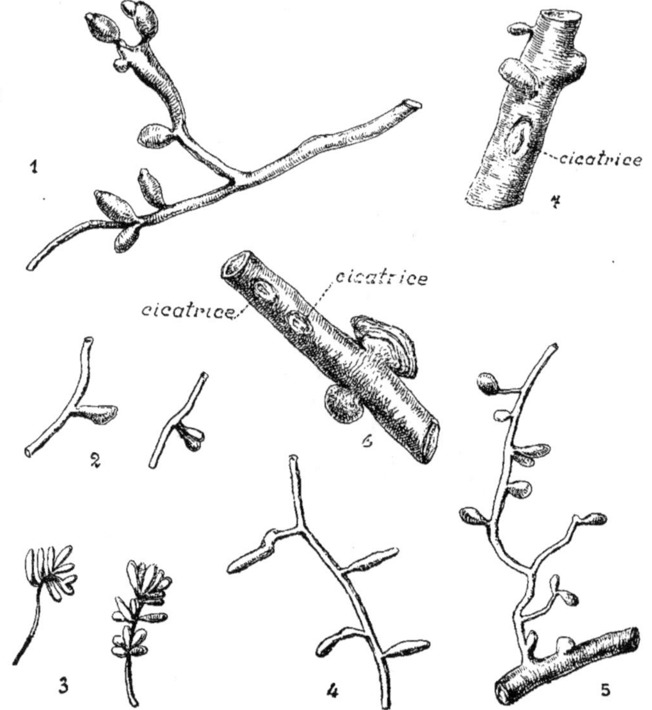

FIG. 11. — NODOSITÉS BACTÉRIENNES DU BOULEAU

l'air à l'aide de *nodosités bactériennes* se développant sur
leurs racines. Les aunes (fig. 10), le bouleau (fig. 11), l'hippophaé rhamnoides (fig. 12), parmi les feuillus, jouissent
également de cette particularité. La production des nodosités se fait sur des racines jeunes. En un point de ces der-

nières, on observe tout d'abord un petit renflement en forme d'ampoule, qui fait hernie en soulevant et déchirant les tissus liégeux extérieurs ; puis, ce renflement grossit et se partage en deux parties par un sillon médian. Chacune de ces parties s'accroît alors en produisant deux prolongements

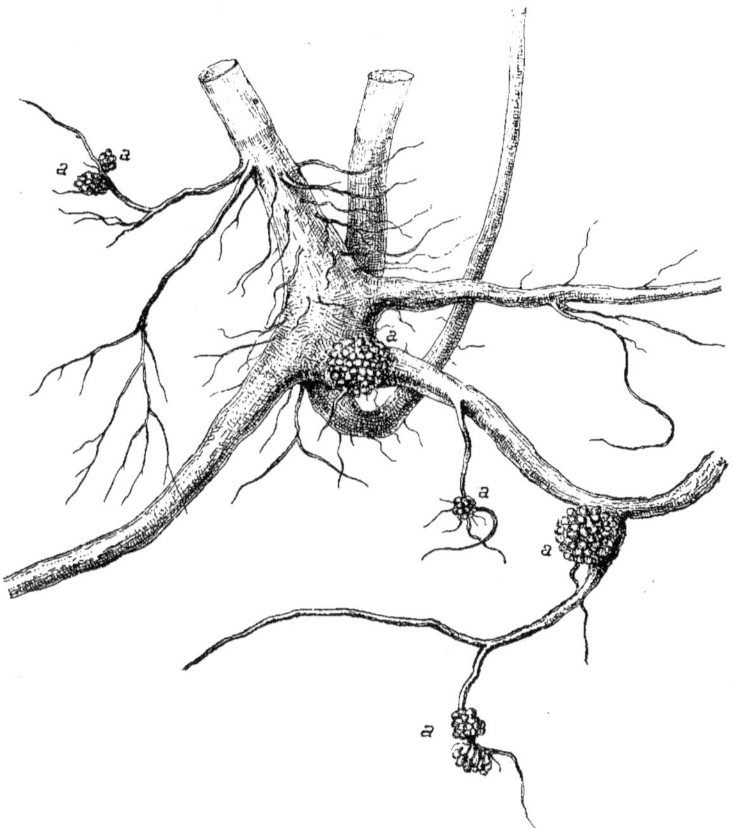

FIG. 12. — NODOSITÉS BACTÉRIENNES DE L'HIPPOPHAÉ RHAMNOIDES, *a, a*

digités. Les nodosités bourgeonnent ainsi par voie de dichotomie répétée, donnant naissance à de petits balais de sorcière en miniature. Tantôt, ceux-ci persistent sur les grosses racines et finissent par dessiner des sphéroïdes de 1 et 2 centimètres de diamètre ; tantôt, ils tombent quand ils atteignent quelques millimètres de longueur. Ce sont ces petits bâtonnets noirâtres qui constituent, après leur mort, l'agent par excellence de la fertilisation des sols les plus pauvres.

Si l'on fait une coupe dans l'un de ces tubercules encore jeunes, on constate que leur masse est formée par un tissu parenchymateux, dont les cellules internes sont remplies d'une matière albuminoïde, offrant l'aspect de bâtonnets analogues à des bactéries. Dans les tubercules plus âgés, ces bâtonnets sont ramifiés, ce qui leur a valu le nom de *bactéroïdes*. L'infection des racines se produit de la façon suivante : préexistantes dans les différents sols, les bactéries se ramassent sous forme de pelotes sur les poils radicaux des espèces électives. Cette pelote s'entoure d'une enveloppe et pénètre dans les cellules du parenchyme de la radicelle, après en avoir percé les parois. Le sac bactéroïde se ramifie, grossit, et les cellules avoisinantes du parenchyme de la racine se multiplient par voie de division. Il se produit ainsi une ampoule dont le centre est occupé par le sac de bactéries. Celles-ci, mises en liberté par résorption de la membrane qui les entoure, se répandent dans le contenu des cellules et se transforment en bactéroïdes sous l'action des liquides cellulaires. A cet état et sous l'abri protecteur des tissus de la plante nourricière, les bactéroïdes fixent directement l'azote gazeux qui circule à l'intérieur du sol, en même temps que, pour se nourrir, ils empruntent à leur hôte les hydrates de carbone accumulés dans les racines.

Si l'on songe un instant à la pauvreté des sols forestiers en nitrates, on comprend de quelle importance est l'introduction d'espèces améliorantes dans les forêts situées sur des sols particulièrement ingrats. Les terrains très pauvres en humus, comme les sables purs ou imperméables, comme les argiles compactes, ne peuvent souvent être vivifiés qu'avec leur aide. Dans les premiers, l'acacia, le bouleau, rendent d'inappréciables services ; dans les seconds, les aunes, l'hippophaé, se montrent les premiers pionniers de la végétation forestière. En introduisant dans le sol des aliments azotés trop parcimonieusement distribués, les végétaux améliorants, de grande ou de petite taille, aident aussi à la nutrition des essences qui leur sont mélangées et en favorisent la croissance. Chacun connaît la merveilleuse végétation du chêne et de l'épicéa dans les aulnaies, la brillante venue des peupliers dans les bouquets d'acacia, la rapide installation des semis de chêne sous l'ombrage protecteur des grands bouleaux. Chacun sait encore que la nature, toujours prévoyante, sème de pieds épars d'hippophaés les cônes de déjection des torrents alpins et les pans ruiniformes des marnes bleues du lias. C'est également en raison de leur puissante action améliorante que j'ai, depuis 10 ans, si vivement conseillé la multiplication des aunes blanc et vert dans les reboisements de la zone alpine. Les cytises et les anagyres sont des végétaux de remplissage éminemment utiles dans les taillis et dans les futaies. Les fourrés de calycotomes, les landes de genêts, de retams, d'ajoncs, sont également de puissants auxiliaires pour le forestier praticien, qu'il veuille, soit introduire artificiellement parmi eux de grandes essences, comme le chêne, le bouleau, le pin sylvestre, soit laisser agir la nature qui y multipliera plus lentement les formes spontanées de la région. Et leur expurgade brutale, sous forme de nettoiements ou de détrapages, sera toujours une lourde faute culturale.

IX. — Reproduction des différentes essences des taillis

Nous avons dit précédemment que les taillis se reproduisent principalement par rejets et drageons ; mais ni les souches, ni les racines drageonnantes ne sont douées d'une longévité indéfinie. Tantôt, en effet, des causes accidentelles (sécheresse, gelées) entravent l'évolution des bourgeons, tantôt le bois des souches, mis à vif par le recépage, est attaqué par des bactéries ou des champignons qui en provoquent la désorganisation. Il s'ensuit que les taillis, quels qu'ils soient, ont besoin d'être rajeunis par des semis naturels pour se perpétuer en bon état et maintenir leur densité. Comme toutes les essences ne sont pas également fructifères, comme elles ne portent pas non plus des semences fertiles au même âge, la composition des peuplements dépend, dans une large mesure, des soins apportés au rajeunissement par semis naturels. On comprend d'ailleurs immédiatement qu'en exploitant les taillis très jeunes, on favorise la multiplication des morts-bois et des essences secondaires qui, seuls, peuvent donner des semences dans le trop court laps de temps assigné à leur développement. La question du rajeunissement offre, au surplus, un très grand intérêt pratique dans la technique des taillis-sous-futaie ; aussi, convient-il d'étudier en détail la reproduction par semis et la reproduction par rejets de souches ou drageons.

A) **Reproduction par semis**

a — Généralités sur les semences.

Les *glands* des différentes espèces de chêne sont enchassés à leur base dans une cupule, et celle-ci se relie au rameau par un pédoncule plus ou moins long. A la maturité, le gland et sa cupule se détachent de la plante mère et tombent sur le sol sous la seule influence de leurs poids. Ce sont des semences *lourdes* dont la dissémination ne peut se faire dans un rayon un peu éloigné, si ce n'est avec le concours des oiseaux (geais, ramiers) ou des rongeurs (écureuils). Tantôt, la maturation des glands est *annuelle* (chêne pédonculé, chêne rouvre, chêne pubescent, chêne tauzin, chêne yeuse, chêne-liège), et l'arbre porte successivement des fleurs et des fruits sur les rameaux d'un an ; tantôt, elle est *bisannuelle* (chêne chevelu, chêne de Fontanes, chêne occidental, chêne Kermès, chêne Afàrez, chêne rouge d'Amérique), et l'arbre porte en même temps des fleurs sur les rameaux d'un an et des fruits sur les rameaux de deux ans. La grosseur des glands varie beaucoup, même pour des sujets de même espèce situés côte à côte. Dans les sols fertiles de la plaine, il est à remarquer que les chênes à petits glands sont plus exposés que les autres à la gélivure. Les glands des chênes pédonculé, Kermès, chevelu, Zéen, portent des rayures droites, longitudinales ; ceux des chênes rouvre, ballote, des stries ondulées, transversales. Le chêne rouvre à feuilles laciniées, le mieux approprié aux sols brûlants et arides du calcaire jurassique, possède de très petits glands, les plus petits du genre, ce qui permet de reconnaître facilement un lot un peu important de ces semences. En tombant à terre, le gland se sépare presque toujours de sa cupule.

Le fruit du hêtre est également enfermé dans un *involucre* ligneux, épineux, à quatre valves soudées. Chaque involucre renferme normalement deux graines, ou *faines*, et s'attache par un court pédoncule aux rameaux d'un an. L'involucre s'ouvre sur l'arbre, au moment des grandes chaleurs, mais pas assez cependant pour mettre en liberté la graine qui tombe sur le sol toujours emprisonnée dans son enveloppe. La faine est une semence lourde que les écureuils, les souris et les lérots contribuent à répandre en dehors de la projection immédiate de la cime. Les eaux d'orage sont aussi de bons agents de dispersion des semences du hêtre ; ce sont elles, notamment, qui répandent cette essence dans les dépressions, les vallons et les vallées.

La graine du *frêne* est une *samare* comprimée, aplatie, longuement prolongée en aile au sommet, portée sur un pédoncule assez long, relié lui-même au rachis d'une grappe plus ou moins serrée. La désarticulation des semences se fait sous l'influence des grands vents. Dès la fin de l'été, une petite partie des graines encore vertes est arrachée par les vents secs de l'Est, et ces graines mi-mûres germent immédiatement ; le surplus se dissémine peu à peu, jusqu'au printemps suivant, par les vents chauds et humides de l'Ouest, mais les graines brunes et coriaces sont alors de germination paresseuse : elles mettent souvent deux ans avant de lever.

La *samare* des ormes est entourée d'une aile foliacée, orbiculaire, légèrement échancrée au sommet ; elle demeure peu de temps sur l'arbre et s'envole souvent fort loin, au moindre souffle des vents printaniers. La samare de l'orme champêtre est plus petite, moins échancrée que celle de l'orme de montagne.

La *graine* des érables est formée par la *réunion de deux samares* accouplées par leur base et dont la position respective permet de distinguer les espèces. Les samares sont en *ligne droite*, c'est-à-dire dans le prolongement l'une de l'autre, chez l'érable champêtre et l'érable plane ; elles forment au contraire un *angle* plus ou moins ouvert chez l'érable sycomore, l'érable à feuilles d'obier et l'érable de Montpellier.

Comparativement à leur volume, les graines d'érables sont relativement très légères, donc facilement transportables par le vent. Cela tient à ce que la coque, dans laquelle elles sont renfermées, est partiellement occupée par un duvet très fin qui joue le rôle d'isolant et protège la graine contre la dessication. Ces semences mettent généralement deux ans pour germer. Elles sont disséminées par les vents secs ; en montagne, les eaux de ruissellement étendent aussi l'aire de dispersion de certaines espèces.

Chez le charme, la *graine* est entourée d'une *cupule tridentée,* à foliole médiane très développée, et qui reste ouverte. Graines un peu lourdes, disséminées partiellement par les vents d'automne, partiellement par la pesanteur.

Le châtaignier a une *semence* grosse, lourde, *enveloppée dans une cupule hérissée de piquants.* Cette cupule entoure un groupe de trois fruits ou *châtaignes,* dont un se trouve généralement comprimé par les deux autres et atteint des dimensions plus petites. Tantôt, la cupule tombe sur le sol avec les fruits qu'elle renferme, tantôt, elle s'ouvre sur l'arbre, laissant alors les graines s'échapper isolément. La dissémination lointaine se fait par les oiseaux, spécialement par les geais, très abondants dans les châtaigneraies.

La *noix* des noyers et des caryas est entourée d'une enveloppe verte qui reste adhérente au fruit et qui joue un rôle de protection contre la piqûre des insectes d'abord, contre le rancissement de la graine ensuite. Dissémination par la pesanteur, les oiseaux et les écureuils.

Chez les tilleuls, les *graines* petites et brunâtres sont renfermées dans des *akènes* globuleuses ; elles sont réunies par groupe de 4-10 en cymes corymbiformes. Le pédoncule est muni d'une bractée longuement soudée, persistante, droite, ce qui permet la dissémination lointaine du paquet d'akènes par les vents un peu forts.

Le bouleau et l'aune possèdent des *semences ailées*, groupées en épis serrés ou *chatons*. Chez le bouleau, les bractées de l'inflorescence s'unissent pour former une écaille trilobée, légèrement lignifiée, supportant 3 akènes munies d'une aile membraneuse, translucide, très large. Cette écaille joue un rôle mécanique dans la désarticulation des graines et tombe avec elles. La dissémination se fait de juin à septembre ; la graine est emportée par les vents à des distances considérables, souvent à plusieurs kilomètres. Chez l'aune, le chaton femelle se lignifie beaucoup dans toutes ses parties et prend l'aspect d'une pomme de pin. Les bractées de la cyme s'unissent pour former une seule écaille ligneuse, supportant 3 akènes anguleuses, bordées d'une aile plus ou moins développée. Les écailles des cônes sont persistantes ; elles s'ouvrent sous l'influence de la sécheresse, vers le commencement de l'été. La semence de l'aune commun est brièvement ailée ; plutôt natante qu'anémophile, elle est surtout conformée pour être disséminée par les eaux d'inondation ; les fossés d'écoulement la portent souvent fort loin, jusque dans les cultures. La semence de l'aune blanc est munie d'une aile plus large, donc mieux adaptée au transport par le vent. L'aune vert a une graine anémophile, rappelant tout à fait celle du bouleau et possédant, par suite, le même pouvoir étendu de dissémination. Toutes ces semences demandent à être récoltées avant complète maturation.

Le tremble, les peupliers, les saules ont leurs *semences groupées en chatons*. Le fruit est une capsule qui s'ouvre généralement par deux fentes longitudinales, laissant s'échapper une masse prodigieuse de petites graines *munies d'aigrettes soyeuses*. La dissémination se fait par les vents les plus légers. Il n'est pas rare de voir, *au commencement de l'été*, flotter dans l'air ces semences graciles et frêles, mais pour la plupart vaines. Les graines fertiles germent presqu'immédiatement après leur dissémination.

Les poiriers, pommiers, pruniers, alisiers, sorbiers, cerisiers, oliviers, pistachiers, cornouillers, jujubiers, philarias, nerpruns, néfliers, bourdaines, sureaux, viornes, jasmins, lyciets, hippophaés, chalefs, micocouliers, etc, ont des *fruits lourds* à *noyaux*, entourés d'une *enveloppe charnue*, colorée, qui attirent les oiseaux, agents par excellence de la dissémination. Les graines sont mises en liberté après pourriture de cette enveloppe. Elles demandent à être récoltées *très mûres*. Il en est de même pour les mûriers, les arbousiers, les maclures, les ronces, les framboisiers, les groseilliers, les rosiers, etc., dont les graines sont enchâssées dans des *expansions charnues* du calice, de la coupe, de la corolle.

Chez les Papilionacées (acacia, gledistchia, gymnoclade, caroubier, anagyre, cytise, baguenaudier, genêts, etc), les graines sont renfermées dans des *gousses* s'ouvrant comme les feuillets d'un livre ; elles demeurent plus ou moins longtemps sur l'arbre et sont disséminées par les vents un peu forts, de l'automne au printemps. La plus grande partie des gousses, auxquelles les semences restent adhérentes, sont trop lourdes pour être emportées au loin ; aussi tombent-elles au pied des porte-graines, où l'on peut les récolter. La germination de ces graines est irrégulière, souvent même difficile.

Les cistes, l'halimie, les bruyères ont des graines petites, abondantes, s'insinuant à travers les touffes les plus serrées de gazon, et enfermées dans des capsules qui s'ouvrent sous l'influence de la sécheresse, c'est-à-dire en été. En se courbant et en se relevant sous le souffle des vents violents, les branches flexibles entraînent les capsules dans leur balancement ; les graines sont alors expulsées et dispersées comme par la main d'un habile semeur.

Les fruits du buis se composent d'une capsule à paroi sèche, divisée en 3 loges ; chaque loge renferme deux graines de la grosseur d'un grain de blé, lisses, noires et brillantes comme du jai. Les capsules s'ouvrent sur l'arbre, par déhiscence septicide, puis les graines sont projetées au loin par explosion de l'endocarpe. Il faut récolter les fruits non complètement mûrs, dans la première quinzaine de septembre, et les laisser s'ouvrir au soleil. Les clématites ont des semences en forme *d'akènes* prolongées par des appendices plumeux et que les vents les plus légers transportent au loin, dès les premiers jours d'octobre. Le houblon a des fleurs dioïques ; les fleurs femelles sont disposées par paires à l'aisselle de bractées membraneuses, accrescentes, formant un *cône* par leur réunion ; les fruits sont des *akènes* rangées deux par deux à l'aisselle des bractées du cône foliacé ; leur maturation a lieu fin août, commencement de septembre. Dissémination facile par les vents dans les haies et dans les bois.

b — FERTILITÉ DES PORTE-GRAINES. — PRODUCTION DES SEMENCES.

L'âge auquel les végétaux forestiers commencent à porter des graines fertiles varie avec les essences, le traitement, la nature du sol et l'origine. En général, les essences à semences légères fructifient de meilleure heure que les essences à semences lourdes. Ainsi en est-il pour les saules, les peupliers, les bouleaux, les aunes, les ormes, comparativement aux charmes, aux hêtres et aux chênes. Les essences de lumière se mettent aussi plus vite à fruits que les essences d'ombre. Ainsi le frêne et le chêne donnent des semences fertiles bien avant le charme et le hêtre. La lumière favorise également beaucoup la production des graines. D'une part, des arbres isolés fructifieront 25 ans avant d'autres de même espèce, maintenus en massif. D'autre part, la production des semences sera toujours plus régulière, plus abondante, chez les premiers que chez les seconds. La chaleur agit dans le même sens que la lumière. Dans les stations chaudes, les arbres portent des graines plus tôt que dans les stations froides. Enfin, les rejets de souches donnent des semences beaucoup plus vite que les brins de franc pied. Un rejet de chêne, issu d'une vieille souche, donnera des glands au bout de 8 à 10 ans, s'il se trouve dans une haie bien ensoleillée, au bout de 20 à 25 ans, s'il fait partie de la réserve d'un taillis. Un semis de même essence ne fructifiera que vers 60 ou 80 ans. On voit, par suite, de quelle importance est la réserve de *volières* et de *cordons* le long des lignes de coupes mal peuplées et autour des vides dont on veut favoriser le reboisement naturel. Une fois la fructification commencée, elle ne se reproduit pas uniformément d'année en année. Hartig a montré que cette fructification entrainait une forte dépense de matières de réserves, donc qu'elle épuisait plus ou moins l'arbre semencier, et qu'il fallait, dès lors, à ce dernier un certain temps pour qu'il puisse réparer les pertes de son organisme et porter à nouveau des graines. Ce laps de temps qui s'écoule entre deux années de semences, d'ailleurs essentiellement variable avec les espèces, le climat, le traitement, est ce qu'on appelle le *rythme* de la fructification. Ce rythme n'est pas facile à saisir parce que, d'une part, certaines espèces (ormes, peupliers, bouleaux, aunes) paraissent donner tous les ans des semences abondantes, — seulement, en y regardant d'un peu plus près, on constate que, certaines années, *toutes* les graines sont vaines; — parce que, d'autre part, les gelées printanières, les invasions d'insectes et de chenilles, sont trop souvent des éléments de trouble dans la marche régulière des phénomènes ; parce qu'enfin le climat et le mode de traitement jouent un rôle énorme dans la répétition des actes de la reproduction de nos grandes essences forestières. En ce qui concerne particulièrement le chêne, il est facile de constater que, sous le climat doux et humide du Centre et de l'Ouest, les glandées sont à peu près régulières et bisannuelles. C'est là aussi que se trouvent les plus belles futaies de chêne, futaies dont la régénération se fait pour ainsi dire d'elle-même et sans grosse difficulté. Au Nord et à l'Est, au contraire, où le climat est plus froid, plus rude, les glandées *totales* sont plus espacées et séparées par des intervalles de 5, 6, voire même 7 ans. Ces intervalles sont *plus longs* dans les futaies et les perchis en conversion que dans les taillis-sous-futaie. Dans ces derniers, il est rare que l'on n'ait pas tous les 2-3 ans des glandées *partielles.* En général, lorsque le rythme de la fructification est long, on observe 2 ou 3 années de semences qui se succèdent sans intervalle, mais en diminuant graduellement d'intensité. Le rythme de la fructification est particulièrement facile à observer dans les forêts algériennes pour le chêne-liège et le chêne ballotte, dans les vergers de Normandie pour le pommier, dans les taillis de l'Est de la France pour les coudriers, les nerpruns, les mahalebs, etc. *Les années de fortes semences sont des années de faible production ligneuse.* Il est facile de s'en assurer en comparant la largeur des cernes sur la souche des bois abattus.

D'une manière générale, on peut admettre que le rythme fructifère est, pour un arbre déterminé de nos taillis-sous-futaie : de 2 ans chez le saule, le peuplier, l'aune, le bouleau, l'orme ; de 2 à 3 ans chez le charme, le frêne, les érables, le tilleul ; de 3 à 4 ans chez les cornouillers, les coudriers, les cerisiers, les alisiers, les pommiers, les poiriers, les sorbiers ; de 4 à 5 ans, chez le hêtre, le châtaignier ; de 5 à 7 ans chez le chêne.

En forçant la nutrition de l'arbre, l'isolement contribue beaucoup à exalter sa faculté de porter des fleurs et des fruits. Il est à remarquer aussi que les essences à semences légères donnent plus souvent des graines fertiles que les essences à semences lourdes. Enfin, si l'on note que le charme, dont le jeune plant a sensiblement les mêmes exigences que celui du chêne, fructifie 3 fois plus souvent que ce dernier et toujours en abondance, on comprend combien il est facile, dans un taillis-sous-futaie, de renverser la proportion numérique des essences du sous-bois en faisant figurer le charme dans la réserve. Il n'est pas rare de voir un balivage en charme entraîner l'élimination quasi-complète du chêne. Le même accident peut également se produire avec le hêtre. On voit ainsi combien influe le choix des porte-graines sur la composition des taillis.

c — USAGES ET RÉCOLTE DES GRAINES FORESTIÈRES.

Indépendamment des fruits comestibles, recueillis pour la consommation directe (framboises, groseilles, airelles, nèfles, glands doux du chêne ballotte), la forêt fournit une masse de baies pour la fabrication des confitures (cornouilles, airelles, mûres, épine-vinette), d'alcools ou de liqueurs (merises, alises, sorbes, prunelles, caroubes, etc), de boissons hygiéniques (poires, pommes), d'huiles estimées (olives, faînes, noix d'arganier, noisettes), de produits pharmaceutiques (baies de nerprun purgatif). Dans bien des cas la récolte des fruits forestiers peut constituer un revenu appréciable pour les populations riveraines. Dans les pays chauds, où le bois est sans valeur, on peut être conduit à aménager certains massifs spécialement en vue de la production des fruits (multiplication des caroubiers, des amandiers, des châtaigniers, greffage des oliviers et des lentisques, plantation d'arganiers, etc). Enfin, le développement pris depuis quelques années par le reboisement dans toutes les régions de la vieille Europe tend à faire une véritable industrie de la récolte des graines forestières. Il est donc nécessaire de connaître l'époque de la maturation et de la dissémination naturelle de nos principales essences forestières. C'est ce qu'indiquent les tableaux synoptiques ci-après :

Tableau I. — EPOQUE DE LA MATURATION DES GRAINES

	MAI	JUIN	JUILLET	AOUT	SEPTEMBRE	OCTOBRE	NOVEMBRE
1re Quinzaine du Mois		Orme Saule marceau Peupliers	Bouleau Cerisier Thuya	Caroubier Bouleau Viorne flexible	Erable de Montpellier Philaria Houx, Buis Viorne obier Sureau, Troëne Genêts	Chênes, Hêtre Charme Aune blanc Frêne, Erables Aune glutineux Tilleul Alisier torminal Olivier Cornouiller sanguin Baguenaudier Clématite Cytise	Chêne zéen Chêne afarès Aubépine Pistachier lentisque Laurier Sumac Tezera Arbousier Rhododen- dron If
2e Quinzaine du Mois	Orme Saule marceau Peupliers	Saule blanc Saule fragile Thuya Groseilliers	Caroubier Bouleau Mahaleb Ajoncs Airelles Busseroles	Amandier Erable à feuilles d'obier Philaria Viorne tin	Chêne Erable plane Erable sycomore Erable champêtre Acacia Aune glutineux Aune blanc Sorbier des oiseleurs Alisier blanc Noyer Pistachier Jujubier Coudrier Hippophaé Marronnier Olivier, Fusain Poirier Pommier Nerpruns	Chêne zéen Aune vert Chêne afarès Pistachier lentisque Olivier Sorbier domestique Néflier Cornouiller mâle Epine-vinette Jujubier des Lotophages Arbousier Laurier Aubépines, If	Arbousier Sumac des Corroyeurs If

L'époque de la récolte est normalement comprise dans l'intervalle qui sépare la maturation de la dissémination naturelle. Cependant, la cueillette doit se faire avant complète maturation pour l'orme, le bouleau, le frêne, l'aune, les saules, les peupliers, le buis, parce que, chez la plupart de ces espèces, la dissémination suit de très près la maturation. En attendant trop longtemps, on risquerait de ne récolter que des graines vaines. Chez le frêne, il semble que les réserves de la semence s'organisent de bonne heure dans la samare encore verte et que les modifications ultérieures portent surtout sur la lignification des téguments et l'anhydrobiose de leur contenu. Chez d'autres espèces, les graines renferment des matières de réserve très abondantes, provenant de la lente accumulation dans le fruit des matières déjà élaborées dans le surplus de la plante. Il convient, dès lors, de récolter ces graines à complète maturité, soit au moment même de leur dissémination naturelle. Tel

Tableau II. — Epoque de la Dissémination naturelle des Graines

	FÉV.	MARS	AVRIL	MAI	JUIN	JUILLET	AOUT	SEPT.	OCTOBRE	NOVEMBRE	DÉCEMBRE
1re Quinzaine du Mois	Aunes Frêne Acacia	Aunes Frêne			Orme Saule marceau Peupliers	Bouleau Cerisier Groseilliers	Bouleau Mahaleb	Caroubier Amandier Buis Philarias	Chêne Hêtre Coudrier Sorbier des oiseleurs Alisier blanc Pistachier Jujubier Hippophaë Micocoulier	Erables Tilleul Frêne Hêtre Sorbier Olivier domestique Chêne zéen Chêne afarès Thuya Houx	Frêne Charme Erables Tilleuls Pistachier Lentisque Génévriers
2e Quinzaine du Mois	Aunes Frêne Acacia			Orme	Orme Saule blanc Saule fragile	Bouleau	Bouleau If	Chêne yeuse Marronnier	Chêne Hêtre Châtaignier Noyer Alisier torminal Poirier Pommier Cornouiller sanguin Nerpruns	Chêne zéen Chêne afarès Pistachier lentisque	Aune Frêne Troënes

est le cas des glands, faines, noisettes, samares d'érables, etc. Enfin, chez les fruits charnus, à noyaux ou à pépins, les substances qui les constituent subissent des modifications importantes dans leur composition chimique : les acides malique, citrique, tartrique se transforment en matières sucrées pendant la maturation des fruits acides, puis ces matières sucrées elles-mêmes donnent naissance à des éthers parfumés pendant le blétissement qui marque le moment le plus propice de la récolte. La cueillette se fait sur l'arbre pour les semences légères (bouleau, orme, frêne, érables, charme, aune, acacia, calycotomes, genêts, halimies, buis, etc.), soit à la main, soit à l'aide d'un crochet fixé au manche d'un croissant ou d'un échenilloir, soit en gaulant avec une perche flexible, au-dessus d'un drap, l'extrémité des rameaux fructifères. On peut aussi couper ou casser les branches chargées de graines, les réunir en petits fagots, les étendre sur une aire ensoleillée, puis effruiter à la main. On sépare finalement, par un vannage ou un criblage, les graines d'avec les feuilles et les fragments de rameaux qui leur sont mélangés.

La récolte des semences grosses et lourdes (glands, faines, châtaignes, noix, noisettes, baies de toutes sortes) se fait sur le sol, soit à la main, soit à l'aide d'un rateau à dents de bois. Ce dernier procédé peut aussi être utilisé pour les semences légères qui auraient été réunies par le vent en assez grosse quantité sur des points privilégiés. On peut parfois pêcher, à l'aide d'un tamis, les semences d'aune qui flottent sur les mares à la surface de l'eau et récolter les baies de prunellier dans un vieux parapluie retourné.

d — CALENDRIER DU FORESTIER RÉCOLTANT.

Mai : Ormes, peupliers, saules. — *Juin* : Groseilliers. — *Juillet* : Bouleaux, cerisiers, ronces. — *Août* : Mûriers, ifs, airelles. — *Septembre* : Amandiers, caroubiers, noyers, marronniers, noisetiers, pruniers, philarias, nerpruns, buis, genêts, sarothamnes. — *Octobre* : Chênes, hêtres, frênes, charmes, châtaigniers, érables, tilleuls, alisiers, sorbiers des oiseleurs, poiriers, pommiers, micocouliers, nêfliers, cytises, hippophaés, baguenaudiers, fusains, troènes, viornes, rosiers, clématites. — *Novembre :* Chênes zéen et afarès, frênes, sorbiers domestiques, acacias, alisiers, thuyas, lauriers, cornouillers, sumacs, aubépines, houx, épine-vinette, rhododendrons, arbousiers, pistachiers lentisques. — *Décembre* : Aunes, génévriers.

e — VENTE ET ACHAT DES DIFFÉRENTES GRAINES FORESTIÈRES.

Un litre de glands de chêne rouvre ou pédonculé pèse 0 k. 55 à 0 k. 75. Un kilo renferme 270 à 150, un litre environ 220 graines. Un hectolitre vaut de 46 à 65 francs et a coûté 10 à 12 francs de récolte. Taux normal de germination 65 %. Un litre de glands de chêne-liège renferme 145 à 170 graines. Ordinairement les glands sont vendus aux 100 kilos, à raison de 84 francs pour le pédonculé, 80 francs pour le rouvre, 140 francs pour le chêne vert, 430 francs pour le chêne-liège

Un litre de faines pèse de 0 k. 43 à 0 k. 45. Un kilo renferme 3.500 à 4.500, un litre environ 1.500 graines. Un hectolitre vaut de 290 à 300 francs et a coûté 22 à 25 francs de récolte. On vend aussi aux 100 kilos, à raison de 670 francs. Taux normal de germination : 27 %.

Un litre de samares de frêne pèse 0 k. 15 à 0 k. 18. Un kilo renferme 13.000 à 14.000 graines. Le kilo vaut 2 fr. à 2 fr. 20. Frais de récolte: 0 fr. 40 le kilo. Taux normal de germination : 65 %.

Un litre de samares d'érables pèse 0 k. 13. Un kilo renferme 11 à 12.000 graines. Prix du kilo : 4 à 5 francs. Taux de germination : 50 à 60 %.

Un litre de samares d'ormes pèse 0 k. 04 à 0 k. 05. Un kilo renferme 100.000 à 140.000 graines. Prix du kilo : 8 fr. 50 à 10 francs. Taux normal de germination : 26 %.

Un litre de graines de charme pèse 0 k. 45 à 0 k. 50 avec cupules, 0 k. 10 sans cupules. Il faut 8 à 10 litres de graines avec cupules pour donner 1 litre de semences pures. Un kilo désailé renferme 28.000 graines, un kilo ailé 2.800 seulement. Prix du kilo : 6 fr. à 6 fr. 50. Taux normal de germination : 30 %.

Un litre de graines de bouleau pèse de 0 k. 08 à 0 k. 10. Un kilo renferme environ 800.000 écailles et 2.000.000 de graines. Prix du kilo : 6 fr. 50. Taux normal de germination : 25 à 30 %.

Un litre de graines d'aune glutineux pèse de 0 k. 30 à 0 k. 35. Un kilo renferme environ 800.000 grains. Prix du kilo : 6 fr. à 6 fr. 50. Taux normal de germination : 30 à 40 % La graine de l'aune blanc vaut plus du double, celle de l'aune vert n'est pas cotée sur les catalogues.

Un kilo de graines de caroubier renferme 5.080 graines valant au détail 6 francs.

Un kilo de graines de micocoulier renferme 1.750 graines valant 10 fr. à 10 fr. 50.

Un litre de semences de tilleul pèse 0 k. 25 à 0 k. 30. Un kilo renferme 18.508 graines. Prix du kilo : 16 francs. Taux normal de germination : 55 à 65 %.

Un litre de semences d'acacia pèse 150 grammes. Un kilo renferme 54.000 graines. Prix du kilo : 6 à 7 francs. Taux normal de germination : 75 %.

Un litre de noisettes pèse 550 grammes. Un kilo renferme 220 graines.

Le tableau III indique la valeur approximative des autres semences forestières de moindre importance, mais susceptibles cependant d'emploi dans les reboisements indirects.

e — Précautions a prendre lors de la récolte des
   graines.

Lindley, Darwin assurent que les maladies et les défauts sont héréditaires chez les plantes. De nombreux faits semblent confirmer cette assertion. Les variétés de pêchers à pulpe jaune de l'Amérique sont décimés par une maladie connue sous le nom de jaunisse ; les verveines blanches, certaines espèces de rosiers sont très sujettes au blanc ; des plants d'Othello sont violemment attaqués par le mildew de la grappe, alors que des plants voisins de Noah en sont indemnes. Les horticulteurs utilisent depuis longtemps la puissance héréditaire des graines pour propager des variations accidentelles (formes pleureuses du chêne, de l'aubépine, du bouleau, de l'if, feuillage pourpre du hêtre, coloration jaune des baies du cornouiller et du houx). M. d'Arbois de Jubainville constate que la torsion des fibres est héréditaire chez les arbres présentant ce défaut, et chacun sait

Tableau III. — Valeur approximative des Semences forestières

ESSENCES	Prix du kilo de Graines	ESSENCES	Prix du kilo de Graines	ESSENCES	Prix du kilo de Graines
Alisiers blanc et torminal	13. »	Epines blanches .	10 à 10.50	Tremble	»
Amélanchier, Cotoneaster. . . .	40.60	Genêts, ajoncs . .	46.50	Poirier	95. »
		Sarothamne . . .	4.70	Pommier.	9. »
Hippophaë rhamnoides	26. »	Genévrier.	3.60	Saule blanc. . . .	13. »
Buis	17. »	Houx	18. »	Saule Marceau . .	13. »
Cerisier - Merisier, Mahaleb	16. »	If.	46. »	Sorbier	5.50
		Marronnier. . . .	1.30	Alisier torminal .	13. »
Cornouiller mâle et sanguin . . .	13. »	Nerpruns.	20. »	Sureau	13. »
Cytise.	23. »	Peupliers.	15. »	Viorne obier . . .	20. »

que la variété tardive du chêne pédonculé se reproduit de semences avec une remarquable et constante fidélité. J'ai moi-même observé souvent que les chênes rouvres à petits glands sont plus exposés à la gélivure que ceux à gros glands. Il importe donc de récolter les graines sous des arbres sains, bien conformés et de choisir, autant que possible, parmi ces graines, les plus grosses et les plus lourdes. Hartig prétend cependant que les arbres rabougris, sur sols maigres, donnent des plants aussi vigoureux que des arbres jeunes, venus sur les meilleurs terrains.

Enfin, on ne semble jamais avoir fait état en sylviculture des expériences de Clotzsch sur le croisement. Cet auteur ayant croisé des pins noirs et sylvestres, des chênes rouvres et pédonculés, des aunes glutineux et blancs, des ormes champêtres et diffus, puis ayant semé ces graines côte à côte avec d'autres provenant d'arbres purs, a constaté qu'au bout de 8 ans les hybrides étaient *d'un tiers* plus élevés que les autres.

Voilà des faits autrement intéressants pour la culture que la mensuration sans fin de tiges d'arbres, et l'on s'étonne à bon droit que les stations de recherches n'aient pas songé à poursuivre les expériences de Clotzsch.

f — DURÉE MOYENNE DE LA FACULTÉ GERMINATIVE DES GRAINES.

Après la récolte, les graines peuvent être, ou bien semées immédiatement, ou bien conservées pendant un temps plus ou moins long. Les semences à péricarpe sec (chêne, hêtre, frêne, érable, charme, acacia, châtaignier, etc.) sont étendues dans des endroits aérés où on les remue souvent pour les empêcher de s'échauffer. Après leur dessication, elles peuvent être conservées jusqu'au moment de leur mise en terre, soit dans un endroit ni trop sec, ni trop humide, à l'abri de la lumière et des brusques variations de température, soit en stratification à l'extérieur, dans du sable sec, soit dans un tonneau percé de trous et immergé dans de l'eau courante, soit enfin dans des silos recouverts de terre ou de feuilles mortes. Les baies, les fruits à noyaux et à pépins, sont préalablement débarrassés de la pulpe charnue qui les entoure, puis conservés par les procédés décrits plus haut. Le temps qui s'écoule depuis la récolte jusqu'à la mise en terre ne doit pas dépasser une certaine limite, car les graines perdraient alors leur faculté germinative. La durée moyenne de cette dernière est de :

1 mois pour les ormes, cerisiers, oliviers, lauriers, pruniers, cornouillers, nerpruns, groseilliers, troènes, ronces, airelles ;

2 mois pour les amandiers ;

3 mois pour les micocouliers, ifs, hippophaés, épine-vinette, genévriers ;

6 mois pour les chênes, hêtres, charmes, frênes, érables, aunes, bouleaux, tilleuls, noyers, châtaigniers, marronniers, poiriers, pommiers, mûriers, noisetiers, sumacs, houx. fusains, viornes, rhododendrons.

12 mois pour les thuyas ;

18 mois pour les alisiers, sorbiers, aubépines, néfliers ;

24 mois pour les acacias, féviers, baguenaudiers, genêts, ajoncs, calycotomes, lavatères, etc.

Faute de se conformer à ces indications, on s'expose souvent à de cruels mécomptes. Ainsi, des noyaux de cerises furent conservés près de 4 mois dans un grenier, puis semés en 1903 dans les fosses des plantations de la ville de Nuits. Pas un seul ne germa. Je me hâte toutefois d'ajouter que ces données sont approximatives et qu'elles ne s'appliquent pas aux graines confiées au sol par la nature. Sans parler des douteux grains de froment, enfermés par les Egyptiens dans les tombeaux des Sémiramis et dont on aurait vu la germination s'effectuer encore de nos jours, on sait que l'*enkystement* des semences forestières est un phénomène d'ordre général sous les climats secs et chauds. Et la *reviviscence* des graines, après une longue période de vie latente, est bien connue de tous les sylviculteurs. Ne voit-on pas, en effet, après chaque exploitation de taillis, surgir une quantité incroyable de plantes qui faisaient totalement défaut sous les vieux bois ? J'ai déjà cité, comme exemples particulièrement curieux de ces enkystements de graines, le cas des semences de genévriers oxycèdre et de Phénicie, enfouies dans les sables des dunes continentales de l'Oranie, et se développant vigoureusement après décapage de ces dunes par le vent ; le cas du *Papaver Somniferum* réapparaissant, après une éclipse de 40 à 50 ans, sur l'emplacement calciné des places à charbon des forêts bourguignonnes. J'ajoute que les mêmes phénomènes s'observent dans les terrains tourbeux. Ainsi, des plants d'aune ont surgi, en quantité considérable et peu de jours après la fouille, sur les ados de fossés ouverts pour le drainage de prés tourbeux dans la région d'Abbeville.

La nature agit du reste en mère prévoyante vis-à-vis des graines. Pour germer, celles-ci doivent, non seulement se trouver en contact avec le sol, mais encore être pressées contre lui et recouvertes d'un manteau qui les protège contre le desséchement, le déchaussement, l'attaque de leurs ennemis. Cette protection s'effectue automatiquement, naturellement et avec une entente admirable des besoins de chaque plante. Ainsi les semences les plus volumineuses de nos grandes essences forestières (chène, hètre, charme, châtaignier, marronnier), tombant quelques jours avant la chute des feuilles, se trouvent placées à plusieurs centimètres au-dessous de cette couverture qui pourrit pendant l'hiver et forme au printemps un substratum singulièrement favorable à leur germination. Les semences moins grosses du tilleul, du frêne, des érables, ne se détachent qu'au moment où la défoliaison est commencée : elles sont, dès lors, beaucoup moins profondément enfouies sous la couverture morte. Enfin, les graines très légères de l'aune, du bouleau, du thuya, qui ne demandent qu'une légère protection, ne se disséminent qu'après la chute complète des feuilles. Il n'est pas rare de voir, pendant l'hiver, la neige couverte de semences d'érables, de tilleul, d'aune.

Malgré cette merveilleuse adaptation des organes de chaque plante à ses besoins, une masse énorme de semences ne parvient pas à se développer, soit qu'elles ne *trouvent* pas les conditions favorables à leur germination, soit qu'elles disparaissent dévorées par les animaux et les insectes. On a calculé qu'un porc nourri avec des glands ou des faînes mettait 66 jours pour s'engraisser et que sa ration quotidienne était en moyenne de *12 litres de glands et 16 litres de faînes.* On peut juger par là de ce qu'absorbe de glands en un hiver un troupeau de quelques sangliers.

M. Savreux a constaté qu'en 1905 un vol puissant de ramiers avait complètement détruit la faînée dans la forêt de Saint-Gobain, remuant et retournant en tous sens la couche de feuilles mortes qui recouvrait les semences. Pour se nourrir, un seul pigeon prenait 150 graines par jour. Le vol, qui comprenait environ 10.000 individus, avait donc dévoré en un mois 300 hectolitres de graines, d'une valeur approximative de 7.500 francs.

La nature a prévu ces accidents en dotant les arbres de nos forêts d'une prodigieuse fécondité. Quelques exemples vont le prouver. Dans une année de glandée ordinaire, il n'est pas rare de récolter sous un chêne de 80 à 100 ans, élevé sur taillis, 3 doubles décalitres de glands, ce qui fait environ 15.000 semences. Un hêtre du même âge donne, dans des conditions similaires, 2 doubles décalitres de faînes, soit 60.000 graines ; un charme de 75 à 80 ans, 56.000 graines ; un orme de 100 ans, jusqu'à 500.000 graines. Or, Linné a calculé que, si une plante annuelle produit seulement deux semences et que, l'année suivante, les deux jeunes plants produisent à leur tour chacun deux graines et ainsi de suite, on arrivera en 20 ans à un million de plants. Avec Darwin, nous dirons que toutes les plantes tendent à se multiplier selon une progression géométrique et, si rien ne venait entraver cette multiplication, le monde ne serait pas assez grand pour nourrir une seule espèce d'arbres.

Cette destruction des graines est donc nécessaire pour l'équilibre de la vie sur notre planète. Aussi, ne peut-on que sourire en voyant certain professeur déclarer *ex cathedrâ* qu'il a trouvé, par un simple artifice d'aménagement, le moyen de faire germer et fructifier tous les glands tombés de la couronne de nos chênes !

g — Influence de la station et du lieu d'origine des graines sur la constitution et la vigueur des plants.

Il est évident *a priori* qu'une espèce végétale quelconque donnera les meilleures semences au centre de son aire d'habitation. Sur le pourtour occidental de cette aire, les graines seront plus petites et plus légères ; elles se montreront, par contre, plus grosses et plus lourdes sur le pourtour méridional, mais le plant qui en proviendra sera plus délicat et plus sensible aux variations de la température. Les expériences faites jusqu'ici ont confirmé ces indications théoriques. Ce qui est vrai pour les espèces l'est aussi pour les variétés. On doit alors se demander s'il est préférable d'améliorer les races locales par voie de sélection ou de les remplacer par des variétés tirées de stations plus ou moins éloignées et de rendement supérieur. Le problème a été agité depuis longtemps pour l'amélioration du bétail. Il a été généralement résolu dans le sens de la sélection. En sylviculture, la sélection des races locales est commandée sur les sols ingrats et sous les climats extrêmes ; mais, sur les bons terrains et sous des ciels cléments, on peut introduire *de plano* et avec profit les variétés étrangères à grand rendement. A l'appui de cette opinion, je me bornerai à rappeler les expériences faites dans une pépinière de la forêt de Soignes par mon distingué collègue et ami, M. Crahay, avec des graines de pin Sylvestre d'origines variées. Ces graines, semées en 1902, ont donné naissance à des plants qui peuvent se classer dans l'ordre suivant, d'après leur hauteur moyenne :

ORIGINE DES GRAINES	HAUTEUR		
	en 1904	Fin Déc. 1906	Totale
Campine : plaine à l'altitude de 10-100 m., semenciers vigoureux	0ᵐ220	0ᵐ670	0ᵐ890
Forèt de Soignes : plaine à l'altitude de 80-100 m.	0.196	0.670	0.866
Alsace : Pin de Haguenau	0.179	0.650	0.829
Livonie : Pin de Riga.	0.140	0.620	0.760
Campine : Semenciers rabougris	0.240	0.480	0.720
Alpes françaises : Pin de l'Embrunais	0.134	0.570	0.704
Montagnes d'Ecosse : Pin d'Ecosse	0.210	0.490	0.700
Collines Ardennaises : Altitude 300 à 670 m	0.199	0.500	0.699
Alpes tyroliennes	0.190	0.500	0.690

Comme il fallait s'y attendre, les plants issus de ces graines ont hérité des principaux caractères de leurs ancêtres : les semences de la plaine ont donné naissance à des sujets bourgeonnant moins tôt au printemps, mais de croissance en hauteur plus active et plus soutenue ; celles de la montagne ont fourni des plants plus précoces, plus trapus, mais de croissance plus lente et plus vite arrêtée. Ici, ce sont les graines sélectionnées des arbres adaptés au sol et au climat de la région qui ont donné les meilleurs résultats. Toutefois, elles sont serrées de très près par les semences de variétés améliorées croissant naturellement dans des conditions à peu près similaires (pin de Haguenau). Et s'il est vrai, comme le croit M. Huberty, que les pins de la Campine et de Soignes sont les descendants directs de ceux d'Ecosse, on voit quel merveilleux profit on peut tirer de l'adaptation et de la sélection. Il est, dès lors, permis d'entrevoir le jour où sera créée sur place une variété améliorée de pin sylvestre, utilisant, mieux que ne le fait encore aujourd'hui cette essence, les savarts arides de la Champagne pouilleuse. Mais il faut des arbres assez vieux pour donner des graines fertiles. En ce qui concerne les taillis, j'ajoute qu'il y aura toujours intérêt à récolter les graines dans les jeunes coupes, où le marteau vient de sélectionner les bons étalons. Enfin, toutes les fois que l'on aura à braver une difficulté de sol ou de climat, c'est parmi les meilleurs sujets venus sur des sols similaires ou sous des climats analogues qu'on devra choisir les semenciers. Si donc on avait à repeupler des endroits ravagés par les gelées printanières, c'est sous les arbres sains, venus dans de telles situations, qu'il faudrait rechercher semences ou plants.

h — GERMINATION DES SEMENCES.

En général, l'aptitude des graines à germer préexiste à la maturation. Nous avons vu que pour le frêne, l'orme, le bouleau, les semences sont capables de germer avant d'être tout à fait mûres et alors qu'elles n'atteignent que la moitié environ de leurs dimensions normales. Chez d'autres espèces, au contraire (genévriers, cornouillers, aubépines, nêfliers, rosiers, etc), les graines mettent deux ans et plus avant d'entrer en germination. Parmi les graines paresseuses (acacia, cytise, etc.), il n'est pas rare de trouver, dans une même récolte, un lot à germination rapide et un autre exigeant le repos hivernal. Chez la plupart de nos essences forestières, les semences mûres restent plus ou moins longtemps attachées à la plante mère sans tirer d'elle aucune nourriture. Elles subissent alors un dessèchement assez intense, utile à la perpétuité de l'espèce. Les graines approximativement sèches sont, en effet, capables de résister aux agents les plus énergiques. Giglioni en a vu conserver leur faculté germinative après un séjour de 15 ans dans le chlore, le protoxyde d'azote, l'alcool absolu et même une solution alcoolique de bichlorure de mercure. Cependant, dans les conditions ordinaires, les semences continuent à dépenser, même à l'état de vie ralentie, l'énergie qu'elles tiennent en réserve pour subvenir au travail de leur évolution ultérieure ; cette perte est défavorable à leur conservation ; elle finit par altérer et détruire leur pouvoir germinatif. C'est pourquoi, dans les travaux de repeuplements, il faut toujours employer des semences *fraiches.*

La germination est l'acte par lequel la graine passe de la léthargie à la vie. Plus est courte cette période et plus sont grandes les chances de survie. Confier à la terre d'une forêt ou d'une friche des semences rares, qui doivent rester longtemps sans germer, c'est les vouer à une destruction certaine. Quand on veut faire des regarnis par voie de semis, il faut donc abréger le plus possible cette phase critique et, pour cela, n'employer que des *graines stratifiées, ayant subi un commencement de germination.* C'est notamment ainsi que l'on doit procéder pour les semis de chêne rouvre sur friches calcaires et les semis de genévriers oxycèdre et de Phénicie sur les dunes algériennes.

Les conditions nécessaires à la germination d'une graine sont l'*humidité,* la *chaleur* et la *présence de l'oxygène.* La lumière, si efficace sur la plantule, ne parait pas avoir d'action sur l'acte en lui-même de la germination : *les graines germent, en effet, à l'obscurité comme à la lumière.* Le rôle de l'eau dans la germination est primordial. D'une part, cette eau pénétrant dans la graine par imbibition et osmose fait gonfler la graine, augmente la turgescence de ses tissus et cause le déchirement du péricarpe au niveau du micropyle, ce qui laisse apparaitre la radicule. D'autre part, elle permet la dissolution des matières de réserve et leur transformation en une série de substances solubles et assimilables sous l'influence des diastases élaborées par le protoplasme vivant. Comme l'ont démontré les expériences récentes sur la parthénogénèse, l'entrée en activité des réserves de la semence s'effectue en quelque sorte mécaniquement, par suite d'une rupture de l'équilibre osmotique qui caractérise la vie ralentie. L'eau met le germe en mouvement comme la vapeur met la locomotive en marche. On devine ainsi quelle est l'importance, pour la germination, de l'humus humide et frais, qui tapisse le sol de nos massifs forestiers. Les différentes graines absorbent pour se gonfler des quantités d'eau très variables ; les unes adaptées à des stations humides, supportent la saturation sans en souffrir ; les autres, adaptées à des stations sèches, pourrissent aussitôt qu'un certain optimum d'absorption est dépassé. Il est enfin toute une catégorie de graines, pour la plupart spéciales aux climats secs, chez lesquelles l'imbibition s'opère très difficilement, par suite de l'épaississement des cellules palissadiques de l'épiderme. Tel est spécialement le cas des *Légumineuses* et des *Malvacées*. On facilite la pénétration de l'eau dans ces semences et, par suite, leur germination, en les piquant avec la pointe d'un scalpel, en les usant sur une meule, en les passant au moulin décortiqueur ou en les agitant dans un récipient avec du sable quartzeux.

Pour le *caroubier*, l'*anagyre*, les *calycotomes*, les *genêts*, l'*acacia*, on peut se contenter de tremper les graines dans de l'eau bouillante.

Pour provoquer la germination des semences, il ne suffit pas d'une certaine humidité, il faut encore une température convenable. Au-dessous et au-dessus de certaines limites, les graines perdent leur faculté germinative. On conçoit d'ailleurs aisément qu'il faille un certain degré de chaleur pour augmenter la pression osmotique, point de départ des changements chimiques qui s'opèrent à l'intérieur des cellules. Sous nos climats tempérés, c'est entre 8 et 10° que la germination de la plupart de nos semences forestières s'effectue avec le plus de rapidité, ce qui ne veut pas dire qu'elle ne puisse se faire à des températures beaucoup plus basses. Ainsi en est-il spécialement pour les graines de hêtre et d'érables, qui peuvent germer à des températures voisines de 0°. Hartig cite le cas de la faînée de 1888 qui a embryonné sous la neige.

Enfin, à l'action de l'humidité et de la température, il faut ajouter celle de l'oxygène. La présence de ce gaz est indispensable à tous les stades de la germination. Les graines respirent en absorbant de l'oxygène et en dégageant de l'acide carbonique. Il est indispensable que cet acide carbonique soit rapidement entraîné pour entretenir la respiration normale des jeunes semences. Le forestier doit veiller tout particulièrement à faciliter l'accès de l'oxygène sous les massifs à régénérer, serrés et pourvus d'une riche couverture morte. Celle-ci, en se décomposant rapidement, dégage beaucoup d'acide carbonique qui reste inclus dans l'humus, alors, les graines germent mal ou périssent asphyxiées. En ouvrant légèrement le massif, en remuant par places la couverture, on découvre le sol et on favorise à la fois son réchauffement et la germination des semences déposées à sa surface. Le réchauffement diurne et le refroidissement nocturne du sol permettent, en outre, la formation de petits courants d'air qui chassent l'acide carbonique expiré, plus vite et mieux que si cela ne se produisait qu'en vertu des lois de la diffusion des gaz.

La germination se manifeste tout d'abord par l'*apparition de la radicule*. Le tégument de la graine se déchire au niveau du micropyle et laisse voir, dans cet entrebaillement, le *germe* de la *plantule* recourbé en forme d'arc. Peu à peu la radicule se dégage entièrement du péricarpe. Si la graine se trouve en contact à peu près direct avec l'humus, si de plus elle est légèrement pressée de haut en bas par une mince couverture de feuilles mortes, de brindilles sèches, de déjections de lombrics, la pointe de la radicule, après une seule courbure géotropique, s'enfonce dans le sol, et la germination se poursuit régulièrement. Si, au contraire, la graine est retenue à 5 ou 6 centimètres au-dessus du sol par un lacis feutré d'herbes ou par une couche épaisse et non décomposée de feuilles mortes, la radicule subit une série de *nutations* (flexions hydrotopiques, flexions darwiniennes), et se met en tire-bouchon. A cet état, elle devient promptement la proie de la sécheresse, des mollusques ou des insectes. Toute blessure, même légère, à la radicule en voie d'élongation, entraîne presque toujours à sa suite une *gangréne* noire, qui envahit bientôt la semence tout entière. La gangrène noire se déclare aussi avant toute germination chez les graines attaquées par les bruches ou enfouies dans une terre humide. Elle est due au BACILLUS AMYLO-BACTER. Des semis effectués en 1907, dans la Haute Forêt de Citeaux, en ouvrant le gazon d'un coup de pioche, puis en refermant la motte d'un coup de talon après y avoir jeté une poignée de glands, ont charbonné très rapidement. Même accident s'était déjà produit vingt ans auparavant et à différentes reprises dans les « herbues » de la forêt d'Izeure. On eût obtenu un résultat plus satisfaisant en piquant simplement les glands dans la terre de la motte retournée. C'est là le seul procédé à suivre dans les sols argileux, compacts et humides.

Une fois la radicule implantée dans le sol, deux cas peuvent se présenter. Ou bien la tigelle s'allonge par croissance intercalaire, soulève la graine à son sommet et épanouit ses cotylédons latéralement sous forme de feuilles séminales, très différentes de celles de la plante adulte ; ou bien la tigelle prend naissance entre les pétioles des cotylédons qui restent en terre, emprisonnés dans leur tégument et, de la gemmule, sortent des feuilles en tout comparables à celles de la plante adulte. Dans le premier cas (hêtre, érables, tilleul, cerisier, charme, thuya, etc.), la germination est dite *épigée* ; dans le second cas (chêne, noyer, marronnier, coudrier), elle est dite *hypogée*. (Fig. 13 et 14). Il est à remarquer que les plantes du premier groupe présentent un curieux exemple de métamorphoses. Or, qui dit métamorphoses dit aussi dangers. De fait, les plantules épigées sont plus que les autres exposées aux causes multiples de destruction. Les oiseaux, les limaces recherchent avec avidité

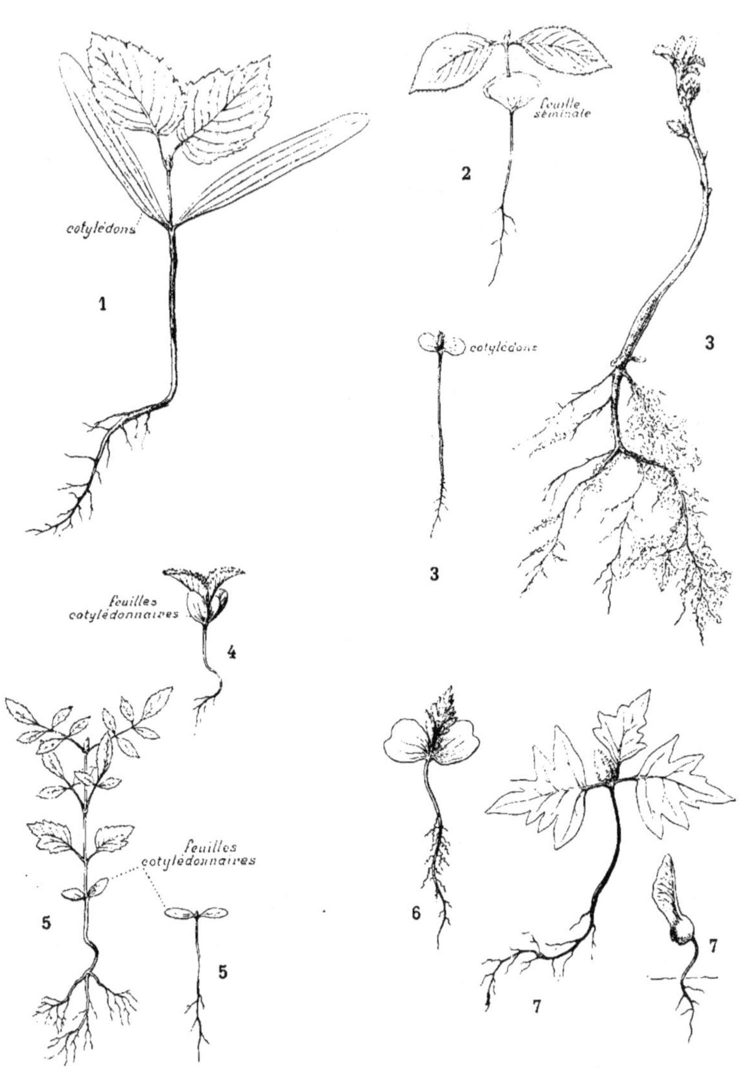

Fig. 13. — (1) PLANTULE DE TILLEUL ; (2) PLANTULE DE HÊTRE ;
(3-3) PLANTULES DE CHARME ; (4) PLANTULE DE CERISIER ; (5-5) PLANTULES DE FRÊNE ;
(6) PLANTULE DE SORBIER ; (7-7) PLANTULES D'ÉRABLE SYCOMORE.

ces feuilles cotylédonnaires douces, charnues, gorgées
de matières alimentaires, pour en faire leur nourriture.
Il n'est pas rare de voir disparaître, sous ces attaques, des
planches entières de semis. C'est pour ces essences surtout
que la nature s'est montrée bonne mère en les dotant d'un pouvoir énorme de prolifération. Les feuilles primordiales sont :

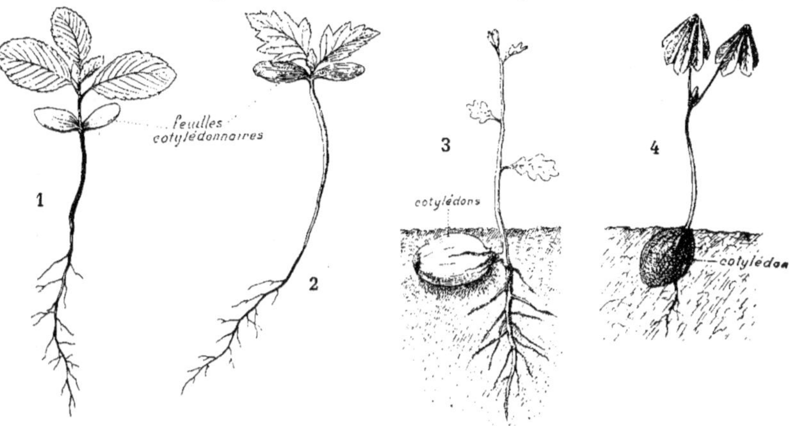

Fig. 14. — (1) PLANTULE D'ALISIER BLANC ; (2) PLANTULE D'ALISIER TORMINAL
(3) PLANTULE DE CHÊNE ; (4) PLANTULE DE MARRONNIER.

Charnues et très grandes chez le hêtre ;

Tendres et très développées chez le tilleul, le frêne, les
érables ;

Dures, coriaces et petites chez le charme, l'orme, l'acacia ;
Très petites chez l'aune.

Tant que la plantule n'a pas développé des feuilles normales capables d'assimiler, elle ne vit que sur les provisions
amassées dans les feuilles primordiales qui sont ainsi ses
véritables nourrices. Aussi, les jeunes sujets qui ont été
amputés totalement ou partiellement de ces organes finissent par disparaître, ou ne donnent que des sujets de misère.

En résumé, pour que la régénération naturelle s'opère
avec facilité dans une forêt bien pourvue de porte-graines,
il ne suffit pas d'un concours heureux de circonstances

physiques, il faut encore que le sol soit préparé pour recevoir la semence, qu'en particulier il ne soit ni densément enherbé, ni recouvert d'une couche épaisse de feuilles mortes non décomposées.

i — Développement du semis.

La lumière qui n'intervient pas dans la germination devient, une fois le semis produit, le facteur essentiel de son développement. A l'obscurité complète, la plantule meurt aussitôt après avoir épuisé ses provisions de réserve. Sous le couvert, le jeune plant *s'étiole* plus ou moins vite suivant son tempérament. Cet étiolement se manifeste par l'allongement des entre nœuds de la partie aérienne et le raccourcissement des organes de la partie souterraine (balancement de croissance). Sous des taillis de charme très

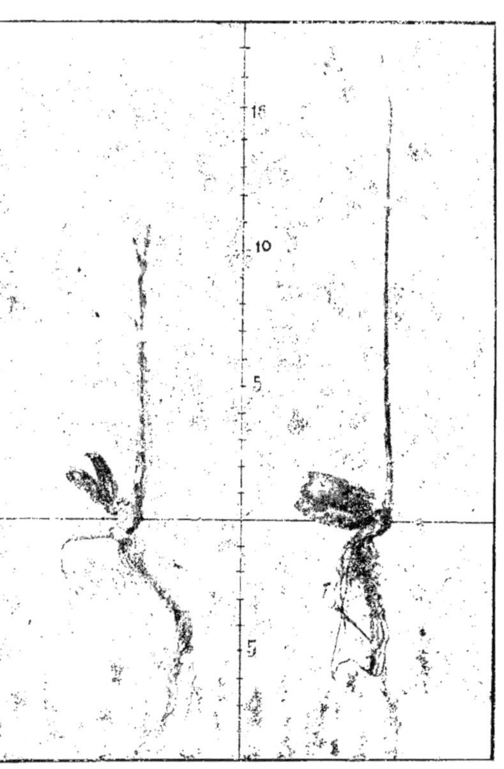

Fig. 15. — Plantule de chêne ayant vécu a découvert et a l'ombre

pleins, des semis de chène, âgés de quelques mois, atteignent une hauteur de 0 m. 30, alors qu'en plein découvert des plants de même âge mesurent à peine 0 m. 15. Les premiers sont grèles, à peine feuillés, d'un vert glauque ; les seconds sont étoffés, riches en feuillage, d'un vert foncé. La photographie (Fig. 15) représente deux plantules de chène dont l'une, celle de gauche, a été prise en pleine lumière et dont l'autre, celle de droite, a été arrachée sous le couvert. Si l'on fait une coupe dans la racine de cette seconde (Fig. 16), on constate un développement considérable de l'écorce, de la

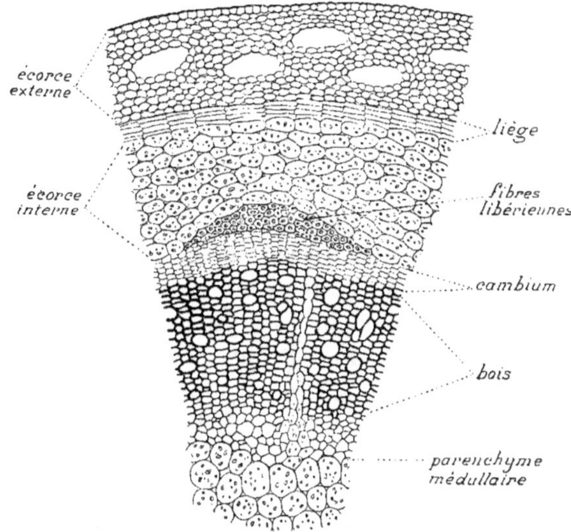

FIG. 16. — COUPE A TRAVERS LA RACINE D'UN SEMIS ÉTIOLÉ DE CHÊNE

moëlle et du liber et une réduction corrélative des tissus ligneux. Il y a, de plus, une énorme provision d'amidon dans les tissus de la moëlle, dans les fibres libériennes et dans les rayons médullaires. L'appareil radicellaire, ramassé chez la plantule qui a cru à l'ombre, est plus largement épanoui chez celle qui s'est développée à la lumière. On devine facilement, dès lors, combien ces plants étriqués et grêles sont sensibles aux variations d'humidité du sol. Une forte sécheresse fait disparaître rapidement tous les semis de chêne nés sous le couvert. Tout se passe chez les plantes étiolées comme si l'assimilation chlorophyllienne était supprimée. Et cela se conçoit, puisque la voûte ininterrompue de verdure, sous laquelle ces plantes végètent, a déjà épuisé pour elle-même toutes les radiations actives du spectre, et l'on sait que, si l'on éclaire un végétal avec de la lumière qui a traversé une solution de chlorophylle, cette lumière n'agit plus sur la végétation.

Comme la germination des glands se fait *avant* la foliaison du taillis, il en résulte que, lors des glandées totales, on trouve de grandes plaques de semis sous les recrûs de tous âges.

La persistance de ces semis de chêne dans le taillis dépend non seulement de la nature du sol plus ou moins humide, mais encore et surtout de l'élévation du couvert. Sous un couvert très bas, les semis disparaissent au bout de 2-3 ans ; ils durent 5-7 ans sous un couvert relevé. Si l'on veut sauver des plaques de semis de chêne venus sous l'ombrage des taillis, il ne faut pas se borner à un timide dégagement, *il faut raser complètement tout ce qui le domine*. Le succès est à ce prix. Les plants de chêne étiolés ne conviennent pas pour les reboisements, car ils ne peuvent fournir aux fonctions d'évaporation.

Les semis de charme sont bien moins sensibles au couvert que les semis de chêne. Cela tient à leur enracinement et à la conformation particulière de leurs feuilles douées d'un plus grand pouvoir d'assimilation. Par certains côtés d'ailleurs, le tempérament du semis de charme se rapproche de celui des *plantes vernales* ; il en a toutes les caractéristiques.

Le semis de hêtre se conduit de façon bizarre, et Engler est loin d'en avoir décélé toutes les particularités. D'abord, ce semis ne prend que sur un terrain de structure moléculaire bien définie (structure grumeleuse) ; ensuite, il ne demeure que sous *un couvert relevé*. C'est une des raisons pour lesquelles cette essence est absente des taillis-sous-futaie des terrains calcaires exploités à 25 ans et moins ; qu'elle devient sporadique dans ceux conduits jusqu'à 30 ans et qu'elle n'est vraiment abondante que dans ceux coupés à 40 ans et plus. Les formes rabougries et buissonnantes, signalées sous le couvert par Opperman et Engler, relèvent de la tératologie.

Tout près du semis de hêtre et en partageant les bizarreries se place le semis d'érable sycomore, *particulièrement abondant et dru sous les futaies de hêtre du Morvan* (Parc de Montjeu, près Autun), où il constitue une *essence de remplacement* du plus haut intérêt.

Le semis de frêne est moins exigeant que le semis de chêne au point de vue de la lumière. C'est ainsi qu'on le voit se multiplier dans les haies de Bresse coupées tous les 5 ou 6 ans. De par sa croissance active, il parvient à percer rapidement le dais de clair feuillage que lui opposent les jeunes taillis et il se maintient victorieusement sous un couvert modéré, à condition que le sol soit humide

Le semis d'orme présente les mêmes particularités que le semis de frêne avec lequel il est généralement associé.

Les semis d'aune et de bouleau ne se développent qu'en pleine lumière. Les seconds abondent dans les taillis du crétacé, envahis par les fougères et la bruyère à la suite d'incendies répétés ou de dégâts commis par les lapins.

Les semis de marronnier supportent bien un couvert relevé et sont envahissants dans les parcs traités en futaie. Ainsi en est-il dans le Parc de la ville de Dijon dessiné par Le Nôtre.

Les semis d'alisiers, de cerisier et de sorbier des oiseleurs s'élèvent en bordure des vides, sous une lumière un peu tamisée, ou en plein découvert, au milieu du gazon ; ils supportent mal un couvert plus épais. Au contraire, le semis du sorbier domestique s'accommode parfaitement de l'ombrage des hauts taillis et même le recherche.

Le semis de tilleul résiste longtemps au couvert et s'accommode d'une très faible insolation. C'est pour cela que cette essence est si envahissante dans certaines forêts de plaine et de montagne.

B) **Reproduction des taillis par rejets et drageons**

Le régime du taillis repose sur la propriété qu'ont les souches et les racines d'émettre des rejets après le ravalement des tiges. Ces rejets proviennent, soit de *bourgeons*, soit de *drageons*.

a — LES BOURGEONS DORMANTS (Fig. 17), ont leur racine en communication avec le cylindre central de l'arbre, c'est-à-dire avec la moëlle ; ils ne sont pas apparents sur la perche

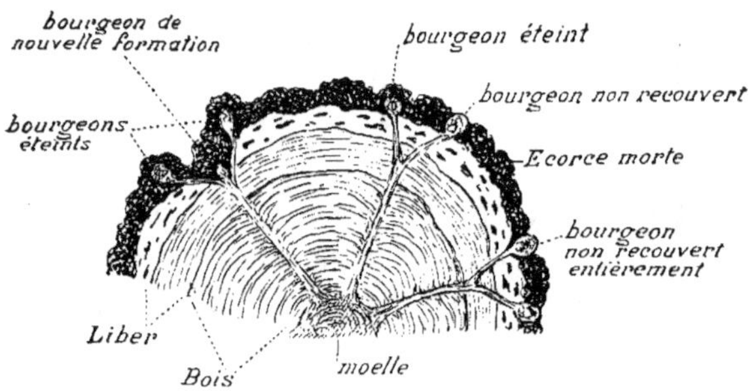

FIG. 17. — BOURGEONS DORMANTS

debout, étant plus ou moins enfoncés dans une crypte de l'écorce. L'ablation de la tige provoque leur évolution rapide, par suite d'un afflux de nourriture. Le nombre de ces bourgeons, toujours épars, est en relation avec l'essence et l'âge du sujet. Le chêne, le charme, le tilleul, les alisiers, l'orme, les érables, l'aune, le frêne possèdent de nombreux bourgeons dormants ; le châtaignier, le bouleau et surtout le hêtre en ont moins ; le tremble et le peuplier en sont dépourvus. Toutes choses égales d'ailleurs, le nombre de ces bougeons dormants est plus grand chez les sujets qui ont crû lentement que chez ceux qui ont poussé rapidement. Des chênes morts en cime donnent généralement naissance

FIG. 18. — REJETS INCLINÉS ET TORDUS DE FRÊNE

à de très abondants rejets. Chez la plupart des essences, les rejets issus de bourgeons dormants poussent en touffes droites ; chez le frêne, au contraire, ces mêmes rejets sont tordus et filent en rasant le sol (Fig. 18) : ils présentent donc une remarquable *élasticité de courbure*.

b — LES BOURGEONS CICATRICIELS (Fig. 19) prennent naissance dans le bourrelet de recouvrement qui se forme, après l'abatage, entre le bois et l'écorce : ils se montrent plus ou moins tardivement et adhèrent à l'écorce. Si donc celle-ci vient à disparaître, ils disparaissent avec elle. Ces rejets sont peu nombreux, mal assis, et, gênés par leurs

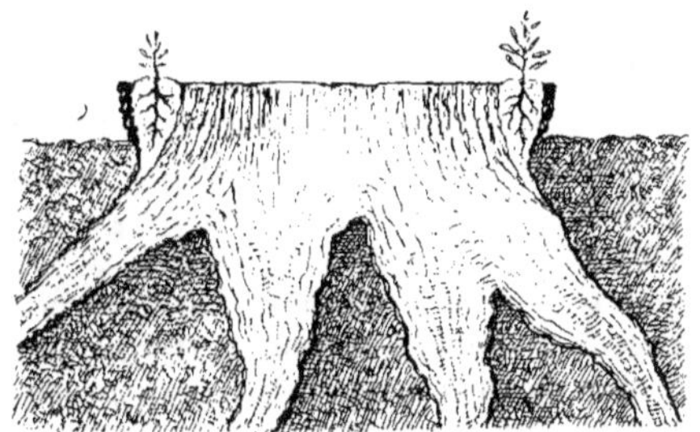

FIG. 19. — BOURGEONS CICATRICIELS

voisins, ils s'incurvent et traînent sur le sol. On les observe principalement chez le hêtre et le charme.

c — LES DRAGEONS sont des rameaux qui naissent sur les racines et qui s'individualisent promptement. Ils sont d'autant plus nombreux et allongés que le sol est plus meuble et plus léger. Ils s'observent normalement chez le tremble, le peuplier, le coudrier, l'acacia, l'aune blanc, le chêne tauzin et le chêne yeuse ; accidentellement et à la suite d'une blessure des racines, chez l'orme, les chènes rouvre et pédonculé. Comme les graines, ils sont susceptibles de vivre d'une vie ralentie. Chez le tremble, ils donnent même naissance à des kystes que la chaleur réveille. Il est très fréquent de voir succéder à des taillis âgés et de bois durs une végétation débordante de drageons de tremble.

d — L'APTITUDE DES SOUCHES A REJETER EST VARIABLE ; elle dépend de l'essence, de l'âge, du sol, de l'exposition, de l'altitude et de la coupe.

Le chêne et le charme sont les deux essences de nos taillis qui donnent le plus de rejets ; viennent ensuite l'orme, l'aune, le bouleau, le frêne, les érables, et enfin, à un moindre degré, le hêtre, les alisiers, les pommiers, les cerisiers.

Les morts-bois : aubépines, coudriers, cornouillers, viornes, etc., rejettent vigoureusement de souches. Possédant un enracinement superficiel, ils profitent les premiers du réchauffement du sol et sont aussi les premiers à occuper le terrain. Devançant dans leur croissance et dans le premier âge les essences de bois durs auxquelles ils sont associés, ils forment la masse du peuplement dans les jeunes coupes et par conséquent aussi dans les taillis exploités à courtes révolutions. C'est ce qu'on peut aisément constater en parcourant les mauvais taillis de la vallée du Bugey, dans l'Ain.

Dans les conseils auliques de la rue de Varenne, on a souvent agité, autour d'un tapis vert, la question de la repousse des souches, et j'ai vu sabrer sans pitié des aménagements qui prévoyaient l'exploitation de vieux taillis à 50, 60 et 70 ans. Ceux-là seuls qui n'ont jamais visité de taillis en conversion peuvent soutenir thèse aussi osée. Il est, en effet, d'observation banale et de constatation courante que les chênes repoussent de souches jusqu'à 150 ans, les charmes, les frênes, les ormes, les érables, les alisiers

jusqu'à 120 ans, les hêtres jusqu'à 90 ans. Une partie de la
forêt domaniale de Châtillon (Côte-d'Or) a été exploitée
entre 65 et 70 ans. Il est facile de vérifier sur place les
résultats de ces exploitations tardives ; ils sont de nature à
convaincre les plus incrédules.

Evidemment toutes les souches ne repoussent pas, mais
le déchet s'observe aussi bien dans les jeunes que dans les
vieilles coupes. Ce déchet est dû tantôt à des accidents
météoriques (sécheresse, gelées, inondations), tantôt à une
exploitation défectueuse. En général, il y a, pour chaque
nature de terrain, une période pendant laquelle la repousse
est *optima*. Dans les terrains humides et froids, les essences
constitutives de nos taillis perdent plus vite leur aptitude à
rejeter de souches que dans les terrains rocheux, secs et
chauds. Dans ces derniers, on peut dire que le chêne, les
alisiers, etc., conservent cette faculté jusqu'aux dernières
limites de la vie des arbres et des taillis. Cela tient non seulement à la chaleur, mais encore et surtout à la très grande
quantité de bourgeons dormants disséminés sur la tige par
suite de la lenteur de la végétation. Pour le même motif, les
expositions chaudes du Sud et de l'Ouest sont plus *excitatrices
de rejets* que les expositions froides du Nord et de l'Est.
Dans mon « Etude des taillis-sous-futaie du bassin de la
Saône », j'ai admis comme période *optima* pour la repousse
des souches :

      25-30 ans dans les colmatages,
      30-35 ans dans les sables argileux,
      35-40 ans dans les marnes,
      40-45 ans dans les argiles,
      45-50 ans dans les calcaires marneux,
      50-60 ans dans les roches massives.

Après 26 nouvelles années de pratique, je ne vois pas qu'il
y ait lieu de modifier ces nombres. Toutefois, il ne faudrait
pas croire à un péril quelconque, s'ils venaient à être dépassés
pour une cause ou pour une autre.

Par contre, je ne saurais trop mettre en garde les forestiers alpins contre l'inaptitude absolue du hêtre à rejeter de souche aux hautes altitudes. J'ai visité, en 1912, sur la montagne de Connexe, près Grenoble, des coupes appartenant aux communes de Notre-Dame-de-Vaux et de St-Jean-de-Vaux, situées l'une à 1.475 mètres, l'autre à 1.570 mètres d'altitude et peuplées d'un taillis de hêtre pur âgé de 40 ans. Après exploitation, l'ensouchement a complètement disparu et la forêt n'existe plus. « *Sunt lacrymæ rerum !* »

Aussi, puis-je dès maintenant énoncer cette loi :

Vers les confins de la végétation, le hêtre ne peut plus être exploité en taillis simple ou en taillis-sous-futaie, mais exclusivement en taillis fureté ou en futaie.

e — Epoque d'abatage.

On a beaucoup discuté sur l'influence exercée par l'époque de l'abatage sur la production des rejets. L'ordonnance de 1669 et le code forestier prescrivent d'exploiter durant la période du repos de la végétation, soit du 15 octobre au 15 avril. Seuls, les bois à écorcer doivent être coupés avant le 1er juillet. Mais la guerre d'abord et le défaut de main-d'œuvre ensuite ont conduit à prolonger considérablement les délais d'exploitation. Sur bien des points même, l'exploitation se poursuit durant toute l'année.

Les expériences de Bartet montrent que l'époque d'abatage n'exerce pas d'influence marquée sur le nombre des rejets provenant de bourgeons dormants. C'est, par contre, la coupe en pleine foliaison (mai à août) qui favorise le plus, chez le charme et le hêtre, la production de rejets provenant de bourgeons cicatriciels. C'est une conséquence évidente du mode de formation des tissus dont ils dérivent. Si on prend comme terme de comparaison la taille des rejets de deux ans provenant de la coupe d'avril, on constate que l'on peut, sans s'exposer à un préjudice sensible, retarder l'exploitation des taillis de chêne jusqu'au 15 mai, tandis que la coupe du charme, à cette époque de l'année, entraine déjà une perte de 20 %. Pour le chêne lui-même, le préjudice devient notable dès qu'on attend le mois de juin pour effectuer l'exploitation.

L'Administration des Eaux et Forêts, dans le but évident de donner satisfaction aux exploitants, a demandé aux services extérieurs quels avaient été, au point de vue de la densité, de la hauteur et de la vigueur des rejets, les résultats des exploitations de guerre pratiquées en été. Les réponses ont été déconcertantes. Et cela se conçoit. D'abord, on ne s'improvise pas observateur ; ensuite la dégradation des peuplements s'opère lentement et se traduit par des renversements dans la proportion numérique des essences, par des substitutions qui ne sont pas toujours faciles à saisir. Tout ce que l'on sait, et ce que l'on sait bien, c'est que la pratique de l'écorçage provoque, dans les forêts qui y sont soumises de longue date, une *régression marquée* des peuplements qui perdent en densité et en productivité. *L'abatage en période de végétation est donc à proscrire de toute forêt bien tenue.*

J'ajoute que pour l'aune, le frène, l'orme, c'est-à-dire pour toutes les essences qui croissent en terrains humides, la meilleure repousse se fait quand l'exploitation a lieu *en mars.*

Cette remarque a son importance pour les propriétaires de parcs et de jeunes plantations.

De par leur mode d'implantation, les rejets issus de bourgeons cicatriciels concourent bien moins activement que les rejets issus de bourgeons dormants à la formation des taillis. Ils sont également bien plus sensibles aux dangers qui menacent les recrûs. Un vent violent les fauche, une sécheresse brutale les tue, le blanc du chène les décime.

f — Comment faut-il couper les taillis ?

Le Cahier des charges de l'Administration des Eaux et Forêts dit : « Dans les coupes de taillis on exploitera à tire et aire, à la cognée, le plus près de terre que faire se pourra et de manière que l'eau ne puisse séjourner sur les souches. Les racines devront rester entières ».

Chacun sait que les rejets de souches ont une croissance plus active que les semis, au moins dans le premier âge, et que les grosses souches exhaussées donnent plus vite des perches exploitables que les petites souches ravalées rez-terre. Dans beaucoup de forêts inondables, peuplées d'aune et de frêne, on exploite à vingt centimètres au-dessus du sol. On justifie cette pratique par le danger des limons qui recouvrent les souches et par le gel en surface des eaux qui tue les rejets. Ce sont là de mauvaises raisons. Dans les taillis ainsi coupés, les souches s'exhaussent de plus en plus à chaque nouvelle exploitation et deviennent des têtards surbaissés et caverneux ; aucun rejet ne s'individualise ; chaque souche qui meurt crée un vide énorme ; les rejets ne partent pas droits et filent obliquement, en rasant le sol; le taillis, clairiéré, a un aspect languissant.

J'ai dû faire rajeunir les taillis ainsi traités de la forêt communale d'Antilly (Côte-d'Or), en faisant ravaler les grosses souches, malgré l'avis de mes hommes. La repousse s'est admirablement faite, et la forêt a gagné en densité et en vigueur. A Bressey, Remilly et dans d'autres forêts particulières encore, la coupe en hauteur perd les taillis. Je dis donc qu'en tous lieux, *il faut couper rez-terre.*

En général même, *on ne coupe jamais assez bas.* J'en veux pour preuve ce fait d'observation banale que les coupes qui paraissent les mieux exploitées en hiver, présentent un tout autre aspect en été : les étocs font alors vigoureusement saillie au-dessus du sol. Cela tient au tassement du terrain et à la disparition de la couverture morte sous l'influence du vent, du soleil et de la pluie. Mais hélas ! les temps ne sont plus où l'on pouvait se mirer devant une belle exploitation. La main-d'œuvre étrangère a relégué ce miroir dans le magasin des vieux accessoires et nos pauvres taillis sont de plus en plus mal exploités. Raison de plus, à mon sens, pour réagir et pour revenir aux bons principes.

Faut-il n'exploiter les taillis qu'à la cognée et proscrire absolument la scie ? C'est l'avis du Cahier des charges de l'Administration des Eaux et Forêts, mais ce n'est pas le mien. Etant Inspecteur à Sens, j'avais déjà fait essayer la scie dans la forêt domaniale de Vauluisant, sur une petite surface, il est vrai. Or, toutes les souches ont parfaitement repoussé. Plus tard, j'ai vu travailler, sous mes yeux, dans la forêt domaniale de Citeaux, la scie de M. Pioche, d'Autun. Là encore, je n'ai constaté aucune diminution dans la faculté de rejeter des souches. Et cela se comprend : la scie qui mâche l'écorce et le bois nuit seulement au développement des bourgeons cicatriciels. Aussi, entre une exploitation à la hache faite trop haut et une exploitation à la scie opérée rez-terre, je n'hésite pas, et c'est la seconde qui a toutes mes préférences. *L'instrument n'est rien pour celui qui exploite bien.*

L'exploitation en talus ou en bec de flûte du taillis, prescrit par le cahier précité des charges, est bien à recommander, mais elle est impraticable sur les grosses souches. Une coupe franche, nette, sans éclats, suffit largement pour assurer une bonne repousse des souches. La coupe entre deux terres n'offre même aucun inconvénient pour toutes les essences qui drageonnent. L'exploitation en *saut du piquet*, pratiquée dans les taillis méridionaux de chêne-yeuse, en est cependant *une forme ultime et mauvaise.*

Il y aurait tout un volume à écrire sur la vie d'une souche en la suivant de sa naissance à sa mort. Si l'on vient à sectionner un jeune brin, on voit que la souche ne présente que des tissus vivants. Sur cette section vont se développer une quantité plus ou moins grande de rejets, suivant l'essence et la hauteur de coupe. De ces rejets, les uns disparaissent, les autres s'élèvent vigoureusement. Ce sont les rejets de la périphérie qui prennent le plus fort accroissement, alors que ceux de l'intérieur déclinent et meurent. A la deuxième recèpe, on voit apparaître, sur la section ravalée de la souche, des taches blanches et noires (Fig. 20) dues à la décomposition, sous l'influence de saprophytes, de la base des rejets disparus et pourris. A la troisième recèpe, on obtient une section analogue à celle de la figure 21. Sur cette dernière, on voit la place occupée par trois rejets qui sont en voie d'individualisation. Au centre existe une large plaque de tissus nécrosés en voie de décomposition. Un rejet excentrique a été sectionné à plus grande hauteur et une partie émergeante des racines est encore recouverte de son écorce. Il eût été avantageux d'enlever cette dernière

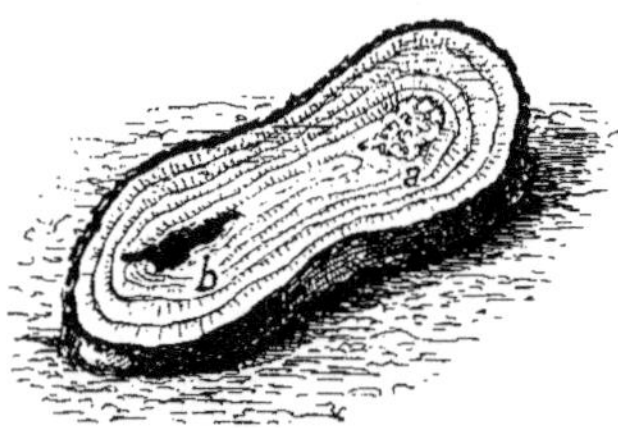

FIG. 20. — JEUNE SOUCHE FRAICHEMENT RÉCÉPÉE ET MONTRANT EN *a* UNE TACHE DE POURRI BLANC ET EN *b* UNE TACHE DE POURRI NOIR

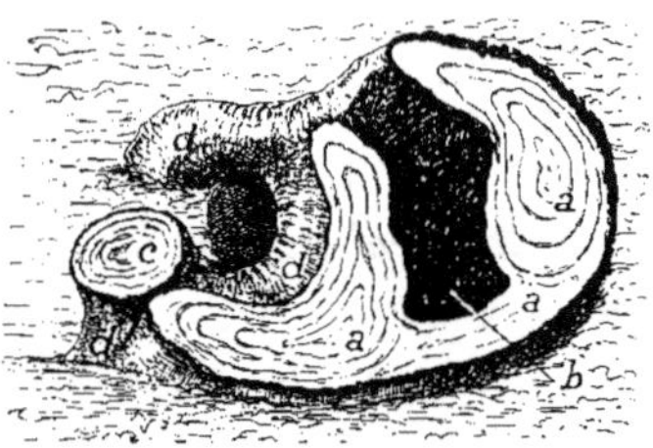

FIG. 21. — VIEILLE SOUCHE EN VOIE DE DÉCOMPOSITION :
a a a) TISSU VIVANT SECTIONNÉ ;
b TISSU NÉCROSÉ EN VOIE DE DÉCOMPOSITION ;
c) REJET EXCENTRIQUE ;
d d) RACINE ENCORE RECOUVERTE DE SON ÉCORCE

d'un coup de hache, car les rejets qui la crèveront tardivement sont hors d'état de lutter avec leurs voisins. Les bons rejets sont, en effet, ceux qui naissent au voisinage du bois sain et sur les bords externes de la souche.

On comprend aisément dès lors que, si l'écorce vient à être décollée du tronc par suite des actions du gel ou de la sécheresse, il ne se produit pas de rejets en ces points. Il en sera de même si la souche a été éclatée sur ses bords.

Quand un bûcheron exploite une perche de taillis, il doit
avoir soin de l'entamer à la hache des deux côtés, de façon
à éviter l'arrachement qui se produirait infailliblement si,
ne coupant que d'un côté, il poussait la tige pour la faire
tomber. Ainsi s'explique pourquoi il est utile de suspendre
l'exploitation pendant les fortes gelées et pourquoi il importe
de couper rez-terre en vue d'atténuer les effets de la sécheresse.

Dans une bonne exploitation tous les rejets tendent à
s'individualiser et la souche primitive unique se trouve
remplacée (Fig. 22) par un cercle de jeunes souches dispo-

FIG. 22. — SOUCHE BIEN EXPLOITÉE
AVEC DE NOMBREUX REJETS INDIVIDUALISÉS

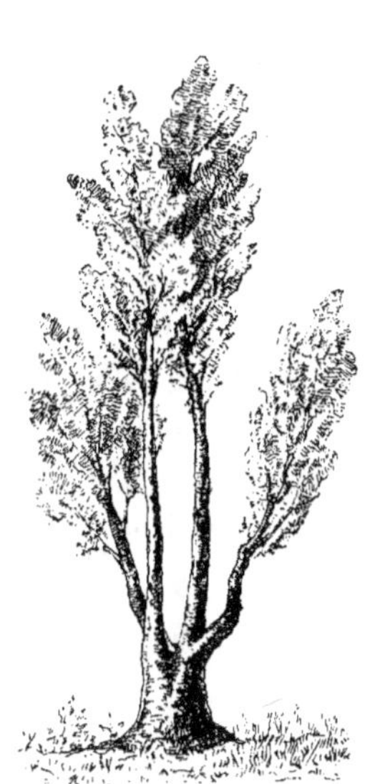

FIG. 23
SOUCHE MAL EXPLOITÉE
REJETS PEU NOMBREUX
NON INDIVIDUALISÉS

7

sées comme les ronds de sorciers de certains champignons. Il en serait différemment (Fig. 23) si on avait coupé au-dessus du nœud de la dernière exploitation. Les rejets sont alors maigres et peu nombreux.

g — Ensouchement du taillis.

Les auteurs forestiers ont généralement omis de parler de l'ensouchement des taillis. Cette question a cependant son intérêt, ne fût-ce que pour passer les contrats d'assurance contre les incendies. Seul, le bourguignon Noirot consacre quelques lignes à ce sujet dans son « Traité sur la culture des Forêts ».

Il dit avoir trouvé dans des bois aménagés à 20 ans environ 2.800 souches, savoir : 900 souches de chêne, 1.100 souches de charme, 600 de hêtre et 200 d'alisiers, frêne, érables, etc. Dans ce dénombrement il ne comprend pas les cornouillers, coudriers, épines et autres arbrisseaux, ni les brins de semence qui s'élèvent à 2.000 par hectare. Il ajoute que le nombre des souches n'est guère que de 2.000 dans un taillis aménagé à 30 ans, mais que, dans un bois réglé à 18 ans, on en trouve jusqu'à 3.400, non compris les arbrisseaux et brins de semence. J'ai vérifié ces indications sur différents points. Voici d'abord les résultats trouvés dans des taillis quasi-simples, c'est-à-dire pauvres en arbres de réserve, et dans des forêts situées sur des calcaires bajociens et bathoniens.

(Voir les Tableaux des pages suivantes)

Nombre de rejets a l'are

AGE : UN AN

	Ste-Marie-s-Ouche (1a.)	Agey (1 are)	Gissey (1 are)	Jaugey (1 are)	St-Victor (1 are)	Barbirey (1 are)	Echannay (1 are)	Geligny (1 are)	Savranges (1 are)	Sombernon (1 are)	Blaisy-Bas (1 are)	Blaisy-Haut (1 are)	Turcey (1 are)	Bussy-la-Pesle (1 are)	Charmoy (1 are)	Savigny (1 are)	Vaux-La-Mont. (1 are)	Grenant (1 are)	TOTAL sur 18 ares
Chêne	426	482	576	562	680	788	59	14	213	45	172	32	128	105	20	98	667	425	5 492
Charme	947	692	41	313	78	195	475	273	145	311	274	67	196	291	53	315	19	675	5.660
Hêtre	»	29	15	1	227	»	»	»	»	•	48	1	114	39	»	187	153	»	814
Erable	»	215	167	24	158	13	102	82	52	79	146	43	68	110	37	54	60	62	1.472
Frêne	»	3	1	1	»	»	»	50	»	16	12	59	14	»	63	»	2	1	222
Alisiers	104	7	»	11	27	52	20	20	8	21	24	»	»	32	»	11	40	312	689
Fruitiers	»	7	»	»	95	79	22	12	7	29	»	8	»	9	8	15	5	21	317
Blancs	»	73	123	150	183	134	»	44	25	21	»	»	36	»	»	»	114	14	917
Morts Bois	517	117	264	556	532	657	199	160	105	170	57	49	107	99	48	104	621	384	4.846

20 429

AGE : DIX ANS

	Ste-Marie-s-Ouche (1a.)	Agey (1 are)	Gissey (1 are)	Jaugey (1 are)	St-Victor (1 are)	Barbirey (1 are)	Echannay (1 are)	Geligny (1 are)	Savranges (1 are)	Sombernon (1 are)	Blaisy-Bas (1 are)	Blaisy-Haut (1 are)	Turcey (1 are)	Bussy-la-Pesle (1 are)	Charmoy (1 are)	Savigny (1 are)	Vaux-La-Mont. (1 are)	Grenant (1 are)	TOTAL sur 18 ares
Chêne	68	136	143	251	196	304	46	11	96	24	67	93	64	17	48	50	38	93	1.745
Charme	5	488	329	120	442	475	319	270	149	165	172	147	188	299	205	249	»	438	4.460
Hêtre	91	3	»	63	52	»	7	»	»	27	»	25	71	50	»	»	»	9	401
Erable	»	62	7	104	36	1	62	66	78	53	9	51	32	8	46	45	16	17	693
Frêne	»	»	»	»	»	»	»	51	»	27	»	12	43	»	1	»	3	»	137
Alisiers	6	5	30	12	16	17	13	»	2	11	»	27	»	18	20	»	119	8	304
Fruitiers	»	7	6	1	»	11	52	11	»	40	3	8	19	»	14	18	61	»	251
Blancs	57	28	18	30	31	66	»	46	20	»	»	»	»	»	»	»	110	60	466
Morts Bois	271	136	247	281	160	86	126	144	78	105	97	120	185	121	121	»	629	225	3.132

11.589

AGE : VINGT ANS

	Ste-Marie-s-Ouche (1a.)	Agey (1 are)	Gissey (1 are)	Jaugey (1 are)	St-Victor (1 are)	Barbirey (1 are)	Echannay (1 are)	Geligny (1 are)	Savranges (1 are)	Sombernon (1 are)	Blaisy-Bas (1 are)	Blaisy-Haut (1 are)	Turcey (1 are)	Bussy-la-Pesle (1 are)	Charmoy (1 are)	Savigny (1 are)	Vaux-La-Mont. (1 are)	Grenant (1 are)	TOTAL sur 18 ares
Chêne	112	101	93	199	170	159	19	19	41	26	32	42	82	60	21	26	83	165	1.450
Charme	4	109	40	83	280	55	131	85	62	104	60	166	173	141	216	180	41	347	2.283
Hêtre	64	»	»	3	17	»	»	»	»	4	45	»	»	54	45	41	228	»	501
Erable	13	10	13	9	22	10	22	16	47	51	1	»	67	24	40	59	61	16	481
Frêne	»	»	»	»	»	»	»	29	»	16	»	7	»	11	12	»	»	»	75
Alisiers	11	4	5	»	88	»	7	3	»	5	»	29	»	»	»	»	7	70	229
Fruitiers	»	18	1	5	41	3	8	5	»	18	»	4	»	13	4	40	13	10	183
Blancs	8	18	10	24	»	16	12	17	»	»	»	29	45	49	»	»	52	18	298
Morts Bois	123	72	130	281	270	82	28	75	70	99	112	42	136	107	94	165	204	370	2.460

6.960

Soit en moyenne et à l'hectare :

    à 1 an . . . . 86.569 rejets

    à 10 ans. . . . . 46.984 —

    à 20 ans. . . . . 30.554 —

A 30 ans, on trouverait environ 20.000 et, à 40 ans, 15.000 rejets.

NOMBRE DE CÉPÉES A L'ARE

AGE : UN AN

	Ste-Marie-s-Ouche (1 a.)	Agey (1 are)	Gissey (1 are)	Jaugey (1 are)	St-Victor (1 are)	Barbirey (1 are)	Erhannas (1 are)	Geligny (1 are)	Savranges (1 are)	Sombernon (1 are)	Blaisy-Bas (1 are)	Blaisy-Haut (1 are)	Turcey (1 are)	Bessy-la-Pesle (1 are)	Charmoy (1 are)	Savigny (1 are)	Vaur-la-Mont. (1 are)	Grenant (1 are)	TOTAL sur 18 ares
Chêne	25	24	51	33	41	45	3	5	19	7	6	4	12	3	4	10	43	40	378
Charme	55	26	3	36	8	28	21	16	10	17	7	6	10	12	7	13	3	48	326
Hêtre	»	3	3	1	18	»	»	»	»	»	1	1	6	3	3	7	12	»	58
Erable	»	19	29	2	13	4	8	7	3	7	5	4	6	6	4	6	7	8	129
Frêne	»	2	1	1	»	»	»	12	»	1	1	12	3	»	6	»	1	1	47
Alisiers	34	3	»	1	4	1	5	2	2	8	3	»	»	2	»	3	5	31	107
Fruitiers	»	2	»	»	8	1	7	7	1	8	»	3	»	1	3	4	2	1	51
Blancs	»	16	19	28	22	18	»	8	3	3	»	»	1	»	»	»	28	2	148
Morts Bois	77	31	60	103	135	87	13	18	11	7	7	6	7	6	4	10	180	96	863

2.107

AGE : DIX ANS

	Ste-Marie-s-Ouche (1 a.)	Agey (1 are)	Gissey (1 are)	Jaugey (1 are)	St-Victor (1 are)	Barbirey (1 are)	Erhannas (1 are)	Geligny (1 are)	Savranges (1 are)	Sombernon (1 are)	Blaisy-Bas (1 are)	Blaisy-Haut (1 are)	Turcey (1 are)	Bessy-la-Pesle (1 are)	Charmoy (1 are)	Savigny (1 are)	Vaur-la-Mont. (1 are)	Grenant (1 are)	TOTAL sur 18 ares
Chêne	23	33	43	19	24	43	11	4	13	7	9	10	5	6	5	6	6	20	311
Charme	2	50	56	15	49	49	23	15	10	18	11	7	8	18	10	11	»	15	100
Hêtre	14	1	»	17	8	»	2	»	»	6	»	3	5	4	1	»	»	1	65
Erable	»	6	2	18	6	1	6	6	6	8	1	3	5	4	3	6	3	2	89
Frêne	»	»	»	»	»	»	»	11	»	11	»	3	1	»	1	»	1	»	31
Alisiers	4	2	12	6	4	5	4	»	1	6	»	4	»	2	3	»	8	2	63
Fruitiers	»	3	2	1	»	2	13	1	»	17	3	2	3	»	4	1	12	·	70
Blancs	14	8	1	8	10	11	»	6	3	»	»	»	»	»	»	»	27	15	106
Morts Bois	72	35	51	109	51	34	22	18	12	13	11	12	9	11	10	»	153	59	685

1.820

AGE : VINGT ANS

	Ste-Marie-s-Ouche (1 a.)	Agey (1 are)	Gissey (1 are)	Jaugey (1 are)	St-Victor (1 are)	Barbirey (1 are)	Erhannas (1 are)	Geligny (1 are)	Savranges (1 are)	Sombernon (1 are)	Blaisy-Bas (1 are)	Blaisy-Haut (1 are)	Turcey (1 are)	Bessy-la-Pesle (1 are)	Charmoy (1 are)	Savigny (1 are)	Vaur-la-Mont. (1 are)	Grenant (1 are)	TOTAL sur 18 ares
Chêne	29	20	21	39	34	35	7	7	15	9	6	7	8	8	5	6	29	37	322
Charme	1	15	12	9	45	7	17	11	11	16	7	12	12	12	15	12	9	17	273
Hêtre	21	»	»	2	5	»	»	»	»	2	5	»	»	5	4	5	21	»	72
Erable	6	2	2	3	5	5	6	4	9	11	1	»	8	4	5	5	11	4	93
Frêne	»	»	»	»	»	»	»	11	»	7	»	2	»	3	3	»	»	»	26
Alisiers	5	2	2	»	14	»	2	1	»	4	»	»	»	»	2	1	1	16	42
Fruitiers	»	3	3	1	10	3	2	3	»	7	»	2	»	1	2	1	2	4	49
Blancs	5	3	3	7	»	5	10	4	»	»	»	1	7	5	»	»	13	8	70
Morts Bois	69	34	37	100	93	35	4	8	16	10	11	1	7	7	8	7	82	113	654

1.601

Soit en moyenne et à 1 hectare :

     à 1 an . . . . 6.909 cépées

     à 10 ans. . . . . 6.304 —

     à 20 ans . . . . 5.261 —

A 30 ans, on trouverait environ 4.000 et, à 40 ans, 2500 cépées.

Il est à remarquer que dans ces forêts situées en terrain calcaire, la proportion des morts bois, qui est de 60 °/₀ à 1 an, atteint encore 55 ₀/° à 20 ans. Ce n'est pas, en effet, *avant 40 ans* que les taillis de chêne et divers de ces terrains superficiels se nettoient entièrement de la souille épaisse qui tresse à leurs pieds.

Les faits sont différents dans un groupe voisin de taillis peuplés à peu près uniquement de chêne (terrains granitiques du Morvan et du Plateau Central).

Là, aussitôt après l'exploitation, le sol se couvre d'une végétation exclusive de genêts à balais qui s'écrase vers 14 ans et qui laisse le terrain complètement nettoyé. Privés de sous-étages, ces taillis apparaissent comme *clair-plantés*. Ils renferment en moyenne :

        à 2 ans, 2.700 cépées donnant 48.960 lances
        à 10 ans, 3.700   —   —   25.780   —
        à 20 ans, 2.320   —   —   9.350   —
        à 30 ans, 2.370   —   —   7.300   —
        à 35 ans, 2.425   —   —   5.150   —

C'est donc bien entre 10 et 20 ans que s'opère le grand nettoiement du sol. Le déchet causé ensuite par l'âge apparaît comme insignifiant. Ainsi s'accuse une des particularités les plus intéressantes de ces taillis morvandiaux qui se prêtent spontanément à l'*enrésinement*.

Enfin, dans les taillis-sous-futaie de plaine riches en arbres, la scène change complètement d'aspect. Les souches sont plus lentes à repousser ; les morts-bois, moins nombreux, sont remplacés par des ronciers épais ; les drageons de tremble et les semis de toutes essences dépassent en nombre les rejets du taillis. Des comptages effectués à Izeure et à Citeaux, dans des futaies-sur-taillis ayant crû sur des alluvions anciennes de la Bresse, ont donné à l'hectare les résultats suivants :

à	1 an,	665	cépées portant	2.831	brins et	5.566	drageons de tremble et semis
à	10 ans,	800	—	5.585	—	1.466	—
à	20 ans,	1.630	—	7.350	—	1.565	—
à	30 ans,	1.467	—	4.883	—	283	—
à	40 ans,	1.065	—	4.231	—	190	—

Il est à noter que, dans ces forêts, le taillis *s'étoffe* jusqu'à 20 ans et qu'il se *nettoie* entre 26 et 30 ans. Par là s'accuse une différence tranchée avec les taillis des terrains calcaires. On peut donc déjà énoncer cette loi : *plus un terrain est riche, moins il faut de tiges pour le garnir, moins aussi il faut de temps pour faire disparaître la végétation basse et buissonnante qui le couvre d'un lacis plus ou moins épais.*

Ce qui est vrai pour les peuplements naturels l'est aussi pour les peuplements artificiels.

Et c'est ainsi que la Nature dégage d'elle-même les principes essentiels d'un art qui repose surtout sur l'observation attentive des faits.

CHAPITRE II

Les Essences considérées isolément

Le but de ce chapitre est de résumer, dans de très courtes monographies, la description des principales essences de nos taillis, en insistant surtout sur leur rôle biologique et sur des observations personnelles. Pour le surplus, le lecteur consultera avec fruit la « Flore forestière de Mathieu », monument impérissable de science et de clarté. Tout ce qui a été écrit depuis sur le même sujet n'existe pas.

I. — Les Chênes

Chêne pédonculé (Quercus pedunculata, Ehrh.)

Feuilles à pétioles courts, glabres, pourvues de deux petites oreillettes à la base, glands portés sur des pédoncules allongés (Fig. 24). Floraison : Avril-Mai ; — Fructification : Septembre-Octobre. Années de glandées régulières, tous les 2-3 ans pour les arbres isolés. Cime trouée. Couvert léger. Couvre à peu près toute l'Europe d'un réseau continu ; s'élève jusqu'à 500 mètres dans le Jura ; 800-1.000 mètres dans les Alpes ; 1.200 mètres dans les Pyrénées. Forme les magnifiques futaies de chêne de Slavonie dans les plaines du Danube et de la Drave ; peut donc, contrairement à ce qu'on a écrit, se développer aussi bien en futaie pleine qu'à l'état isolé. En France, se trouve surtout dans les haies et les taillis-sous-futaie ; a été éliminé des futaies d'abord par le marteau, en raison de la forme de sa cime et de son écorce rude, ensuite par ses exigences au point de vue lumière. A Bercé, la futaie est de rouvre et les arbres de pâture sont des pédonculés.

Indifférent à la nature du sol, s'il recherche, comme on le dit, les stations fraîches de plaine et les sols argileux, il se rencontre aussi, abondant, sur les secs et arides plateaux des calcaires jurassiques (forêt domaniale de Châtillon). Sa station élective, préférée, se trouve être les *alluvions qua-*

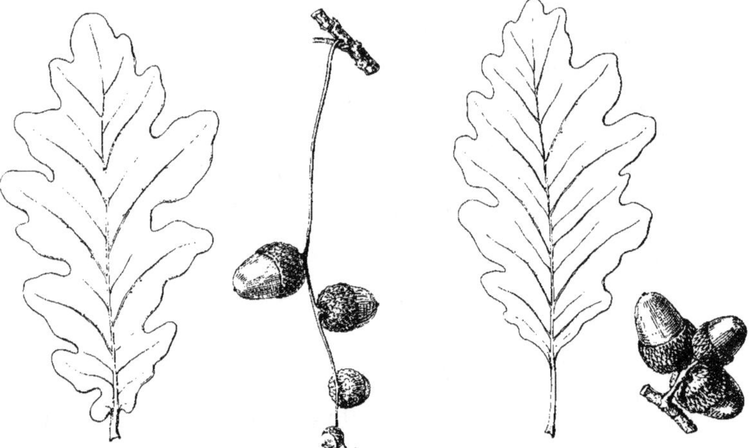

FIG. 24. — CHÊNE PÉDONCULÉ   FIG. 26. — CHÊNE ROUVRE

ternaires humides, où il vit en mélange avec le frêne, l'orme et l'aune (plaines du Danube, plaines de la Saône, queues d'étangs). Il fuit les eaux stagnantes, mais il a besoin d'humidité dans le sol et dans l'air (forêts de Bresse). Il demande une certaine chaleur pour prospérer (moyenne 12°5 de Mai à Octobre, d'après Wilkomm), et, dans les coteaux, se tient sur les versants Sud et Ouest.

Racine pivotante. — Rejette bien de souche. — Dans un taillis de 25 ans, un rejet de chêne, venu sur souche, a, en moyenne, 0 m. 25 de tour et 6 mètres de hauteur totale. Un rejet de charme, de même âge, a 0 m. 16 de tour et 5 mètres de hauteur totale. Il faut compter 3 rejets de charme pour 2 de chêne. Le volume des rejets que porte une souche de chêne est donc le double du volume de ceux que porte une souche de charme. *En arbre comme en taillis, le chêne est le roi de nos forêts françaises.* On l'oublie trop.

Chêne de Juin (Quercus tardissima)

Variété de pédonculé ayant pris spontanément naissance dans la grande cuvette bressane (170 mètres d'altitude), sur des alluvions formées par des alternances de marnes ou d'argiles réfractaires et de sables fins siliceux. Dans cette cuvette intensément soumise aux gelées printanières, ont seuls pu fructifier et se multiplier les sujets fleurissant tardivement. D'où la propagation active de cette variété nouvelle, dont les caractères sont : apparition des feuilles vers le 1er Juin seulement, donc avec un retard de 4 à 6 semaines sur le pédonculé commun ; port élancé, fût très droit et très soutenu ; cime ovoïde, bien fournie, à rameaux effilés et grêles, rappelant la ramification du hêtre (Fig. 25) ; végétation particulièrement active dépassant celle du pédonculé ordinaire de 3 à 5 % ; bois plus blanc, plus élastique et plus plein que celui de tous les autres chênes ; fibres bien droites, ne donnant pas lieu à ce défaut si fréquent de la fibre torse, observé chez le pédonculé ordinaire de la forêt de Chaux et autres lieux voisins ; grain fin, homogène, un peu dur toutefois. Variété d'avenir, à propager dans tous les terrains argileux et frais où croît le pédonculé, même dans les sols envahis par la callune.

Guinier prétend que cette variété est plus sujette à contracter l'oïdium du chêne et à périr sous ses attaques. Il dit même réserver son opinion au sujet de cet arbre remarquable.

Illusion ! La mortalité reconnue à Pourlans, Lanthes et ailleurs provient exclusivement de la grêle qui a endommagé le feuillage et ouvert la porte aux spores du champignon. A

Fig. 25. — CHÊNE DE JUIN A POURLANS (Cliché Gilardoni)

Thurey (Saône-et-Loire) des pédonculés ordinaires ont plus souffert encore à la suite du même accident. Entre Zagreb et Belgrade, j'ai vu des cantons entiers, exclusivement peuplés de pédonculés ordinaires, sécher sur pied sous les atteintes de l'oïdium comme après un formidable incendie. L'École de Nancy peut donc se rassurer : le chêne de Juin vivra.

Chêne rouvre (Quercus sessiliflora, Smith.)

Feuilles pétiolées, velues, dépourvues d'oreillettes, glands sessiles (Fig. 26). Floraison : Avril-Mai, devançant le pédonculé d'environ 15 jours. — Fructification : Septembre-Octobre. — Années de semences un peu plus espacées que pour le pédonculé, 3-4 ans ; semence ordinairement plus rare et plus chère.

Cime ovoïde, pleine. Couvert plus épais que le pédonculé.

Espèce moins cosmopolite que le pédonculé ; aire plus ramassée ; habite les plaines et les coteaux, demande plus de chaleur que le pédonculé et s'avance moins loin au Nord et à l'Est ; occupe d'une façon générale la partie méridionale de la zone du chêne.

Indifférent à la nature minéralogique du sol, peuple les collines de la Slavonie et de la Slovénie, laissant au hêtre les expositions Nord et Est et se réservant les revers Sud et Ouest ; est, en France, l'essence par excellence des futaies (Jupilles, Tronçais, etc.), mais se rencontre aussi abondant dans les taillis-sous-futaie. Ses terrains d'élection sont les calcaires, les argiles à silex du Crétacé, les sables secs et filtrants. Il s'y trouve en mélange avec le charme, le hêtre et parfois le châtaignier. Dans un peuplement mélangé de pédonculés et de rouvres, les cimes à feuillage marcescent appartiennent presque toujours à cette dernière espèce.

Variétés à très petits glands nombreuses, souvent sujettes à la gélivure. Sur bien des points le chêne rouvre recule devant le hêtre ; les hautes tourbières du Jura, situées à 1.000 mètres et plus d'altitude, recèlent encore des troncs volumineux de cette espèce aujourd'hui disparue de ces lieux. Remarque importante pour la technique.

Le rouvre demande une nébulosité moins forte que le pédonculé et s'accommode des terrains les plus secs, au moins sous ses formes lasciniée (sols pierreux du Jurassique) et pubescente (France méridionale).

Enracinement variable, d'ordinaire pivotant, mais à pivot pouvant s'oblitérer sur la roche massive (calcaires compacts du bathonien). Aptitude très développée à émettre des rejets de souches jusqu'à un âge avancé. Ecorce riche en tannin. Dans les taillis de chêne rouvre du Morvan, les épaisseurs de l'écorce aux différents âges sont les suivantes :

A 16 ans, 3 m/m d'épaisseur, toute en écorce fraîche ;

A 32 ans, 5 m/m d'épaisseur, dont 3 m/m d'écorche fraîche et 2 m/m d'écorce morte ;

A 48 ans, 10 m/m d'épaisseur, dont 5 m/m d'écorce fraîche et 5 m/m d'écorce morte.

Déchet à 16 ans, 0, à 32 ans, 40 %, à 48 ans, 50 %. Ainsi s'explique la haute valeur des jeunes taillis pour l'écorçage.

Chêne chevelu (Quercus Cerris, L.)

Feuilles rudes, oblongues, à lobes mucronés ; glands portés sur un pédoncule cours et épais ; cupule garnie d'écailles recourbées en dehors et contournées. Maturation bisannuelle des glands. Années de semence régulières. Végétation en retard de 15 jours sur le pédonculé avec lequel il croît en mélange. Ecorce noire. Centre de son aire : Turquie d'Europe, Hongrie, bassin inférieur du Danube, Croatie. En France, se trouve seulement à Saint-Vit (Doubs), à l'extrême pointe orientale de la forêt de Chaux, où il est cantonné sur des terrains calcaires.

Bois dur, à aubier abondant, très exposé à la gélivure, donc impropre à l'œuvre.

En Dalmatie, sur les Karsts, il est plus apprécié. Venise en a tiré autrefois des bois pour sa flotte. Partout où nous l'avons vu cependant, il ne brille pas par ses dimensions et constitue surtout une essence de taillis.

Chêne tauzin (Quercus Tozza. Q)

Feuilles pétiolées, poilues, tomenteuses ; glands portés sur un pédoncule trapu ; écorce épaisse, noire ; fût généralement court et tortueux ; feuillage souvent marcescent ; entre en végétation plus tard (environ 15 jours) que le pédonculé avec lequel il croît en mélange. Peuple, avec le chêne de Portugal, les montagnes de la Sierra-Morena en Espagne ; se trouve seulement dans l'Ouest de la France ; disparaît quand la température descend au-dessous de — 10 à — 12°. Essence franchement silicicole, qui occupe en France des terrains sablonneux, en Espagne et au Portugal des quartzites et des granits presque dépourvus de terre végétale.

Repousse admirablement de souche et drageonne mieux encore. J'ai vu dans la Sierra-Morena des parties complètement abrouties drageonner avec une vigueur telle qu'on ne pouvait se sortir de leur impénétrable lacis. Convient donc pour le reboisement des forêts sujettes au parcours.

Bois dur, donnant beaucoup d'*extraits,* un chauffage très estimé, mais un fût uniquement propre à la fabrication des traverses ; écorce riche en tannin, très employée par les bergers espagnols pour le tannage de leurs peaux de boucs ; essence particulièrement apte à la *distillation en vases clos.*

Chêne-Yeuse ; Chêne-Vert (Quercus Ilex. L.)

Feuilles persistantes, ressemblant à celles du houx ; glands sessiles ; variétés à *glands doux* (chêne Ballote) de l'Algérie et de l'Espagne ; ne résiste pas à des températures de

—4°. Arbre de plaine et de montagne, marquant une préférence pour les terrains calcaires (midi de la France) et marno-calcaires (Oranie), se présentant en France à l'état de taillis, mais formant en Algérie de belles et claires futaies dans les montagnes d'Ammi-Moussa. Ces dernières affectionnent les schistes argileux et les expositions fraîches ; c'est le contraire qui a lieu en France, sur la bordure septentrionale de l'aire du chêne vert. Le plus dur et le plus dense de tous les bois de chêne, peut être aussi le plus richement maillé et le plus vivement teinté ; fournit un merveilleux placage ; donne un combustible très estimé et une écorce très riche en tannin ; est cultivé pour ses glands dans les encinas de l'Andalousie. Dans les futaies d'Ammi-Moussa, cette essence atteint, à 200 ans, 1 m. 60 de tour et 12 à 14 mètres d'élévation.

Chênes Américains

Je rappellerai simplement pour mémoire d'autres espèces de chêne, comme le chêne Zéen *(Quercus Mirbeckii,* Durieux) et le chêne du Portugal (*Quercus lusitanica*), spéciales, l'une à l'Algérie, l'autre à l'Espagne et au Portugal, qui jouent dans ces régions le rôle des chênes rouvres en France et je passe de suite aux chênes américains, dont deux surtout le chêne rouge (*Quercus rubra,* L.) et le chêne des Marais (*Quercus palustris,* Wildenow) se partagent la faveur de l'exotisme. Ces chênes, je les ai vus en différents lieux, à Citeaux, en Sologne, dans le Nord, et je m'explique difficilement la vogue dont ils jouissent. Ils n'ont pour eux que leur rusticité et leur croissance rapide. Ils ont contre eux leur bois mou, poreux et leur grain extrêmement grossier. Sur des échantillons que j'ai là sous mes yeux, *l'écorce représente, pour des balivaux, 40 °/₀ du volume total !* Est-ce là vraiment une essence à conseiller dans le pays du chêne de Juin, du chêne pédonculé et du chêne rouvre, aussi beaux que bons? Qu'on en décore les Parcs, soit ! Qu'on en empoisonne nos forêts, non !

Qualités & Défauts des bois de chêne

Le Sylviculteur n'élève pas seulement des bois pour en jouir, mais encore et surtout pour en tirer profit. Il faut donc qu'il en connaisse les qualités et les défauts. Tout d'abord l'aubier, qui est la partie externe et blanche du bois de chêne, est quasi une non-valeur. Plus sera grande la proportion d'aubier et moins les chênes auront de prix. Culturalement, on peut amoindrir ce défaut en allongeant les révolutions dans le taillis et en serrant les arbres de réserve. On perd en accroissement, mais on gagne en qualité.

Les chênes tendres ont plus de valeur que les chênes durs. Sont durs, les chênes qui ont beaucoup d'aubier, de fortes couches d'accroissement, de petits et rares vaisseaux dans le bois d'automne. Sont tendres, les chênes qui ont peu d'aubier, de petites couches d'accroissement et de gros et nombreux vaisseaux dans le bois d'automne. L'âge atténue et même supprime la dureté de tous les bois. Les chênes *vieux* et *mûrs* sont toujours *tendres*. Le bois dur donne à la main l'impression du marbre poli ; le bois tendre râpe à la main. Les sols arénacés, cailouteux, donnent des bois tendres ; les sols argileux, marneux, des bois durs.

Les bois durs ont généralement un grain fin, serré ; les bois tendres ont un grain plus lâche et plus grossier. Les premiers conviennent à la charpente, les seconds à la menuiserie et à l'ébénisterie.

Les principaux défauts du bois sont :

La *roulure* qui provient du défaut d'adhérence de deux couches consécutives et qui est due, tantôt à l'action du vent, tantôt à l'ébranlement causé par l'éclatement de la gélivure ;

La *gélivure* provoquée par la gelée ;

La *fibre torse* qui est héréditaire et commune, surtout chez les chênes à fort accroissement (rare dans les futaies, elle est très fréquente dans les taillis-sous-futaie) ;

La *lunure* qui est un double aubier occasionné par les grands froids (hiver 1879-1880) ;

Les *pourritures* causées par des champignons.

Tous ces défauts entraînent une diminution dans la valeur de consommation du bois. Il faut donc les bien connaître pour en diminuer l'importance. Le Sylviculteur n'est pas complètement désarmé vis-à-vis d'eux. Ainsi, on parvient à atténuer la fréquence de la roulure en intensifiant la réserve et en établissant des cordons le long des lignes de coupes, de façon à briser les efforts du vent. On se prémunit contre les atteintes des champignons lignicoles en évitant les élagages, la cassure des grosses branches et les blessures faites au tronc des arbres.

Ennemis des chênes

Les gelées printanières sont très dommageables aux jeunes recrus de chêne ; elles coupent la pousse et favorisent ultérieurement les invasions d'insectes.

En général, le pédonculé souffre plus que le rouvre de ces gelées printanières. Il arrive même que, dans les couloirs où traînent les brouillards, le chêne finisse par être éliminé du peuplement. Le mélange d'essences robustes, comme le bouleau et l'érable sycomore, concourt puissamment à la bonne tenue du massif.

La neige qui tombe avant la défoliation des chênes est aussi une cause de détérioration des réserves. Plus celles-ci sont espacées, plus les dommages sont grands.

En foulant le sol de la forêt, en blessant les tiges et les racines, les animaux domestiques nuisent considérablement à la végétation des chênes. Toute forêt pâturée est une forêt dégradée. Le fait est surtout apparent dans les futaies vierges et pâturées de la Slavonie où le nombre des chênes tarés est considérable (Région de Vinkoski).

Les animaux sauvages occasionnent aussi des dommages parfois importants. Ainsi en est-il des cerfs quand ils sont trop abondants, des lapins pour les rejets de taillis, des sangliers pour les arbres.

Mais ce ne sont pas les animaux supérieurs qui sont les plus redoutables pour le chêne. Les insectes le sont bien davantage. Les larves du *Cerambyx heros* et du *Lucane cerf-volant* perforent de leurs galeries les arbres sur le retour et occasionnent le défaut connu sous le nom de *gros ver*. Ce défaut n'est redoutable que dans les vieilles futaies. En Slavonie, j'ai vu de gros chênes dont le tronc était entièrement sculpté par les larves du Cerambyx. Plus dommageables sont encore les larves des insectes qui donnent la piqûre dite du *petit ver*, et parmi lesquels il faut citer le *Platypus cylindrus* et les *Xyloborus monographus* et *X. dryographus*. Ces trois scolytes se sont propagés d'une façon anormale dans les chantiers et dans les forêts depuis 1920. Leurs larves pénètrent jusqu'au cœur des arbres et en déprécient considérablement le bois. Leur multiplication doit être attribuée *exclusivement* aux exploitations de guerre et à l'*abatage en sève*. Je les ai observés pour la première fois en 1918 sur des chênes exploités en été par les Américains dans la forêt de Tart-le-Haut et qui étaient demeurés gisant le long des chemins. Je les ai retrouvés depuis dans la plupart des scieries de l'Est et de l'Ouest de la France. Pour se préserver de leurs attaques, il suffit d'exploiter pendant la période du repos de la végétation et d'écorcer les arbres aussitôt après leur abatage. Qu'on se rassure : ce ne sont pas eux qui compromettront l'avenir des forêts françaises.

Le *Corœbus bifasciatus*, ou Bupreste du chêne, s'attaque non plus au tronc, mais aux branches de 0 m. 30 de tour et au-dessous qu'il cerne et fait périr. Dans les taillis envahis par cet insecte, la flèche des baliveaux et des jeunes modernes sèche entièrement; sur les gros arbres, la cime apparaît comme piquetée de bois mort. Sont spécialement

exposés aux ravages de Bupreste les boqueteaux isolés dans
la plaine, les bordures des grands massifs exposées au Sud et
à l'Ouest, les sommets bien ensoleillés des coteaux. L'impression est souvent navrante. J'ai souvenance d'avoir vu près de
Roanne, dans la propriété de M. Georges Vignon, des chênes
qui pleuraient la misère. Et, à peu près vers la même époque
— 1897-1898 —, balivant la coupe de Fénay, près Dijon, j'eus
grand peine à retenir mes hommes qui voulaient abandonner
tous les chênes dépenaillés Aujourd'hui, tout est refait et la
nature a jeté sur ces laideurs d'antan un nouveau et luxuriant manteau de verdure. Ne tombons pas dans l'exagération et, pour quelques arbres morts, ne crions pas au
désastre. Tout se répare, hors l'action brutale de l'homme.

Et, pour se garder contre les invasions du *Cœrbus*, le remède
est simple : il suffit de réserver en bordure des champs, en
mélange avec le chêne, un grand nombre de cerisiers et
autres fruitiers que les oiseaux y apportent en quantité
surabondante.

Parmi les insectes s'attaquant aux feuilles, il faut citer en
premier lieu le *hanneton*. Ses invasions périodiques causent
encore plus de mal aux arbres de nos vergers et de nos
jardins qu'aux arbres de nos forêts dont ils diminuent la
croissance et favorisent la formation de la roulure. Leurs
méfaits s'observent surtout en bordure des grands massifs.
En dehors de la propagation des oiseaux, il n'existe aucun
remède *efficace* de prophylaxie. Vient ensuite la chenille de
la Processionnaire du chêne (*Cnethocampa processionea*).
Tous les forestiers en ont ressenti plus ou moins les cuisantes atteintes. Cette chenille travaille du 15 Mai au
15 Juillet. Les peuplements attaqués apparaissent comme
roussis. La chenille pend au bout de son fil conducteur. Les
invasions sont longues et durent 3-4 ans. En Côte-d'Or,
l'invasion de 1902-1906 a été particulièrement violente. Elle
a *ébranlé* la santé des arbres et causé quelques vides dans
les massifs. Il n'est pas rare de constater alors une multipli-

cation anormale des scolytes, mais il s'agit là tout simplement d'un *épiphénomène*. Il n'existe aucun moyen pratique de combattre ces invasions qui s'éteignent d'elles-mêmes sous l'action des parasites.

Depuis deux ans, on a signalé, en France, une propagation anormale du Bombyx du chêne (*Liparis Chrysorrhea L.*) dont la chenille évide le parenchyme des feuilles une première fois en Avril et en Mai, une seconde fois en Août, Septembre et Octobre. J'ai trouvé, cette année, la chenille de ce bombyx en balivant des coupes appartenant à Mme la Duchesse de Beaufort, sur le territoire de la commune de Dracy-St-Loup, près Autun. L'attaque du printemps, renouvelée en été, cause évidemment plus de mal que celle de la Processionnaire qui disparaît, elle, au moment de la pousse d'Août. Toutefois, en raison de son passé d'abord, des nombreux parasites qui s'attachent à elle ensuite, je ne crois pas à la nocuité bien grande de cette chenille. Pour la combattre, on a proposé (Marié) de procéder comme en Amérique et de *parasiter* les colonies saines avec des nids contaminés provenant de colonies en voie de déclin. Il n'y aurait qu'à suspendre ces nids contaminés aux branches des chênes dans les peuplements infestés.

A cette longue liste des ennemis du chêne est venue s'ajouter, depuis 18 ans, un champignon s'attaquant aux feuilles : l'oïdium ou blanc du chêne (*Phyllactina Quercina*). On me permettra de reprendre ici l'étude détaillée que j'en ai faite dans le n° du 2 Juillet 1914 du journal « *Le Bois* », sous le pseudonyme de Noël le Bressan. Rappelant le cri d'alarme que j'avais poussé en 1908, je citais les opinions de Gaston Bonnier et de Guinier qui, l'un et l'autre, considéraient le blanc du chêne comme un mal passager et inoffensif. Dès 1908, cependant, j'avais signalé des foyers d'endémisme de ce champignon en Bresse où la maladie, déjà répandue en 1907, avait dû débuter en 1906, c'est-à-dire avant même qu'on l'eût reconnue en Sologne. Il y a donc certitude à peu près absolue pour que l'origine américaine de ce champignon soit un mythe et pour que la Bresse, la Sologne et la Normandie aient constitué non pas *un*, mais *plusieurs* foyers endémiques distincts Ce n'est d'ailleurs pas dans les bois que le mal s'est montré pour la première fois, mais bien dans les haies et sur les arbres d'émonde.

Voici au surplus comment on peut résumer la marche de l'invasion :

1906. — Foyers endémiques dans certains pays à climat humide, riches en haies taillées et en arbres d'émonde ; dommages insignifiants et passés à peu près inaperçus.

1907. — Extension de la maladie sur les haies et les têtards ; forêts à peu près encore totalement indemnes.

1908. — Propagation du mal dans toutes les forêts de France ; localisation du blanc dans les jeunes taillis où, dès le mois de Juin, les rejets de chêne et, çà et là, ceux d'érable et de hêtre se couvrent d'efflorescences blanchâtres.

1909-1910-1911. — Phase de grand développement du champignon qui se propage dans toutes les forêts de chênes à feuilles caduques de France, d'Italie, de Suisse et d'Espagne. Alors que le blanc se confinait précédemment sur les rejets de taillis âgés au plus de 4 à 5 ans, il profite maintenant de la pousse d'Août pour envahir successivement les cépées de tous âges, les baliveaux et mêmes les modernes et les anciens. La sécheresse de 1911 n'apporte pas d'arrêt sensible dans l'invasion.

1912-1913-1914. — Ces années marquent un recul assez accentué de la maladie qui semble se resserrer autour de ses foyers d'endémie. Toutefois, l'ébranlement causé par la sécheresse excessive de 1911 et par les attaques répétées du blanc est funeste à bien des chênes. Une mortalité excessive frappe les réserves de la Bresse et du Val de Saône, principalement où domine le chêne tardif. Partout enfin où sont passés des nuages de grêle qui ont ouvert une nouvelle porte d'entrée au champignon, on assiste à un véritable désastre. Les taillis de tous âges sont encombrés de baliveaux, de modernes et même d'anciens qu'il faudra exploiter hors tour.

1915-1924. — La maladie est en période de sommeil. Le blanc est cependant partout sporadique. Il se réveille dans les bois grêlés, dans les taillis à écorce ou dans ceux qui sont exploités tardivement. Les chênes attaqués ont un feuillage appauvri, jaune, chlorotique : ils sont à la merci du moindre choc. En Bresse, on continue à exploiter les réserves qui meurent. Traversant, en Juillet 1924, les plaines du Danube, je vois des perchis entiers, âgés d'une centaine d'années, disparaître sous les attaques du blanc.

Je puis donc bien dire que les craintes émises par moi en 1908 étaient pleinement justifiées et que le blanc du chêne ne constitue pas un mal passager et anodin.

Qu'est-ce donc que le blanc du chêne ? Un champignon de la tribu des Erysiphées, c'est entendu. Mais lequel ? Toutes les Erysiphées ont une forme commune de fructification qui a été designée sous le nom générique d'*oïdium* ; malheureusement, il est impossible de distinguer les différentes espèces à l'aide de ces seules *conidies*. Il faut, pour cette distinction, revenir à d'autres formes de fructification qui naissent sur les tissus mortifiés et brunis de la feuille et auxquels on donne le nom de *périthèces*. Ce sont les ornements, ou *fulcres*, accompagnant ces périthèces qui servent à la détermination des espèces. En 1908, j'ai trouvé des périthèces qui rappelaient absolument ceux des *Phyllactiniæ*. Même observation a été faite en Suisse. En France, MM. Arnauld et Foex ont observé dans le Gard des fructifications d'hiver qu'ils ont rapportées au *Microsphæra Quercina* des Américains. Et c'est de là qu'est venue l'idée d'une invasion étrangère. Cependant MM. Arnauld et Foex ont conclu à la non identité des formes américaine et française. En pouvait-il être autrement quand on voit un champignon, soi-disant américain, attaquer les chènes de France et respecter ceux d'Amérique ? C'est pourquoi je m'en tiens aujourd'hui à ma détermination première.

Comment lutter contre la maladie ? M. l'Abbé Noffray conseille de ne point exploiter les taillis par temps d'épidémie. C'est un remède héroïque, mais qui, malheureusement, ne peut convenir à tout le monde. Pour limiter le mal, il n'y a qu'un moyen : *ne pas faire d'écorce dans les taillis contaminés et ne pas exploiter en dehors de la période du repos et de la végétation.*

En dehors des champignons qui causent les pourritures du chêne, il en est un qui, s'attaquant également au bois, occasionne quelques dégàts dans les peuplements : c'est le *Nectria ditissima* qui donne la maladie du *chancre*. On trouve ce champignon principalement dans les vallons gélifs, dans les *taillis incendiés et non recépés*. Il est plus rare dans les beaux peuplements de plaine, où il endommage surtout les modernes et souvent même les plus beaux modernes. Toutefois, il ne faut pas confondre le chancre, qui creuse en *rosace* le pied des chênes, avec les *loupes*, les *protubérences* et les *broussins* du tronc, qui sont des accidents sans importance, mais qui, trop souvent, sont envisagés à tort comme mettant en état d'infériorité les arbres qui les portent. Si les sujets chancreux méritent d'être sacrifiés, les autres, au contraire, doivent être réservés tant qu'ils sont en état de prospérer.

II. — Le Hêtre

L'aire du hêtre est limitée dans le Nord par les grands froids, dans le Sud par les fortes chaleurs. Sa végétation reflète donc fidèlement le climat océanique. Bien qu'on le trouve indifféremment en plaine et en montagne, c'est surtout en France et en Slavonie une essence de coteaux et de basses montagnes. S'il couronne les chaumes vosgiens et les sommités arrondies du Plateau Central, il ceinture, en revanche, le Jura d'une couronne continue entre 400 et 900 mètres et ne dépasse guère 1.600 mètres dans les Alpes, 1.700 mètres dans les Pyrénées.

Indifférent à la nature chimique du sol, il prospère aussi bien sur les granits que sur les calcaires, sur les sables que sur les marnes et les argiles. Sur ces dernières, cependant, il ne s'implante qu'à la faveur d'une modification dans leur composition physique, modification caractérisée par une formation humique grumeleuse. Il fuit les terrains mouillés et fangeux. Bien qu'il accompagne parfois le mélèze dans les Alpes, il affectionne les ciels humides et brumeux. Demandant moins de chaleur que le chêne auquel il succède en altitude, sa végétation est limitée en haut par le froid qui tue les jeunes pousses (Chartreuse). Feuillant *avant* le chêne, il est extrêmement sensible aux gelées printanières, et c'est *pour cela seulement* qu'il se réfugie sur les versants Nord et Est des montagnes et des coteaux. Là encore il est doué, au point de vue phénologique, d'une variabilité étonnante, et certains arbres, situés à proximité des sources, mettent leurs feuilles quinze jours avant les autres. Ne pas oublier cette particularité lors du ramassage des faines.

Essence *sociale*, il ne se plaît qu'en massif et en bouquets. A l'état isolé, il donne des fûts courts et un couvert épais sous lequel rien ne vient; il est, de plus, exposé à une foule d'accidents qui en limitent la carrière. N'envisageant que le cas particulier d'arbres croissant à l'état isolé, on a dit que le hêtre n'était pas une essence de taillis-sous-futaie. Toute la technique des balivages a été longtemps viciée par ce point de vue étroit. Or, en bouquets, le hêtre s'élance magnifiquement et, sous son couvert *relevé*, toutes les essences du taillis, même le tremble, arrivent à se maintenir et à donner des produits appréciables (160 stères à l'hectare à 40 ans dans la forêt domaniale de Châtillon). J'ai été le premier à montrer, par des balivages qui demeurent, les magnifiques résultats que l'on peut obtenir en *groupant* les réserves de cette essence et en *les maintenant, pour ainsi dire, côte à côte.* Je reviendrai ultérieurement sur cette question capitale. Qu'il me suffise de rappeler, encore une fois, cette loi qui donne la clef de la distribution du hêtre dans nos forêts du calcaire : *le hêtre est absent des taillis exploités à 20 ans et moins ; il est sporadique dans les taillis exploités à 30 ans et abondant seulement dans les taillis exploités à 40 ans et plus.*

La raison en est, je le répète, dans les exigences du jeune plant et dans les modifications apportées par les longues révolutions dans la structure moléculaire du sol. Le hêtre commence à fructifier vers l'âge de 40 ans. Il rejette mal de souches. Pour remédier à cet inconvénient, on recommande souvent de couper les rejets du taillis au-dessus du nœud de la dernière exploitation, ou encore à 0 m. 10 au-dessus du sol.

Qualités et défauts du bois de hêtre

Dépourvu d'aubier, le bois de hêtre est tout entier utilisable pour l'industrie. Il n'a qu'un défaut : c'est de ne pouvoir passer un été sur le parterre des coupes sans se détériorer. Il faut l'enlever et le débiter aussitôt après son abatage, si on ne veut pas le voir devenir la proie du *Stereum purpureum*. La couleur du bois décèle ordinairement ses qualités ou ses défauts : blanc, il est tendre et point nerveux ; rouge, il est dur et enclin à se fendre. C'est quand il a cru sur les sols calcaires qu'il donne le meilleur bois. Des hêtres de Châtillon ont pu être exploités en plein été, sans que la culée présenta la moindre fente, et être transformés avec un plein succès en hélices d'avion. Le hêtre d'Anatolie a les mêmes propriétés ; très dur, il supporte 7 kilogrammes de charge au tirefonds, alors que nos hêtres ne supportent guère, dans des conditions similaires, que 4 à 5 kilogrammes de charge.

D'une façon générale, quand le bois du tronc est dur (forêts de plaine), les nœuds sont tendres. D'où la facilité avec laquelle la pourriture, décélée par les trous de pics, gagne dans la cicatrice laissée par la disparition d'une branche sur le tronc. Inversement, si le bois du fût est tendre, les nœuds sont durs (forêts de coteaux et de montagne), et alors le bois se conserve indéfiniment sain.

Le *cœur rouge* du hêtre est un défaut commun dans certaines forêts ; il se rencontre surtout chez les vieux arbres, défaut physique plus que physiologique et auquel les Compagnies de chemins de fer et les industriels travaillant le bois attachent une importance exagérée. Rien n'empêche la mise en œuvre de ce bois rouge, dont la teinte vive se prête à tous les usages de force et de beauté, et qui est à la fois indéformable et imputrescible.

Ennemis du Hêtre

En dehors des nombreux champignons qui occasionnent les pourritures du bois (Fig. 27), le hêtre a peu d'ennemis. Il est seulement très sensible à une insolation trop vive qui provoque la *brûlure* du *fût*, ce qui est un motif de plus pour le maintenir serré. Les gélivures sont rares. Par contre, en certaines régions (Morvan), la gelée occasionne sur le fût une série d'ouvertures en boutonnière (Fig. 28), dues à la mort du cambium. Son feuillage encore jeune redoute les vents brûlants et c'est une des raisons pour lesquelles il fuit les vallées parcourues par le föhn. A deux reprises, dans ma carrière, j'ai vu la cime des hêtres roussie par un vent brûlant du sud. On a, bien à tort, attribué ce fait aux attaques de l'*Orgye pudibonde* (*Datychera pudibunda*). La chenille de ce bombyx ronge, en effet, les feuilles du hêtre d'Août à la mi-Octobre, mais trop tardivement pour que son action puisse être envisagée comme dommageable.

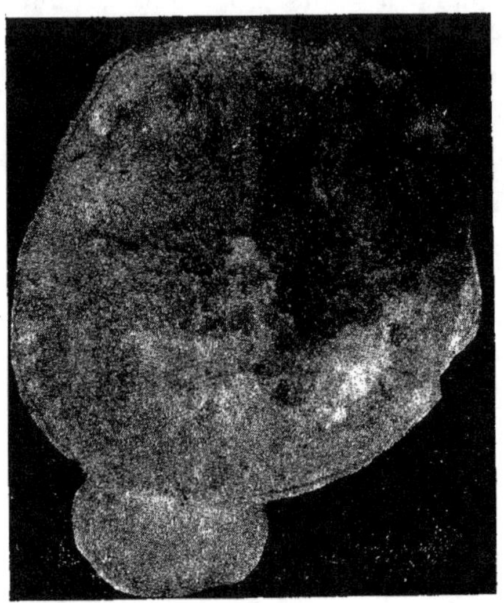

FIG. 27. — HÊTRE ATTAQUÉ
PAR LE
POLYPORUS FOMENTARIUS Grande-Chartreuse.

FIG. 28
FENTES EN BOUTONNIÈRE
DU HÊTRE Arnay-le-Duc)

III. — Le Charme (Carpinus betulus, L.)

Ubiquiste, indifférent à la composition physique et chimique du sol, le charme vit aussi bien sur la roche nue et sèche que sur les sables profonds et les argiles humides. Il accompagne d'ordinaire le chêne pédonculé et le hêtre, sauf cependant dans les Pyrénées où il est localisé dans les environs de Foix, de Bagnères-de-Bigorre et de Saint-Jean-Pied-de-Port. C'est une essence de plaines et de collines qui fuit la haute montagne et qui dépasse rarement la cote de 600 mètres. Dans cette aire rétrécie, il est, par excellence, l'essence de *remplissage* des taillis. Il fructifie régulièrement tous les 2 ans, à partir de 18-20 ans, et donne alors une quantité prodigieuse de semences. Bien qu'*à tous les âges* sa végétation soit *plus lente* que celle du chêne, il arrive cependant à éliminer ce dernier dans les terrains argilo-calcaires et argilo-siliceux qui lui conviennent le mieux. Cet envahissement se fait *toujours* à la suite d'une réserve exagérée de porte-graines. Autant, en effet, le charme est à sa place dans le taillis, autant il est déplacé dans la réserve. D'une part, sa lente croissance ne le recommande pas au choix du baliveur ; d'autre part, son couvert est encore plus bas et plus nuisible que celui du hêtre. Il a, néanmoins, ses partisans et ses détracteurs. Pour moi, autant est mauvais un taillis « écharmé », autant est dangereux un taillis pur de charme. Dans le premier cas, les réserves de chêne périclitent ; dans le second, on ne trouve plus à les remplacer. Mieux encore : les tremblières, qui fournissent tant de bois précieux aux papeteries et qui offrent aux semis de chêne un merveilleux terrain de développement, sont promptement envahies et détruites par le charme. C'est pourquoi j'ai toujours défendu à mes hommes la réserve du charme dans les balivages, hors les points où cette essence était rare.

La feuille du charme, tendre, succulente et qui se décompose rapidement, est très recherchée par les lombrics ; elle donne un terrain doux, qui convient merveilleusement au chêne.

Le charme ne souffre pas des gelées printanières. Avec le coudrier, il est une des dernières essences qui subsiste dans les couloirs dévastés par cet accident météorologique, mais il est alors presque toujours *chancreux* du pied.

Il repousse admirablement de souches jusqu'à un âge très avancé et se perpétue facilement ainsi dans les taillis. Les rejets sont nombreux, serrés, avec de nombreux traînants qui rendent difficile le passage dans les recrus jeunes et d'âge moyen. Pour ce motif, il occupe solidement le terrain qu'il a conquis.

Ennemis du Charme

En dehors du *chancre* (*Nectria ditissima*), le charme n'est sujet à aucune attaque de la part des insectes et des champignons, mais les lapins et les souris sont friands de son écorce, les cerfs et les chevreuils, de ses jeunes pousses.

IV. — Le Frêne (Fraxinus excelsior, L.)

Le frêne se présente ordinairement à l'état plus ou moins disséminé ; il est surtout abondant dans les sols d'*alluvions quaternaires*, qui constituent son terrain d'élection, et sur les *éboulis du calcaire à entroques*, au niveau d'un horizon de sources. Chose infiniment curieuse, il ne se trouve pas à l'état spontané sur les *argiles des terrains bressans*, bien qu'il s'y comporte admirablement quand on l'y plante, mais il est largement représenté sur les *sables jaunes de Chagny* de la même formation déposés sur le flanc des vallons. Dans les terrains calcaires (Bathonien), on le rencontre nombreux dans les clapiers et même sur la dalle où sa souche se gonfle. C'est pour cela sans doute qu'il a été choisi, il y a une cinquantaine d'années, pour reboiser certains chaumes calcaires en Côte-d'Or où il n'a rien donné. Frêne de plaine et frêne de montagne diffèrent d'ailleurs par bien des points, botaniquement parlant, et forment des races locales, utiles à suivre.

C'est à l'état isolé et comme réserve dans les taillis-sous-futaie que le frêne donne les produits les plus abondants et les meilleurs. Dépourvu d'aubier et croissant plus vite que le chêne, il a, surtout dans son jeune âge, une valeur plus grande. Il n'atteint cependant pas des dimensions aussi élevées que son rival et il dépasse rarement 3 mètres à 3 m. 50 de tour. J'ai cependant rencontré, dans le canton du Deffoy, de la forêt domaniale d'Izeure, des frênes mesurant plus de 4 mètres de tour et ayant 12 mètres de hauteur sous branches. C'est un spectacle unique de majesté et de grandeur.

Le frêne n'est pas seulement une essence de plaines et de collines, c'est aussi une essence de montagne, et qui monte jusqu'à 1 500 mètres dans les Alpes, où il est souvent utilisé comme arbre d'émonde (Fig. 29). Essence précieuse, à propager, repoussant bien de souches et donnant à peu près chaque année des graines fertiles.

FIG. 29. — FRÊNE D'ÉMONDE, A CHANTELOUVE (Cliché Hulin)

Qualités et défauts du bois de frêne

Le frêne est surtout recherché en raison de son élasticité (cintrage, manches d'outils). C'est pourquoi il est utilisé sous des dimensions extrêmement réduites. Mais cette élasticité est sous la dépendance étroite de son mode de vie. A des cernes larges, à un grain serré et plein, apanage des sols profonds, divisés, humides, correspond la meilleure qualité du bois ; la plus mauvaise est donnée par les cernes étroits, le grain creux des arbres végétant sur la roche ou sur des terrains filtrants et secs.

Les principaux défauts du frêne sont la *pourriture du pied*, commune sur les arbres venus sur souche, la *gélivure*, qui s'observe surtout dans les forêts en voie de régression (les Maillys, Côte-d'Or), et le *cœur noir*. Ce dernier défaut, très répandu au voisinage des mares, rend le bois peu propre au cintrage.

Ennemis du Frêne

Ils sont peu nombreux. Je citerai seulement la Cantharide (*Lytta vésicaria*, *L.*) dont l'insecte parfait ronge les feuilles des arbres de routes et de haies, et que j'ai rencontrée surtout en Slavonie ; l'Hylésine du frêne (*Hylesinus fraxini*, *Fabr.*) (Fig. 29 *bis*), qui, en hivernant sous l'écorce, provoque la formation de la *rose* du frêne, sorte d'excroissance boursouflée et chancreuse, très

FIG. 29 *bis*
FRÊNE ATTAQUÉ PAR L'HYLÉSINE

abondante dans les forêts où le sol se dessèche profondément en été et où le frène ne se maintient qu'avec difficulté ; le *Phytoptus fraxini* qui, depuis quelques années, se multiplie beaucoup, transformant les inflorescences en une sorte de gale muriforme (Fig. 30).

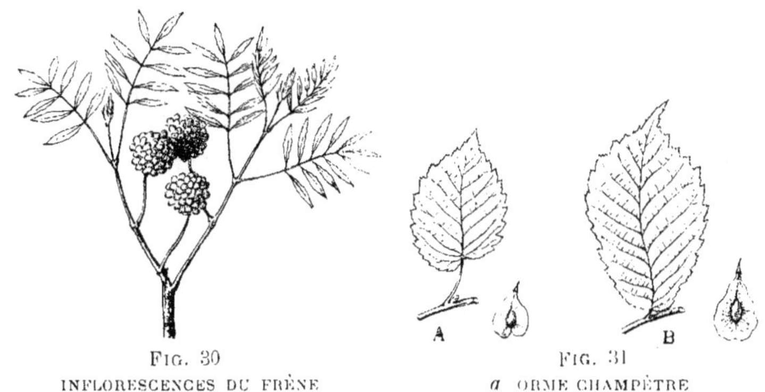

FIG. 30
INFLORESCENCES DU FRÊNE
ATTAQUÉES PAR LE PHYTOPTUS FRAXINI

FIG. 31
a ORME CHAMPÊTRE
b ORME DE MONTAGNE

V. — Les Ormes

Trois espèces : l'orme champètre (*Ulmus campestris*, Smith), l'orme de montagne (*Ulmus montana*, Smith), l'orme diffus (*Ulmus effusa*, Wild.). On les reconnaît facilement aux caractères suivants : les feuilles de l'orme champêtre sont *pétiolées* ; celles de l'orme de montagne sont *sessiles* ; quant à l'orme diffus, ses fleurs et ses fruits sont portés sur un *long pédicelle*.

L'orme champêtre est une essence de plaines et de collines, recherchant les terrains humides et aquatiques où il atteint de splendides dimensions en grosseur et en hauteur. Moins exigeant que le frène au point de vue de sa nourriture, il se groupe souvent en bouquets dans la réserve des taillis-sous-futaie (canton du Sertongey, forêt domaniale d'Izeure) et imprime alors au peuplement un cachet d'inoubliable grandeur. Il a pour compagnons habituels le frène, l'aune et le chène pédonculé. Il est communément planté, en raison de sa rapide croissance, dans les parcs, dans les avenues et sur les routes. Il fructifie abondamment et presque tous les ans ; il repousse bien de souches et même de drageons. C'est une excellente essence de taillis. Son bois de cœur, *rouge* à l'état frais, vire ensuite au *gris violet*.

L'orme de montagne se trouve partout à l'état disséminé, aussi bien sur les coteaux secs des versants du calcaire jurassique, où il voisine avec le hêtre et le chêne rouvre, que dans les terrains frais de la haute montagne, où il accompagne le sapin jusqu'à 1.400 mètres. Il atteint de belles dimensions en Chartreuse. Son bois *blanc* et *tendre*, d'où lui vient son nom vulgaire d'*orme blanc*, est utilisé pour la fabrication des meubles. Il repousse bien de souches et de drageons.

L'orme diffus est une essence très disséminée, plutôt rare, que je n'ai rencontrée avec quelque abondance que sur la gaize de l'Argonne et dans l'Ouest de la France.

Qualités et défauts du bois d'Orme

Les ormes possèdent un cœur et un aubier distincts, mais l'aubier, bien que très sujet à la vermoulure, n'est pas tenu hors des services courants comme celui du chêne. Ce n'est toutefois qu'à l'état de *très gros arbres* que cette essence présente une grande valeur. La *ténacité* est la qualité la plus prisée de ce bois (charronnage) ; elle est maxima chez l'orme champêtre *broussineux* et chez l'orme *tortillard* qui, pour ce motif, atteignent les plus hauts prix. Le plus grave défaut de l'orme est incontestablement la *gélivure côtelée*, presque toujours accompagnée d'écoulements *muqueux*. En certains points, et spécialement sur les *rives* des forêts, presque tous les ormes sont gelivés. Ce défaut n'est pas aussi grave que pour le chêne et il y a lieu souvent de le *négliger*, notamment quand il s'agit de modernes et de jeunes anciens vigoureux et bien droits. En effet, la fente se ferme et le flux s'arrête au bout d'un certain temps quand le taillis s'est reformé autour des réserves.

Ennemis de l'Orme

L'orme donne asile à une foule de parasites. Trois surtout, qui sont en quelque sorte *conjugués*, doivent être retenus. Ce sont la Galéruque de l'orme (*Galeruca calmariensis*. Fabr.), dont la larve évide le parenchyme de la feuille en la rendant transparente, puis le *grand et le petit scolyte de l'orme* (*Scolytus Geoffroyi*, Goetz et *Scolytus multistriatus*, Marsch). Ces deux bostriches s'attaquent aux arbres affaiblis par les atteintes de la galéruque. Leurs larves tracent d'innombrables galeries de ponte entre le bois et l'écorce, interrompent la circulation de la sève et entraînent très promptement la mort de l'arbre. J'ai signalé jadis que, de 1900 à 1906, une multiplication anormale de la galéruque avait provoqué une redoutable invasion de bostriches et occasionné la mort de nombreux ormes au plus épais des forêts du Val de Saône. Ce sont, cependant, les arbres de parcs, de routes et d'avenues qui ont le plus à souffrir de ce redoutable fléau. On parvient à l'atténuer un peu en ramassant les feuilles infestées par la galéruque et en les faisant brûler. Ce moyen n'est utilisable que dans les parcs et dans les avenues. Pour combattre les ravages des scolytes, Robert a conseillé d'ouvrir dans l'écorce des bandes longitudinales, de façon à isoler les parties contaminées et à favoriser la formation d'un bourrelet de recouvrement. On peut aussi badigeonner les troncs avec du goudron et de la glu et, surtout, brûler les écorces des arbres morts et abattus.

VI. — Le Bouleau. (Betula Alba. L.)

Deux formes à peine séparées : le bouleau verruqueux (*Betula Verrucosa*, Ehrh.), qui est la forme de *plaine*, et le bouleau pubescent (*Betula pubescens*, Ehrh.), qui est la forme *du Nord et des tourbières*. Ces deux bouleaux diffèrent seulement par la largeur des feuilles et la présence ou l'absence d'un duvet sur ces dernières et sur les jeunes pousses.

Habitant des régions septentrionales, le bouleau s'avance jusqu'aux dernières limites de la végétation (Laponie). Dans les Alpes, il s'élève jusqu'à 1.700 mètres, accompagnant souvent le mélèze (Freney d'Oisans, Mont de Lans, etc.). Il fuit les terrains calcaires et, dans ces derniers, n'apparaît par pieds isolés que sur les trainées de diluvium ou de chailles oxfordiennes. Il prospère vigoureusement sur les argiles compactes (alluvions anciennes de la Bresse), sur les argiles à silex du Crétacé (Bassin parisien), sur les arènes granitiques (Morvan) et, en général, sur toutes les roches acides dont il est la première parure. Sur les profondes terres siliceuses d'alluvions, il atteint de magnifiques dimensions (1 m. 60 de tour et 15 mètres de haut). C'est à l'épaisseur et aux sculptures de son écorce qu'on reconnaît, au premier coup d'œil, s'il est bien apte au sol qui le porte. Sur ses terrains d'élection, l'écorce est lisse, blanche, la cime pointe hardiment vers le ciel ; sur les terrains qui lui conviennent le moins, l'écorce est profondément crevassée et noire, la cime s'arrondit et s'étale.

Espèce sociale, le bouleau peuple à lui seul d'immenses surfaces en Russie méridionale ; il s'isole çà et là en France dans de jeunes peuplements, mais, la plupart du temps, il est disséminé par bouquets, par taches, par pieds isolés. Il est rare dans les plaines danubiennes.

On a souvent fait au bouleau le reproche « d'acidifier » le terrain et de favoriser ainsi l'apparition et la propagation de la bruyère. Le reproche est complètement immérité ; c'est lui, en effet, qui, le premier, arrive à animer la lande de bruyère, et c'est par lui, surtout, qu'on parvient à chassser cette dernière des vides de nos taillis où elle a élu domicile. En forçant la réserve du bouleau dans les forêts de Bessey, Aubigny, Magny-les-Aubigny, etc, je suis arrivé à faire disparaître totalement la bruyère. Sur les argiles à silex du Crétacé, j'ai vu des forêts à peu près détruites par les incendies et par le lapin, dont le sol était envahi par une végétation débordante de callunes et de fougères, se reconstituer rapidement sous la poussée irrésistible des semis de bouleau. Même observation sur les sables du Rupétien de la forêt de Verneuil.

Cette essence, dont le bois est très cassant, résiste d'ailleurs très mal au vent et à la neige, aussi faut-il toujours en serrer les baliveaux, si l'on veut éviter les chandelles et les chablis. Sous l'ombrage léger du bouleau, le semis de chêne s'installe avec une facilité remarquable, si bien que *pour ramener le chêne dans les taillis où il tend à disparaître, il suffit d'y réserver de nombreux bouleaux.*

Le bouleau fructifie abondamment et de très bonne heure, vers 10, 12 ans. A la seule condition qu'il y ait quelques porte-graines dans le voisinage, les vides des jeunes taillis se garnissent de semis qui parviennent toujours à percer au travers des rejets des autres essences et des morts-bois et qui enrichissent les peuplements.

L'aptitude de cette essence à rejeter de souches est très variable : elle dépend surtout du terrain. Si les plantations sont faites en terrains calcaires, la première génération donne encore quelques bonnes lances ; à la seconde, les souches n'émettent que de grêles rejets ; ceux-ci disparaissent totalement à la troisième exploitation. Ces rejets sont souvent remplacés dans les terrains argileux par des bourgeons de racines, qui évoluent à la façon des drageons du tremble.

Tout compte fait, le bouleau constitue une des meilleures essences de nos taillis-sous-futaie, en raison surtout de sa rapide croissance et de son bois léger, tenace et chaud.

VII. — Les Aunes

Quatre espèces : l'aune glutineux (*Alnus glutinosa*, Gart.), arbre des plaines et des basses régions ; l'aune blanc (*Alnus incana*, D. C.), arbre des montagnes du Jura et des Alpes, où il monte jusqu'à 1.500 mètres ; l'aune vert (*Alnus viridis*, D. C.) (Fig. 32), arbrisseau des régions alpines, dont il clôt souvent la végétation (2.200 mètres) ; l'aune cordiforme (*Alnus cordifolia*, Tenora), espèce de Corse, introduite sur la craie de Champagne, où il forme surtout des remises à gibier.

L'aune glutineux, ou verne, est l'arbre des terrains humides et marécageux ; il suit fidèlement le cours des rivières et des ruisseaux et n'évite pas même les marais. Bien que ce soit sur les alluvions quaternaires qu'il prenne sa plus belle croissance (2 m. 50 de tour dans le parc de Cressey-sur-Tille), il ne craint pas

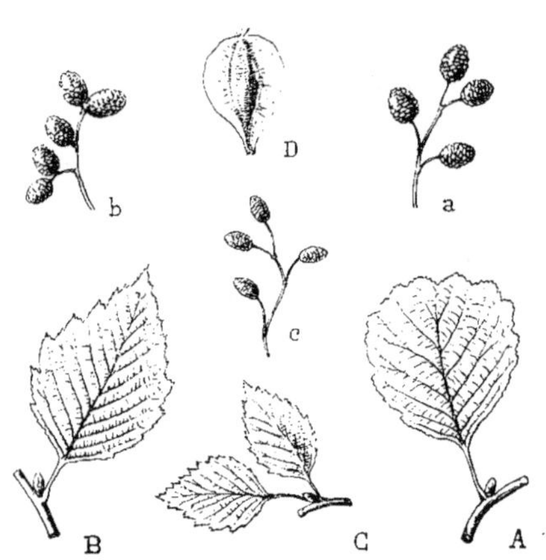

FIG. 32. — *A* AUNE GLUTINEUX ; *B b* AUNE BLANC ; *C c* AUNE VERT : *D* GRAINE TRÈS GROSSIE

les terrains forts et argileux de la Bresse et peuple (*vernis*), seul ou en mélange avec le tremble et le bouleau, toutes les cuvettes à sphaignes des monts granitiques du Morvan.

Indifférent à la base minéralogique du sol, il est cependant plus fréquent dans les terrains siliceux que dans les terrains calcaires et, dans ceux-ci, il ne se maintient bien que sur les points recouverts d'un humus noir et abondant.

Exploité en taillis, l'aune donne des souches volumineuses, souvent portées sur des racines qui *sortent de terre*, ce qui conduit à *recéper trop haut*. Il en résulte des rejets peu nombreux, grêles et fauchants. Bien qu'on en ait dit, la coupe rez-terre convient à l'aune comme à toutes les autres essences. C'est grâce à elle seulement qu'on obtiendra des cépées pleines et bien garnies.

Le couvert de l'aune, épais dans le jeune âge, s'éclaircit au fur et à mesure que les perches prennent de l'allongement.

Sous le dais élevé du feuillage de l'aulnaie vieillie, les semis de chêne pédonculé s'installent avec facilité et préparent l'avènement d'un taillis mélangé, où l'aune joue un rôle améliorant.

La fructification de cette essence a lieu à partir de 18-20 ans pour des sujets isolés. Le jeune plant demande de la lumière et de l'humidité. *L'eau est le grand agent de dissémination des graines.* C'est pourquoi les semis tendent à garnir les bords et les queues d'étangs, les rives des fleuves et des ruisseaux et jusqu'aux fossés ouverts dans les prairies et les champs argileux. Si le sol vient à se dessécher naturellement par suite de l'enfoncement de la nappe phréatique, ou artificiellement par suite de travaux de drainage, l'aune perd toute vigueur : les cépées se garnissent de bois mort et disparaissent à la longue sous la poussée des végétaux xérophiles, nerprun purgatif en particulier. L'aune et le peuplier sont deux essences qui s'associent merveilleusement et qui donnent de magnifiques résultats dans le reboisement des terrains humides, mais, si l'on s'adresse à des plants un peu forts, il faut avoir soin de les recéper sur trois ou quatre yeux, de suite après la plantation.

L'aune blanc est, par excellence, l'arbre des graviers d'alluvions torrentielles, des cônes de déjection, des moraines glaciaires où il croît souvent en mélange avec le pin sylvestre. Ses compagnons habituels sont cependant les saules : *Salix cinerea* et *purpurea* d'une part, *Salix alba, fragilis* et *triandra* d'autre part. Considéré à tort comme essence calcicole, l'aune blanc vient sur tous les terrains, aussi bien siliceux que calcaires, pourvu qu'ils soient humides et graveleux. Il repousse admirablement de souches et de drageons. Il doit même à cette dernière et précieuse propriété d'être utilisé sur une large échelle dans les reboisements en montagne pour la consolidation des berges qui s'éboulent ou des arrachements causés par les eaux. L'aune blanc donne de beaux et bons taillis que l'on peut exploiter jeunes et au sein desquels les résineux (épicéa, sapin, pin sylvestre) se propagent peu à peu et d'autant mieux qu'on laisse vieillir les peuplements. Dans les lieux où il croît, il constitue donc une essence *transitoire qui vivifie le sol et prépare l'avènement de la futaie résineuse.*

Sur les hauts sommets des Alpes, l'aune vert occupe à lui seul de vastes étendues, s'accrochant avec une ténacité sans égale aux versants les plus abrupts dont il préserve le sol contre l'érosion. Il forme là des bas taillis presque impénétrables, asile inviolé des tétras. Si l'avalanche glisse sur sa surface, il retient la neige à travers son lacis de rejets et diminue la fureur de la lionne. Haché, brisé, il repousse avec une nouvelle force et une nouvelle vigueur, hérissant le sol de ces mille riens, plus solides, plus résistants que les ouvrages éphémères des hommes.

Sur l'emplacement des cépées écrasées sous le poids des ans, les semis d'épicéa germent à l'envi. Certaines pessières de Saint-Gervais, des Contamines et d'autres lieux de la chaîne du Mont-Blanc n'ont pas d'autre origine que le clair couvert du taillis d'aune vert. Essence silicicole, recherchant les sols frais et humides : micaschistes, schistes à séricite, etc., l'aune vert constitue une véritable providence pour la haute montagne.

Ennemis de l'Aune

L'aune glutineux n'a guère qu'un ennemi, d'ailleurs peu redoutable, la galéruque de l'aune (*Agelastica Alni*), petit coléoptère d'un bleu métallique, qui, à l'état d'insecte parfait ou de larve, ronge et évide le parenchyme des feuilles.

VIII. — Le Tremble (Populus tremula, L.)

Le centre de l'aire d'habitation du tremble est en Russie. C'est, en effet, dans les grandes plaines avoisinant la Baltique que cet arbre occupe, soit seul, soit en mélange avec le bouleau, les plus grandes surfaces et qu'il forme les peuplements les plus réguliers et les plus beaux. En France, il dessine, au sein des taillis, des bouquets plus ou moins étendus (tremblières), dont la végétation est en relation avec la nature du sol. Ce n'est pas seulement, comme on l'a dit, un arbre de plaines et de coteaux, car, dans l'Oisans, il monte jusqu'à 1.800 mètres d'altitude, voisinant alors avec le mélèze et donnant des fûts d'une rectitude parfaite. Bien que recherchant les sols argileux et humides, il se retrouve sur les « chaumots » calcaires, mais alors à l'état de rejets rampants et *toruleux*. Si la dalle calcaire est recouverte d'un peu de diluvium, d'argile à chailles, ou même d'un lambeau de sables albiens, le tremble pousse dru et droit, constituant la principale richesse du sol. Il fut un temps peu éloigné de nous où cette essence était proscrite des forêts domaniales, où on l'extirpait comme on fait du chiendent dans les jardins. Telle forêt, comme celle de la Grande-Vendue (Saône-et-Loire), porte encore l'empreinte de ces expurgades brutales. Aujourd'hui, le tremble a reconquis droit de cité dans nos bois. D'une croissance active, d'un emploi assuré en arbre comme en perche, d'un couvert léger, il est, à défaut de nos grandes essences, un des meilleurs éléments d'un balivage étudié. A l'état de réserve, son rapport est dix fois supérieur à celui du charme. Les feuilles épaisses, tendres, charnues, fournissent un terrain doux, aimé des lombrics. Sous son ombrage léger, à travers les mailles superficielles de ses racines, le jeune plant de chêne s'installe avec une facilité incroyable. Aménageant jadis la forêt en conversion d'Izeure (Côte-d'Or), j'ai pu dire que la tremblière était le dernier asile du chêne dans cette forêt admirable, où l'on avait abusé de la réserve du charme. Le tremble ne se reproduit pas de rejets de souches, et il n'en a nul besoin. A part dans les régions méridionales et dans les Pyrénées, le sol de nos taillis est farci de racines de tremble vivant d'une vie latente. Aussitôt après l'exploitation du taillis, la chaleur réveille ces racines qui émettent alors d'innombrables

drageons. La coupe se hérisse de rejets dont le feuillage pâle
jette une note alanguie au travers de la sombre verdure des
autres essences. Ces racines et ces drageons (Fig. 33) sont

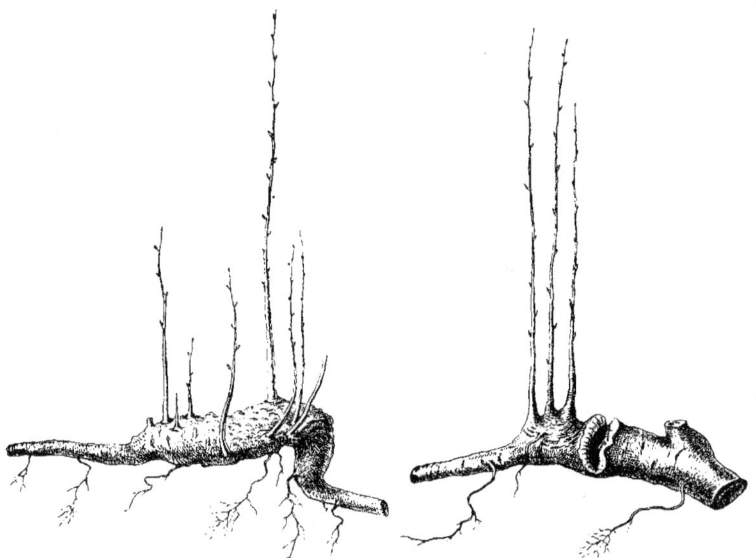

FIG. 33. — DRAGEONS DE TREMBLE
AVEC RENFLEMENT DE LA RACINE
AU VOISINAGE DE LEUR POINT D'INSERTION

FIG. 34
RACINE DRAGEONNANTE DE TREMBLE
AVEC NÉCROSE PROFONDE

infiniment curieux. Il y en a de toutes les tailles, de toutes
les grosseurs, de toutes les longueurs. Aux points où jaillissent les rejets, la racine se renfle en tubercules ; ailleurs, elle
s'allonge démesurément. Tantôt, elle est recouverte d'une
écorce épaisse, charnue,
blanche, avec des taches plus
sombres, occupées par des
lenticelles ; tantôt, elle présente des *nécroses* (Fig. 34)
probablement dues à la mor-
sure d'animaux fouisseurs,

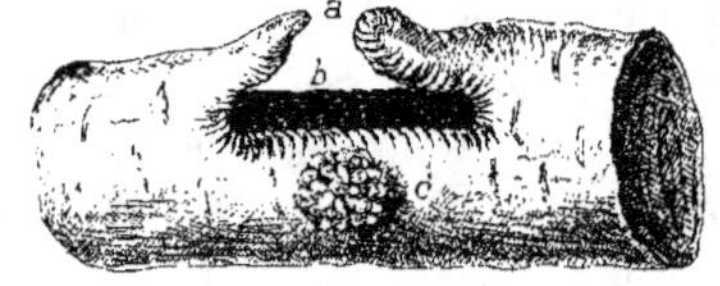

FIG. 35. — RACINE DE TREMBLE :
a OSTIOLE; *b* BOIS NÉCROSÉ;
c BROUSSIN FORMÉ PAR UNE RÉUNION
DE BOURGEONS DORMANTS

nécroses qui finissent par sectionner cette racine en chapelets ;
tantôt, enfin, elle s'orne de broussins formés (Fig. 35) par une
agglomération de bourgeons qui s'enkystent et résistent à
toutes les causes de destruction et qui sont, pour l'essence
un réservoir de vie.

De ces drageons si vite éclos, si tôt partis, beaucoup vont
disparaître. Non pas, comme on le croit communément,
parce que leurs racines *renferment un germe de pourriture*,
mais tout simplement parce que les racines des autres
essences leur font une concurrence qui augmente d'intensité
avec le développement du taillis. Cela est si vrai que la
tremblière survit drue, vigoureuse, dans tous les vides d'où
le taillis est absent.

On a osé dire qu'à partir de 30 ans, le tremble disparaît
de nos taillis et part en bois sec. Quelle hérésie ! Oui,
cela arrive, et plutôt que cela même, mais uniquement dans
les forêts qui se *cassent* par suite du dessèchement du sol.
Partout où le terrain *porte* le tremble, celui-ci franchit
sans en souffrir les révolutions de 40 ans et plus. Il tombe
des perches qui sèchent, oui sans doute, mais regardez l'accroissement de celles qui demeurent et vous serez confondus
du résultat obtenu avec le concours des longues révolutions (400 stères à l'hectare au Foyer de Broin, à Citeaux,
dans des taillis âgés de 42 à 45 ans). Et puis, si les trembles
s'abiment à 30 ans, comment peut-on en réserver dans la
futaie, même dans les taillis exploités à 25 ans ? On en
réserve, cependant, et ils vivent et ils prospèrent ! Messieurs
les théoriciens, allez au bois !

Défauts et ennemis du Tremble

Les défauts du tremble sont bien connus. C'est d'abord le
cœur noir ou *pourriture du pied*, qui s'observe surtout chez
les vieux arbres, mais qui peut également atteindre les
perches de taillis dans les sols mouilleux et par trop imperméables. Ce défaut provient d'une pourriture remontante

de la racine ; il se reconnaît à l'aspect de la cime qui se couvre de branches mortes. Un mauvais indice de la végétation du tremble et de l'état intérieur de son bois est encore donné par les moignons, en forme de tétons, qui bossellent le fût et emprisonnent la base des branches mortes. Ce sont ensuite les *pourritures du fût* qui ont généralement pour origine l'attaque de différents insectes et qui sont décelés par les *trous de pics*.

Parmi les principaux ennemis du tremble, je citerai : les Chrysomèles (*Chrysomela tremulæ*, Fabr. et *Chrysomela populi*, L.), jolis coléoptères d'un bleu métallique, qui se multiplient énormément dans les jeunes taillis et qui, soit à l'état d'insectes parfaits, soit à l'état de larves, dévorent le parenchyme des feuilles. Mathieu dit que ces Chrysomèles concourent activement à la destruction des drageons surabondants. Je ne le crois pas. Vient ensuite la Saperde du tremble (*Saperda populnea*, L.), infiniment plus dommageable que les Chrysomèles. La larve creuse de larges galeries à l'intérieur de la tige et des branches, et provoque ces excroissances noduleuses qui donnent au tremble cet aspect maladif et toruleux déjà signalé.

IX. — Les Erables

On distingue : l'érable sycomore, l'érable plane, l'érable champêtre, l'érable à feuilles d'obier et l'érable de Montpellier, toutes espèces qui se reconnaissent très aisément à la forme de leurs feuilles et de leurs fruits.

L'érable sycomore (Fig. 36) (*Acer pseudo-platanus*, L.), appelé aussi érable de montagne, est le plus grand du genre. Par son tronc richement coloré et tacheté de rouge, dont l'épiderme se détache comme celle du platane, par sa cime pleine et ovoïde et le beau vert de son feuillage si joliment teinté à l'automne, il constitue un des plus beaux arbres de nos forêts. Commun dans les Alpes, où il ferme souvent la végétation à 1.800 mètres et plus (Le Périer) (Fig. 37), il s'y élève *plus haut que le hêtre* et souvent même *plus haut que les résineux*. Il est mélangé à ces derniers dans les forêts

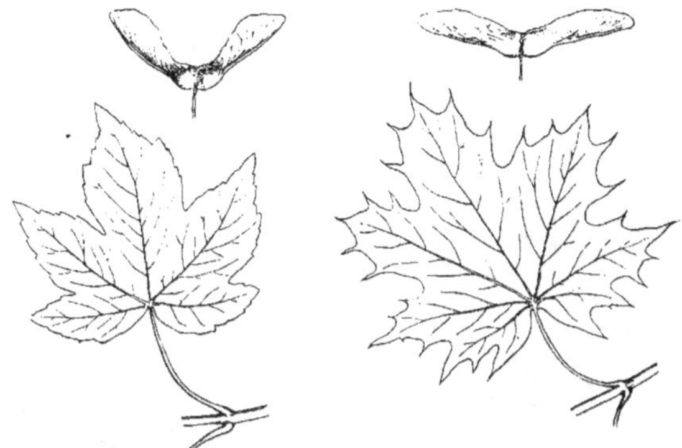

FIG. 36. — ERABLE SYCOMORE   FIG. 39. — ERABLE PLANE

FIG. 37. — PEUPLEMENT D'ERABLES SYCOMORES
AU PÉRIER (Isère), 1750 mètres d'altitude. — (Cliché Hulin)

vierges des montagnes bosniaques où il atteint des dimensions gigantesques. Il descend en plaine (Châtillonnais,
Langrois, Argonne, etc.) et affectionne les combes encais-
sées, froides et gélives, le voisinage des ruisseaux, des étangs
et des marais. Il accompagne alors une flore des toundras,
et se comporte comme une *relique* de l'époque glaciaire. Il
en est ainsi dans la série de Génieux, en Chartreuse (Fig. 38)

Fig. 38. — ERABLES SYCOMORES DANS LA SÉRIE DE GENIEUX (Grande-Chartreuse)
(Cliché Hulin)

où sa disparition entraîne celle de l'état boisé. Il est certain
que cette essence a joué un rôle très important en France
au moment des différentes glaciations. Actuellement, il s'y
trouve tantôt par pieds isolés, tantôt par bouquets, en
mélange avec le hêtre, l'épicéa et le sapin (Jura, Alpes,
Autunois, Châtillonnais, Langrois). Il aime les terres argileuses, humides et fortes, bien qu'il soit planté aussi comme

arbre d'ornement et de routes sur les calcaires du Jurassique où il vient mal. C'est une essence de *futaie* et de *taillis*, qui donne des semences extrèmement abondantes et d'une germination facile. On peut récolter de grosses quantités de jeunes semis sur les talus des routes, au voisinage des rigoles pratiquées pour l'écoulement des eaux. Pour prospérer, le jeune plant demande ou la *pleine lumière* ou, à son défaut, *un couvert très relevé*. C'est pour cela qu'il est rare dans les taillis exploités jeunes.

J'ai déjà signalé que, sur quelques points et à la faveur de circonstances spéciales (Montjeu), il peut se substituer au hêtre.

Comme toutes les essences d'ailleurs, l'érable sycomore se comporte de façon différente par rapport à l'exposition, suivant qu'il se trouve sur les confins supérieurs ou inférieurs de sa station. Sur les confins supérieurs, il recherche les expositions chaudes du sud et de l'ouest ; sur les confins inférieurs, on le trouve surtout au nord et à l'est.

Repoussant bien de souches, croissant activement, fournissant un bois satiné et maillé, l'érable sycomore mérite d'être largement multiplié dans nos taillis, ce à quoi on ne s'applique pas assez, Et le meilleur moyen d'en activer la propagation est de le réserver en cépées partout où il est rare. Son couvert modérément épais ne nuit d'ailleurs que fort peu au taillis.

L'érable plane (*Acer platanoides*, L.) (Fig. 39) a une aire de distribution plus étendue que celle de l'érable sycomore, et son territoire s'étend des bords de la Méditerranée au sud de la Suède. C'est une essence des bois accidentés et montagneux, qui monte rarement dans les Alpes à plus de 1.300 mètres d'altitude et qui se montre toujours par pieds isolés et à l'état très disséminé. Dans le taillis, on la reconnaît au premier coup d'œil à l'écorce lisse et rougeàtre de ses rejets toujours graciles, droits et dessinant une sorte de large corbeille. Il vit en mélange tantôt avec le hêtre, tantôt avec les résineux.

L'érable plane est moins exigeant que l'érable sycomore au point de vue de l'humidité du sol, et il croît bien sur les calcaires miliaires à *Purpura glabra* du Châtillonnais. Dans les Alpes, je l'ai souvent trouvé sur les *replats* des versants escarpés (Forêt de Riouperoux) et dans le fond des vallons. Il présente le même intérêt et la même utilité que l'érable sycomore. Son traitement n'en diffère donc pas.

L'Erable champêtre (*Acer campestre,* L.) (Fig. 40), est à

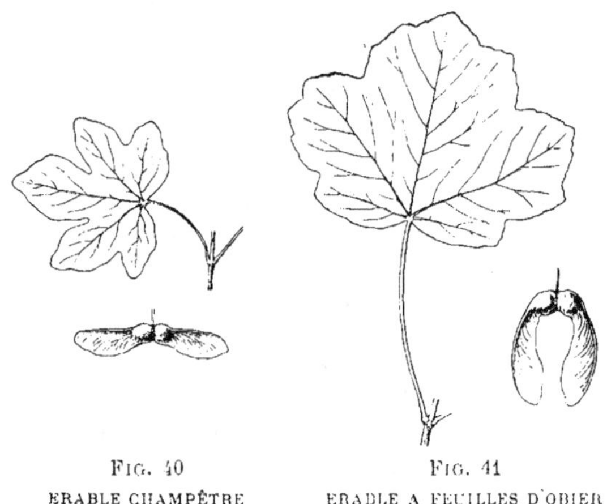

FIG. 40
ERABLE CHAMPÊTRE   FIG. 41
ERABLE A FEUILLES D'OBIER

l'inverse des deux espèces précédentes, un arbre de plaines et de collines, à tendance plutôt méridionale. C'est ainsi que dans toute l'Italie, en Savoie et dans le Dauphiné, l'érable champêtre est cultivé dans les champs pour servir de support à la vigne. Ses feuilles petites, son couvert léger ne nuisent pas aux pampres qui passent d'un arbre à l'autre en formant de gracieux berceaux et qui se couvrent d'une abondante récolte.

Comme le charme, l'érable champêtre est une essence ubiquiste, qui fait rarement défaut dans nos taillis et qui se montre indifférente à la nature du sol. On le trouve aussi bien sur le calcaire massif que sur les argiles compactes, mais c'est seulement dans les terrains de lœss et de diluvium quaternaire qu'il atteint de belles dimensions en arbres (1 m. 60 de tour et 10 à 12 mètres de fût sous branches).

Sous ces dimensions, sa valeur est considérable pour les luthiers. Ce n'est donc pas, comme on l'a écrit trop souvent, une essence à mépriser dans les balivages. Bien au contraire, sa place est partout : en volières dans les mauvais taillis de nos coteaux jurassiques, en baliveaux isolés dans nos taillis-sous-futaie de plaine. Sa végétation est évidemment en relation étroite avec la richesse du sol ; à vrai dire, elle est plutôt lente, mais les emplois variés de son bois magnifique, trop peu connu (manches de pelles et d'outils, crosses de fusils, menuiserie de luxe), compensent et au-delà cette légère infériorité de croissance. Fructifiant abondamment et régulièrement, repoussant bien de souches, on peut s'étonner que cette essence ne soit pas plus répandue dans les peuplements. Cela tient, d'une part, à la légèreté des graines entraînées fort loin par le vent et, d'autre part, à l'exigence du jeune plant en fait de lumière. De fait, cet érable est surtout abondant dans les *haies* qui retiennent les semences emportées par le vent et qui offrent au jeune plant assez de lumière pour se développer.

L'érable à feuilles d'obier (*Acer opulifolium*, Villard) (Fig. 41) se trouve sur le littoral méditerranéen, de la Dalmatie à Grenade ; il remonte les vallées des Pyrénées, des Cévennes, des Alpes, du Jura, et s'irradie sur les versants et les plateaux des montagnes de la Côte-d'Or, où il ne dépasse pas le tunnel de Blaisy. Dans les Alpes du Dauphiné, je l'ai trouvé jusqu'à la cote de 1.200 mètres. C'est une plante plutôt méridionale qui, vers le Nord de son aire, recherche les stations chaudes ou même brûlantes, les expositions largement ensoleillées. Sur les calcaires jurassiques, sa croissance est assez rapide dans le jeune âge, mais elle décline assez vite, sans cesser cependant d'être soutenue. Elle donne des arbres bien faits, qui peuvent atteindre, à 75 ans, de 1 mètre à 1 m. 10, et à 100 ans, de 1 m. 20 à 1 m. 30 de tour sur 6 ou 7 mètres de fût. Elle repousse admirablement de souches et fournit des cépées vigoureuses et pleines. Son bois, d'un blanc rougeâtre, est admirablement fin et satiné. Chose surprenante, l'érable à feuilles d'obier a été, jusqu'à ces derniers temps, complètement dédaigné des forestiers. Je me suis efforcé de le mettre en vedette, en le faisant partout réserver en arbres et en cépées. Nulle essence, en effet, n'utilise mieux les calcaires dallés et les versants pierreux, que ce soit sur les plateaux bathoniens de la Côte-d'Or ou sur les Karsts brûlés de la Dalmatie. Il a pour compagnons habituels le cytise, les alisiers et le chêne pubescent. C'est, par excellence, l'arbre des éboulis et des lavières calcaires. Comme tous les autres érables, il fructifie régulièrement, abondamment, mais son jeune plant, avide de lumière, ne supporte pas le couvert. Multiplié partout où il est spontané, il peut donner aux taillis les plus pauvres une inestimable valeur. Les flores ont complètement mésestimé cette essence dans son rôle, dans ses attributs et dans sa taille.

L'érable de Montpellier (*Acer Monspessulanum*, L.) est plus méridional encore que l'érable à feuilles d'obier. Ses derniers représentants vers le Nord s'observent à Santenay, Saint-Aubin, Nolay, en Côte-d'Or, au Fort de l'Ecluse dans le Jura. Dans les Alpes du Dauphiné, il forme des colonies assez denses qui s'élèvent jusqu'à 1.000 mètres. Cet érable a une croissance extrêmement lente et il ne joue qu'un rôle très effacé dans nos taillis. On ne le rencontre guère que dans les sols très secs et dans les fissures des rochers. Espèce refoulée, peu plastique, il est utile d'en conserver quelques exemplaires pour éviter sa disparition. Son bois rouge possède une très grande dureté. Il est, à ce titre, recherché par les tourneurs.

X. — Les Tilleuls

Deux espèces : le tilleul à petites feuilles *(Tilia parvifolia,*
Ehrh.) et le tilleul à grandes feuilles *(Tilia grandifolia,*
Ehrh.). Le premier, de beaucoup le plus répandu, a le centre
de son aire dans la Russie d'Europe. Il y forme encore des
peuplements purs ou en mélange avec le tremble. C'est une
essence de plaines ou de coteaux, *indifférente à la composition
chimique du sol*, et qui se trouve aussi bien sur les terrains
siliceux que sur les terrains calcaires. C'est néanmoins sur
les sols argilo-calcaires qu'il utilise le mieux son pouvoir
d'expansion et qu'il se montre parfois envahissant. Il
recherche les sols argileux et compacts et ne craint pas
l'humidité. Classé par les flores comme arbre de première
grandeur, c'est rarement à cet état qu'on le trouve dans nos
taillis-sous-futaie *où il s'use vite.* Par contre, il atteint de
magnifiques dimensions dans les avenues et dans les parcs
traités en futaie et jouissant d'un complet repos. Cela s'explique, car toute plaie, toute frotture, toute branche cassée
endommagent le fût et l'exposent à des pourritures variées
que le pic met en évidence. Dans les escarpements calcaires,
où les deux espèces sont souvent mélangées (Thorey-sur-
Ouche), l'écorce du tilleul à petites feuilles est moins
blanche que celle du tilleul à grandes feuilles. La grosseur
des perches du premier est aussi sensiblement plus faible
que celle des perches du second.

Le tilleul à grandes feuilles est l'arbre des escarpements et
des éboulis calcaires. Il y rend de grands services en épau-
lant et retenant les rochers sur les pentes.

Tilleul à petites feuilles et tilleul à grandes feuilles repoussent admirablement de souches. J'ai souvent compté, sur la
même souche, jusqu'à dix grandes lances montantes et autant
de rejets plus petits formant berceau à l'entour. Comme le

10

charme, le tilleul est une essence de remplissage qui resserre beaucoup la trame des taillis et sa feuille donne un humus doux et abondant. S'il n'offre pas grand intérêt comme arbre de réserve dans les taillis-sous-futaie de plaine, il est, par contre, d'une bonne garde dans les maigres taillis des coteaux jurassiques, où la marque en volières s'impose. Partout, du reste, il convient de réserver au moins deux lances sur la même cépée, de façon à avoir deux montants d'échelles qui se paient cher.

Les tilleuls ont un couvert épais, mais les semis et les rejets demandent beaucoup de lumière pour prospérer. Les fleurs attirent les abeilles. La fructification est toujours régulière et abondante. La transplantation des jeunes plants se fait avec presque autant de facilité que celle des marronniers.

Ennemis des tilleuls

Depuis quelques années, les tilleuls de parcs et d'avenues sont très éprouvés par un puceron, l'*Aphis tiliae*, qui détruit entièrement, en été, le feuillage et affaiblit considérablement la végétation des arbres.

XI. — Les Alisiers

Deux espèces méritent de retenir l'attention du praticien : ce sont l'alisier blanc (*Sorbus aria*, Crantz) et l'alisier torminal (*Sorbus torminalis*, Crantz). Le premier, complètement indifférent à la nature du sol, se rencontre dans toutes les forêts de coteaux et de montagnes, aussi bien sur les terrains calcaires (Côte d'Or, Haute-Marne, Lorraine) que sur les terrains de gneiss, de granit et de schistes (Plateau Central, Alpes, Vosges) où il constitue une essence de remplissage *infiniment précieuse*. S'accommodant des terrains les plus ingrats, on le trouve végétant jusque dans les fentes des rochers. Absent des forêts de plaine, il monte dans les Alpes jusqu'à 1.800 mètres d'altitude. Méprisé des forestiers en raison de sa lente croissance, j'ai été le premier à montrer son utilité, aussi bien en arbres qu'en sous-bois, dans les

Fig. 42. — ALISIER BLANC DE 2 MÈTRES DE TOUR;
FRICHES DE CHAMBOEUF (cliché H. Perrin).

pauvres taillis quasi simples des terrains rocheux, granitiques ou calcaires. Grâce à la facilité avec laquelle les graines sont disséminées par les oiseaux, il doit être considéré comme le grand *reboiseur* des vides occasionnés par les troupeaux dans les forêts à sol superficiel et rocheux. Il s'implante solidement sur la « lave » que peut, seul, lui disputer le nerprun des Alpes. Dans les taillis de chêne pur des mêmes terrains, il est souvent en sous-étage, constituant ainsi une protection efficace pour le sol. Quelques très rares sujets échappés au marteau montrent que, si sa croissance est lente, elle est, en revanche, *étonnamment soutenue*. Les exemples suivants en font foi :

Ancien de 1 m. 40 de tour, âgé de 95 ans, dans la coupe 7, troisième série de la forêt domaniale de Détain-Gergueil, sur calcaire bathonien très superficiel ;

Ancien de 1 m. 50 de tour, âgé de 100 ans, dans la réserve exercice 1908 des bois communaux de Collonges-les-Bévy, même sol ;

Arbre de 2 mètres de tour, âge inconnu, sur les friches de Chambœuf (Fig. 12), même sol.

En forêt de Gevrey-Chambertin, toujours sur bathonien, j'ai vu de jeunes modernes de cette essence qui pouvaient rivaliser avec des hêtres par l'élégance de leur port et l'aspect séduisant de leur végétation. Je ne saurais donc trop conseiller la réserve de l'alisier blanc sur les terrains superficiels, en raison d'abord des services qu'il rend dans le reboisement des « friches » et des « chaumots », en raison ensuite de la valeur exceptionnelle de son bois.

M'appuyant sur les exemples cités plus haut, j'affirme que l'alisier blanc peut et doit contribuer à modifier du tout au tout l'aspect d'un grand nombre de mauvais taillis qui seront, grâce à lui, enrichis par une réserve nombreuse et d'avenir,

Au cours de fastidieux balivages de montagne, j'ai souvent cherché à mesurer les circonférences développées des rejets croissant sur des cépées d'essences diverses, et voici les résultats auxquels je suis arrivé :

Chêne : 5 brins, circonférences développées. . 1ᵐ30
Hêtre : 4 brins 1 05
Erable à feuilles d'obier : 4 brins. 1
Charme : 5 brins. 0 90
Alisier blanc : 5 brins 0 80

Si l'on fait abstraction de la hauteur, toujours plus faible chez l'alisier, le retard sur le charme n'est donc pas considérable. Mais alors que, même réservé en volière, le charme dépérit et sèche sur les terrains dallés, l'alisier blanc, au contraire, s'y montre admirablement bien venant, et d'autant mieux venant, même, qu'il a vécu plus isolé. Les volières qui font partie du sous-étage ont, en effet, tendance à s'écraser sous le poids de leur feuillage.

Pour donner aux balivages l'intensité désirable, j'en étais arrivé à prescrire la *réserve intégrale* de toutes les cépées d'alisier dans les coupes de montagne de la Côte-d'Or, de l'Isère et de la Loire. C'était justifié, parce que, d'une part, ces rejets d'alisier ne pouvaient fournir que quelques échalas et de la charbonnette sans valeur ; parce que, d'autre part, on ne reconnaissait plus les coupes quelques années seulement après l'exploitation, tellement elles étaient pleines et belles. Il y eût bien, au début, quelques résistances de la part des communes, spécialement dans le Beaunois, où l'on n'avait jamais balivé sérieusement, et dans l'Isère, où l'on n'avait jamais su ce qu'était un balivage ; mais ces résistances vinrent échouer devant mon obstination et le crédit dont je jouissais auprès des populations. Aujourd'hui, la réserve des volières d'alisier est un fait acquis. Elle a changé complètement la technique des balivages en Côte-d'Or.

L'alisier terminal est plutôt un arbre de plaines et de coteaux qu'un arbre de montagne. Il est beaucoup moins répandu que l'alisier blanc et se montre toujours par pieds isolés. Son bois est encore plus dur et plus fin que celui de l'alisier blanc. Pendant la guerre, je m'en suis souvent servi pour remplacer le cornouiller.

L'alisier terminal accompagne l'alisier blanc dans les terrains calcaires. On l'en distingue facilement et de loin à la raideur de ses lances toujours très droites, et à la façon dont ces lances se pressent les unes contre les autres. Alors que, chez l'alisier blanc, la cépée s'arrondit et festonne, chez l'alisier terminal, au contraire, la cépée se met en fourreau et pointe droit vers le ciel. En dehors des calcaires et des marnes du jurassique, on trouve encore l'alisier torminal sur les argiles à silex, les calcaires sénoniens et les sables du crétacé de la région parisienne, mais il ne joue là qu'un rôle très effacé. Il en est de même sur les alluvions anciennes où il s'égare volontiers, grâce à la propagation qu'en fait la gent ailée.

La croissance de l'alisier torminal est plus active que celle de l'alisier blanc. Il a été plus souvent aussi réservé par les gardes pour son fruit et on en trouve, ici et là, de beaux exemplaires, dont la végétation ne laisse rien à désirer. Dans le Dijonnais, dans le Châtillonnais, les arbres de 1 m. 20 à 1 m. 50 ne sont point très rares. Ils devraient être beaucoup plus abondants. Dans la coupe n° 7 de la quatrième série de Détain-Gergueil, j'ai noté un moderne de 1 m. 20 de tour et de 8 mètres sous branches ; non loin de là un ancien de 1 m. 40 de tour, tout aussi élancé, faisait l'ornement de la réserve de la forêt communale de Semezanges. Nombreux sont encore les alisiers torminaux dans la forêt d'Arc-en-Barrois, où ils tombent en pleine jeunesse, pour laisser place à des hêtres qui ne les valent pas. A qui sait lire dans la vie des peuplements, la réhabilitation des alisiers s'impose, et leur éducation en futaie dans les taillis est chose non seulement possible, mais utile au premier chef.

XII. — Les Sorbiers.

Si le sorbier des oiseleurs (*Sorbus aucuparia*, L.), aux fruits d'un rouge corail, atteint exceptionnellement à 100 ans 1 m. 20 de tour et 12 à 15 mètres de hauteur totale, le sorbier domestique (*Sorbus domestica L.*), aux fruits gros et bruns à maturité, constitue l'un des plus beaux arbres de nos taillis-sous-futaie. La finesse et la dureté de son bois en justifient le prix toujours élevé.

Le sorbier des oiseleurs a une aire extrêmement étendue, allant de la Sicile jusqu'en Islande, au cap Nord et en Sibérie. On le trouve dans les pays de pénéplaine (Morvan) et dans les hautes montagnes (Plateau Central, Vosges, Alpes, Jura). Il monte jusqu'à 1.400 mètres dans le Jura, 1.800 mètres et plus dans les Alpes. Indifférent à la nature chimique du sol, il se montre sur tous les terrains, calcaires ou siliceux. Sa croissance, très active dans la jeunesse, se ralentit beaucoup avec l'âge. Il se reproduit abondamment dans les jeunes coupes, et perce avec facilité les fourrés les plus épais de ronces et de framboisiers, comme aussi la végétation débordante des mulgédies et des adénostyles. A ce titre, il est foncièrement utile dans les Alpes (Prémol, la Grande Chartreuse, etc.). Avec certains chèvrefeuilles alpestres, il est seul encore à pouvoir lutter efficacement contre l'envahissement des fougères qui stérilisent des surfaces étendues. C'est donc un énergique *nettoyeur* du sol.

C'est une essence de lumière qui ne supporte l'ombrage que dans son jeune âge. Dans les taillis-sous-futaie du Morvan, poussés jusqu'à 40 ans, et en terrain granitique (forêt domaniale de Saulieu), il ne peut suivre dans leur élan les aunes et les bouleaux avec lesquels il croît en mélange et il disparaît vers 30 ans. L'écorce des lances se fendille, prend de chaudes colorations jaunes, s'exfolie et tombe. L'arbre dépérit et meurt. Sous le couvert léger du sorbier des oiseleurs, le semis d'épicéa s'installe avec une facilité remarquable, A noter que cette essence peut être *multipliée de bouture*, ce qui en rend l'emploi commode dans les reboisements.

Malgré sa prompte caducité, il faut toujours réserver dans les coupes quelques volières et semis de ce sorbier pour attirer les oiseaux, grands destructeurs d'insectes. Ses belles grappes de corail, qui éclatent à l'automne au milieu d'un feuillage vert-argenté, en font un arbre d'ornement, de routes et d'allées du plus gracieux effet. Une variété améliorée à fruits doux est cultivée en Moravie.

J'ai dit que le sorbier domestique est un des arbres les plus rares, les plus élégants et les plus précieux de nos forêts. A l'inverse du précédent, ce n'est pas une essence de montagne, mais bien une essence de coteaux et de plaines.

Il accompagne les alisiers sur les calcaires compacts du jurassique, mais il est alors tout à fait sporadique et rare. Sa vraie station se trouve sur les argiles à chailles et les *marnes oxfordiennes*, où il prend un beau développement. On le trouve également, par pieds isolés, sur les cailloutis calcaires de la plaine. Il est assez abondant en Brie (Forêt de M. Péreire), sur la formation des calcaires lacustres, formation recouverte d'un épais manteau d'argiles grises qui représente le résultat de la lixivation du calcaire.

C'est une essence de lumière, qui supporte cependant assez bien le couvert en son jeune âge. Sa croissance est lente. Sous ce rapport, il tient le milieu entre l'alisier blanc et l'alisier torminal. Il repousse bien de souches, mais n'émet que quelques rejets très droits, serrés à la façon de ceux de l'alisier torminal. Il donne de beaux arbres, au couvert léger, qui ne nuisent pas au développement du taillis. Et, comme le dit fort justement Mathieu, il mérite d'être admis ou introduit plus souvent qu'il ne l'est dans la réserve des taillis.

XIII. — Fruitiers divers

Le cerisier merisier (*Cerasus Avium, Mœnch.*) est une essence de second plan, souvent appelé à jouer un rôle utile dans les balivages où il remplace avantageusement le charme. Il orne abondamment les lisières de toutes nos forêts, à peu près complètement indifférent à la nature du sol. Ce n'est, cependant, que dans les riches terrains d'alluvions et de limon qu'il prend un beau développement. Sur les maigres terrains de l'oolithe, il dure peu. L'indice de sa bonne ou mauvaise croissance est fourni par l'écorce. Lisse et non exfoliée, elle indique une bonne station ; se déroulant par lanières circulaires, elle ne permet pas d'escompter une longévité prolongée.

En sol fertile, le cerisier merisier peut facilement atteindre 2 mètres de tour en réserve sur les taillis ; il est alors d'un excellent rapport, bien qu'exigeant au point de vue de la nutrition minérale.

Le poirier commun (*Pirus communis*, L.) est disséminé dans toutes les forêts de plaines et de collines où il fournit, dans les terrains qui lui conviennent, de belles réserves de taillis-sous-futaie. Son fût est droit, élancé ; son feuillage clair.

C'est principalement sur les alluvions anciennes et récentes qu'il donne les plus beaux arbres : 2 mètres, 2 m. 20 de tour à hauteur d'homme. Sa croissance, moins active que celle du cerisier, l'emporte, par contre, sur celle de tous les autres fruitiers. Les qualités exceptionnelles de son bois en font un arbre précieux et dont la réserve s'impose.

Le pommier acerbe (*Malus acerba*, Mérat) a beaucoup moins d'intérêt au point de vue cultural. D'une part, il atteint des dimensions bien moins fortes en grosseur (1 mètre à 1 m. 30 de tour) ; d'autre part, son élévation est toujours faible, et son fût rarement droit. On le réserve cependant communément en surnombre et sans trop s'inquiéter de sa place et de sa forme, pour ses fruits qui donnent une agréable boisson et qui attirent les sangliers.

XIV. — Le saule blanc

Le saule blanc (*Salix alba*, L.) est l'arbre des alluvions quaternaires. Il y atteint 3 mètres de tour à 75 ans dans les bas fonds périodiquement inondés et colmatés. Bien que croissant avec une rapidité extrême, il peut vivre facilement un siècle. Son couvert léger ne nuit pas au taillis qu'il surmonte. En général, on ne prête pas une attention suffisante à ce saule qui mérite toujours d'entrer dans la composition de la réserve de nos taillis-sous-futaie. Il se multiplie très facilement par boutures et par plançons.

XV. — Les peupliers

Les peupliers peuvent se diviser en deux grands groupes :
1° Spontanés : Blanc de Hollande, Ypréau, Franc Picard (*Populus alba*, L.) ; Grisard (*Populus canescens*, Smith) ; Peuplier noir (*Populus nigra*, L.) ;
2° Introduits : Italien (*Populus pyramidalis*, Wesmael) ; Carolin (*Populus angulata*, Ait) ; de Virginie, Suisse (*Populus monilifera*, Michaux) ; du Canada (*Populus canadensis*, Michaux).

Le peuplier blanc, que le commerce confond avec le grisard, se reconnaît à ses feuilles grandes, palmatilobées, *blanches-tomenteuses* en dessous. On le trouve à l'état spontané sur le bord des fleuves et des rivières, ainsi que dans les *baissières* inondées des alluvions quaternaires (Val de Saône), sur les sables gras et frais (Yonne, Puisaye, Champagne humide), sur les limons argileux (Brie). Sa croissance est très rapide. A 20 ans, il peut atteindre (Forêt communale d'Ancier, Haute-Saône), 1 m. 50 de tour et 20 mètres de haut ; à 30 ans, 2 m. 50, 2 m. 60 de tour et 25 mètres de haut. Son fût est droit, élancé, dégarni de branches sur une grande hauteur. Il fournit une quantité considérable de bois d'œuvre apprécié. *C'est une essence de forêt* qui ne craint pas la concurrence vitale, qui perce aisément le fouillis des grandes herbes aquatiques et qui est certainement le plus *plastique* de tous nos peupliers spontanés ou introduits. Son couvert élevé n'écrase pas le taillis. Il drageonne abondamment et se multiplie facilement de boutures

et de drageons. Des branches coupées en longueurs de
0 m. 30 à 0 m. 40 et mises en terre sans aucune précaution
ont donné, au bout de 15 ans, dans les bois de la Basse de
Corneux, à mon maître Broilliard, des arbres mesurant
1 m. 10 à 1 m. 20 de tour.

FIG. 43. — PEUPLIERS PICARDS SUR SOL FRAIS SABLO-ARGILEUX.

On est loin d'avoir su tirer, en France, le parti qu'on doit
attendre de cet arbre merveilleux. Ce sont nos amis Belges
qui, les premiers, s'en sont servi d'une façon très judicieuse
pour l'enrichissement de leurs taillis. C'est ce que je cons-

tatais tout récemment dans la forêt de Raismes, près de Valenciennes, appartenant à la famille d'Aremberg ; c'est encore ce que montre la photographie ci-jointe (Fig. 43), due à mon camarade Durieux.

Et, répétant ce que je disais l'autre jour à la Section bourguignonne des Amis des Arbres, je vois le peuplier, et particulièrement l'Ypréau, comme un des grands *régénérateurs* de nos forêts dévastées par la guerre dans les sols qui lui conviennent.

Quels sont ces sols ? Si quelqu'un avait l'idée de tracer l'aire d'habitat du peuplier blanc dans le Bassin de Paris, il verrait cette aire figurer une vaste bande en arc de cercle prenant naissance dans les sables carbonifères de la région du Nord, se continuant par les argiles sableuses de la Marne et finissant sur les sables albiens de la Puisaye. Tout ce qui, dans cette aire, est sable humide, limon, terre sablonneuse, légère et fraîche, est propice à la venue de cette essence. Et je ne suis pas sûr du tout que l'immense majorité des sables helvétiens de la Sologne ne puisse être couverte d'un damier de peupliers. Or, les pins, c'est bien ; mais, les peupliers, c'est mieux encore. N'ai-je pas vu toutes les vallées de la Catalogne se peupler comme par enchantement de luxuriantes plantations de peupliers ?

Je ne dirai rien ici de la technique des plantations qui est fort simple et qui trouvera mieux sa place dans l'étude des taillis et des forêts ruinées.

Tout ce que je viens de dire du peuplier blanc s'applique également au grisard, qui serait (?) un hybride du peuplier blanc et du tremble. Le grisard diffère de l'ypréau, surtout par ses feuilles moins profondément échancrées.

Le peuplier noir est aussi un grand arbre, à croissance très rapide, au tronc tortueux et aux fibres ligneuses spiralées, qui se trouve sur le bord des rivières et dans les forêts marécageuses. Alors que le peuplier blanc est un arbre de plaines, le peuplier noir est un arbre de montagnes. C'est lui qui garnit les délaissés des torrents alpins, où il s'élève jusqu'à 1.800 mètres. Sur les bords de l'Arve, de la Leysse, de l'Isère, du Drac, etc., on le voit profiler sur l'horizon ses fûts contournés, branchus, qui impressionnent mal le regard. On pourrait peut-être, par une sélection attentive, parvenir à corriger cette forme défectueuse. Il n'en resterait pas moins que son bois mou, poreux et ronceux, ne se travaille pas bien et ne jouit pas d'une bonne réputation. Ce n'est donc pas un arbre à grand rendement, mais c'est un bon *reboiseur*, qui drageonne avec vigueur, qui se bouture avec facilité et qui se prête à un bon emploi dans le reboisement des grèves des torrents et des pans ruiniformes de la région alpestre.

Tout le monde connaît le peuplier d'Italie introduit d'Asie en France vers 1750, et qui a été multiplié d'une façon abusive sur les routes, dans les parcs et dans les pâtures. Sa forme pyramidale et élancée ne manque pas de ligne et d'élégance, mais elle ne peut être maintenue que par des élagages répétés qui retentissent profondément sur la végétation des sujets et sur la qualité du bois, généralement ronceux.

Le fût est relevé de côtes énormes, en relation avec un enracinement puissant et extraordinairement étendu en surface. A condition d'avoir de l'espace pour se développer, le peuplier d'Italie se maintient bien dans les parcs (parc de Dijon), mais alors il développe davantage sa ramure. Abandonné à lui-même, c'est-à-dire privé de tout élagage naturel ou artificiel, il perd en hauteur ce qu'il gagne en largeur ; les branches basses s'allongent démesurément et le fût se met en carotte. Il croit moins vite que le peuplier blanc et que les peupliers du Canada ; aussi sa multiplication n'est-elle pas à conseiller. Il se propage seulement de boutures, sous la forme de pieds mâles.

Le carolin se reconnait assez facilement à ses feuilles larges, *glacées* et *glanduleuses* à la *base*. Craignant les gelées, se propageant difficilement de boutures, possédant un bois fragile, sa culture est à peu près abandonnée en France où on le trouve surtout à l'état de pieds mâles.

Le peuplier de Virginie, vulgairement dénommé peuplier Suisse, paraît être originaire d'Italie. Comme l'espèce précédente, il est presque exclusivement représenté par des pieds mâles. Il se distingue du peuplier du Canada par sa taille plus élevée, par sa cime plus régulièrement distribuée, par ses bourgeons plus visqueux, par ses ramules ronds, par le pétiole des feuilles d'un rouge vif. Il se multiplie admirablement de boutures, aussi est-il très répandu en France, principalement dans la région parisienne. Il demande beaucoup d'humidité.

Le peuplier du Canada a été introduit en France vers 1740. Ses rameaux anguleux, sa cime largement *ouverte* aident à sa détermination. Toutefois, le meilleur caractère est encore, pour le profane, la profusion des longs poils soyeux (coton) qui s'échappent des capsules au printemps et que le moindre souffle de vent dissémine jusque dans les appartements. C'est, en effet, surtout à l'état de pieds femelles qu'on rencontre le peuplier du Canada en France. On aurait avantage à multiplier les pieds mâles.

Se contentant de sols simplement frais, poussant avec vigueur, donnant des arbres très droits, un bois homogène et plein, recherché pour le déroulage, ce peuplier constitue une des meilleures espèces du genre. On lui reproche cependant de ne pas résister aux attaques de la Sésie et de disparaître brusquement, vers l'âge de 12 à 15 ans, avant donc d'avoir atteint une valeur marchande.

Ni le Carolin, ni le Suisse, ni le Canada ne sont des essences de forêt ; ce sont exclusivement des arbres de routes, d'avenues et de pâtures.

Peupliers sélectionnés

Autant est longue et difficile la sélection par voie de semis, autant est rapide la sélection par voie de boutures et de marcottes. De fait et depuis 1814, on s'est activement préoccupé de sélectionner les peupliers en France, en vue d'en activer la croissance. Pour cela, on choisit un lot de boutures provenant des arbres les plus beaux et les mieux venants, puis on continue cette opération sur le lot d'arbres nouveaux ainsi obtenus. On comprend qu'en procédant ainsi pendant plusieurs générations, on puisse obtenir des sujets d'une croissance très rapide. Le procédé est simple, à la portée de tous les pépiniéristes. Bon nombre de propriétaires pourraient également s'adonner avec fruit à ces recherches.

Ce n'est pas, cependant, que l'on puisse, par ces procédés, créer des espèces nouvelles, non ! mais on donnera soit de la précocité, soit de la résistance aux plants sélectionnés, qui resteront toujours des *monilifera* ou des *canadensis*. Et, pour que la sélection porte tous ses fruits, il faut qu'elle soit ininterrompue, judicieuse et toujours dirigée dans le même sens.

Ces variétés sélectionnées sont nombreuses : elles proviennent tantôt du peuplier du Canada, tantôt du peuplier Suisse ; elles sont prises tantôt sur des pieds femelles, tantôt sur des pieds mâles. Au peuplier du Canada appartiennent le peuplier régénéré de Meaux, le peuplier régénéré de la Vendée, le peuplier Picard, de la Somme ; au peuplier Suisse on peut rattacher : le peuplier eucalyptus (Sarcé), dont la variété blanche est mâle et la variété rouge, femelle ; le peuplier régénéré de l'Yonne, dont le fût est trop souvent tordu au pied et qui est abondamment cultivé dans toute la région de Cheu et de Lordonnois.

Exploités entre 30 et 40 ans, ces peupliers sélectionnés donnent un revenu d'au moins 3 francs par arbre et par an.

Comme les types dont ils dérivent, ce ne sont pas des essences forestières, mais, plantés sur terrains neufs avec des aunes, ils donnent de splendides résultats.

FIG. 44. — PEUPLIERS PLANTÉS EN TAILLIS SOUS FUTAIE.

On peut donc prévoir leur utilisation dans les forêts ruinées sous forme de plants racinés, et la photographie (Fig. 44), dûe encore à mon regretté ami Durieux, montre l'aspect séduisant d'un taillis qu'enrichissent de beaux peupliers en réserve.

Défauts du Bois de peuplier.

Il y en a deux principaux : la pourriture et la roulure. La pourriture est causée par différents champignons : *Polyporus nigricans, Agaricus destruens, Stereum* et *Trametes*. La pourriture blanche du pied de l'*Agaricus destruens* ne monte pas haut : une découpe de 0 m. 50 à 0 m. 75 suffit généralement pour l'affranchir. La pourriture rouge du *Polyporus nigricans* est beaucoup plus dangereuse : elle intéresse souvent le fût tout entier et se décèle à la percussion. Quand la section des nœuds laisse apparaître le bois rouge, il y a bien des chances pour que l'arbre soit perdu.

La roulure s'observe surtout chez l'Ypréau et le Grisard ; elle est fréquente chez les arbres qui croissent au voisinage des étangs et des mares. La souche est farcie de fentes. Le décollement des cernes se prolonge sur toute la longueur du fût qui n'est bon qu'au feu.

La dessication fait ouvrir les plus légères roulures ; aussi, pour ne pas avoir de mécomptes à la livraison, il faut vendre les peupliers aussitôt après leur abatage.

Ennemis des Peupliers.

Ils sont légion. Un des plus dangereux est la Sésie apiforme (*Sesia apiformis*, L.). Viennent ensuite le Cossus gâte-bois (*Cossus ligniperda*, L.) et la Saperde chagrinée (*Saperda carcharias*, L.). Les larves de ces coléoptères creusent de profondes galeries dans le bois, surtout à la base des fûts, donnant naissance au défaut connu dans le commerce sous le nom de bois *muloté*.

La larve de la Sésie s'attaque également aux racines. Il arrive très souvent qu'un peuplier bien venant héberge plusieurs larves qui le font périr en moins de quatre ans. La première année, les feuilles de la cime jaunissent et tombent au mois d'Août. Le mal s'accentue durant les deuxième et troisième années. Envahi ensuite par les champignons et les petits insectes xylophages, cet arbre se dépouille de son écorce et sèche. Durant ces trois années la larve de Sésie, qui a pénétré à la base de l'arbre sans laisser de traces, fouille les racines et arrête la végétation. Au mois de juin, elle se métamorphose. Déposée à l'orifice de sa galerie, la chrysalide se transforme en un papillon qui sort, laissant à découvert un trou de 5 à 6 millimètres de diamètre.

Les larves *montantes* du Cossus et de la Saperde creusent en plein tronc des galeries rendues très apparentes par un dépôt de sciure. Elles nuisent à la végétation, détériorent le bois, mais ne font généralement pas mourir les arbres.

Les papillons du Cossus et de la Sésie ayant un vol lourd et peu élevé, on a conseillé, comme mesure préservatrice, de badigeonner avec des huiles lourdes le tronc des peupliers, sur une hauteur de 1 mètre à 1 m. 50, avant la ponte, c'est-à-dire vers le commencement de mai.

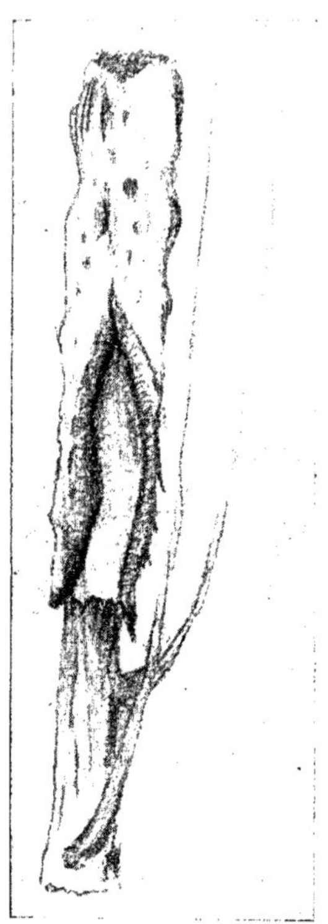

FIG. 45. — TIGE DE PEUPLIER ATTAQUÉ PAR « NECTRIA CLAUZE II »

Le gui est un parasite gênant pour le peuplier. Il se propage avec rapidité sur les branches de la cime et s'implante même parfois sur le fût. Ses racines figurent dans le bois des lignes pointillées de vert et donnent naissance au défaut connu sous le nom de *grain d'orge*.

Tout récemment enfin, j'ai vu à Raismes (Nord) de jeunes plantations de peupliers décimées par une maladie

inconnue. L'écorce perd par place sa coloration normale ;
elle brunit comme si elle avait été contusionnée, se crevasse,
se dessèche et tombe en laissant le bois à nu. Au-dessus
du point d'attaque la tige se renfle en tonnelet (Fig. 45).
L'examen des tiges contaminées a montré que le mal est
dû à un champignon du genre *Tubercularia*. Le mycelium rampe au travers du tissu cellulaire de l'écorce, pénètre même à l'intérieur des cellules et se pelotonne en
stromas. Il n'envahit que très superficiellement le bois
qui noircit. Je n'ai pas vu la forme conidienne du champignon
en question, mais simplement sa forme acosporienne,
représentée par des spores en 8. Il est à présumer que ce
champignon, très voisin du *Nectria ditissima*, et que pour
ce motif, j'ai appelé *Nectria Clauzelii*, pénètre sous l'écorce
par l'ouverture des lenticelles et se développe vigoureusement
au point d'anneler toute la branche.

Pour se prémunir contre cette maladie, il faudra avoir
l'œil sur les plants en nourrice, éliminer ceux qui présentent
des affaissements et des brunissures d'écorce, les brûler et
asperger les tiges restantes avec une solution acidulée de
sulfate de fer ou de bouillie bordelaise.

XVI. — Le Châtaignier (Castanea vulgaris, Lam.)

Le châtaignier n'est pas spontané en France. Il a été
apporté par les Romains au moment de la conquête de la
Gaule par César. Avec une précision admirable, il jalonne
le passage et le stationnement des Légions. C'est ainsi qu'en
dehors des stations côte-doriennes classiques de Bèze, Menes-
saire, Montille et Blanot, j'ai pu retrouver à Perrigny quelques
pieds de châtaignier au voisinage du castrum occupé par
les 17e et 18e Légions de César.

Malgré ce qu'en a dit Engler, le châtaignier est un arbre
essentiellement silicicole, qui fuit les sols calcaires. A travers

toutes les vallées des Cévennes, il dessine sur le granit une zone caractéristique, située entre 400 et 800 mètres. Dans le

FIG. 46. — CHATAIGNIERS A ENTRAIGUES (cliché Hulin).

Morvan, il occupe toute la région Autunoise dévolue aux arènes granitiques, aux schistes permiens et aux grès du

Carbonifère. Dans les Alpes, il couvre jusqu'à 900-1.000 mètres tous les *placages glaciaires*, dont il est le plus sûr témoin. Il se montre plus ou moins sporadique et rare sur les argiles à silex du Bassin de Paris. Que ce soit, d'ailleurs, en Alsace ou dans les Pyrénées, en Bretagne ou dans les Alpes, il se comporte toujours comme un *arbre de culture*. Il en possède toutes les particularités et en partage tous les dangers. Privé des soins de l'homme, il diparaîtrait à la longue du sol français, sans laisser de progéniture. C'est en taillis simple, traité à courtes révolutions, que le châtaignier se maintient le mieux. En réserve sur les taillis, il ne tarde pas à être envahi par la pourriture du pied.

A l'état isolé, son port rappelle celui du chêne (Fig. 46); il croît avec vigueur sur les terrains profonds où il atteint des dimensions exceptionnelles; il concourt puissamment, par son fruit, à la nourriture des habitants de la campagne, aussi la culture a-t-elle toujours cherché à étendre son domaine autour des foyers créés par les Romains.

Au point de vue de la maturité de ses fruits, il a sensiblement les mêmes exigences que la vigne. A l'un comme à l'autre, il faut que la température moyenne de septembre atteigne 14°5 et celle d'octobre 8°5. Greffé, le châtaignier donne de magnifiques produits, et les propriétaires laissent souvent se perdre, sur leurs fermes, un revenu dont ils n'ont pas idée, en délaissant les châtaigniers et en ne s'occupant pas de leur greffage.

Défauts et maladies des châtaigniers.

Un certain nombre de châtaigniers, vivant à l'état isolé, présentent le défaut de l'enroulement *sinistrorsum* des fibres (Fig. 47), défaut qui rend le fût impropre à la fente et au sciage. Chose paradoxale, bien que le bois renferme une forte proportion de tannin, les arbres de parcs et de futaie

sont très exposés à la carie du cœur et ils partent en chablis,
alors que la cime est encore vigoureuse. Un champignon, le

FIG. 47. — CHATAIGNIER A FIBRE TORSE, AUX CLAVAUX.

Diplodina castaneœ, s'attaque, ça et là, aux perches de taillis
et provoque sur elles des chancres qui nuisent au débit en

cercles. J'ai observé ce champignon seulement dans les taillis de la réserve des bois communaux de Vizille. Enfin, une maladie, connue sous le nom de *maladie de l'Encre*, a plus ou moins décimé les châtaigneraies d'Italie, d'Espagne et des Pyrénées. D'après les derniers travaux, elle serait due à un champignon de la famille des Péronosporées, le *Blephorospora cambivora*, qui vivrait dans le cambium de la base de la tige et des grosses racines et qui se propagerait par des zoospores disséminées dans le terreau. Au moment des pluies, ces zoospores viendraient en contact des plaies ouvertes à la base des arbres et se développeraient en un mycelium envahissant le cambium, le bois et l'écorce. Le tannin exsudant de ces tissus morts colore en noir la terre avoisinante. Cela semble, à première vue, bien compliqué, et l'on voit mal comment peut se faire, à travers l'espace, la propagation de la maladie. En traversant récemment le Limousin, je n'ai pas vu de dommages bien circonstanciés et très différents de ceux qui ont accablé nos chênes à la suite des étés désastreux de 1909 et de 1911. Toute mort des racines du châtaignier est suivie d'une exsudation de tannin. Le *Blephorospora* n'est-il pas simplement un épiphénomène? C'est ce qui n'est pas prouvé, quand on songe au défaut d'indigénat du châtaignier. Pour remédier au mal, invoquant l'exemple du jardin botanique de Dijon, on a voulu greffer le châtaignier sur le chêne. Bien entendu, on a éprouvé un insuccès complet, car on ne peut répéter en grand des expériences de serre. On s'adresse, maintenant, aux châtaigniers du Japon. On en sera encore pour ses frais, le Japon renfermant surtout des espèces refoulées. Le seul moyen de conserver la vitalité des châtaigneraies en voie de déclin est de créer à leurs pieds un sous-bois améliorant, avec du coudrier par exemple. On sauvera la châtaigneraie et on aura deux fruits au lieu d'un. Mais cela ne fera sûrement pas l'affaire des marchands d'orviétan.

XVII. — Le Robinier faux-acacia (Robinia pseudo-acacia, L.)

Originaire de l'Amérique du Nord et introduit en France vers 1600, l'acacia fait en quelque sorte partie de nos paysages, tellement il a été multiplié. Il y a quelque droit, si l'on songe que cet arbre ne peut plus être cultivé aux Etats-Unis, en raison des ravages d'un insecte, le *Cyllene picta*. C'est donc une essence qui *s'est donnée*. Le fait est assez rare pour être signalé.

L'acacia est un bel arbre qui prospère surtout sur les terrains sablonneux et profonds, qui boude souvent sur les terres argileuses et fortes et qui se chlorose vite sur le calcaire, où sa culture est contre-indiquée. Sa croissance est rapide, aussi bien en hauteur qu'en grosseur. Il fait merveille en taillis où il peut donner, dans les stations qu'il affectionne, jusqu'à 300 stères à l'hectare à 30 ans. Grâce au peu d'épaisseur de son aubier, il est utilisé pour le cintrage, en perches et sous des dimensions extrêmement réduites. Il faut seulement qu'il ait poussé vite et qu'il ne soit pas *chevillé*, c'est-à-dire garni de nœuds pénétrants. Pivotant dans sa jeunesse, il devient traçant au bout d'une trentaine d'années, par perte de ce pivot. Il en résulte très souvent une pourriture du pied qui ne monte jamais loin, mais qui entraîne la chute de l'arbre. Le bois des branches est très fragile, exposé dès lors à se briser sous l'effort des vents ou sous le poids de la neige.

L'acacia fructifie abondamment et se reproduit facilement de semence en pleine lumière, dans les allées sablées, là où il y a peu ou pas de concurrence vitale. Toutefois, c'est surtout par drageons qu'il se perpétue et s'étend dans les parcs et les forêts. Il rejette bien de souches et jusqu'à un âge avancé.

On a reproché à l'acacia de posséder des épines vulnérantes qui rendent son exploitation malaisée. Ce défaut s'atténue beaucoup dans les taillis âgés. En laissant croître plus longtemps les perches, on augmente leur valeur et on facilite leur abatage. Il y a double profit.

Je me suis laissé dire que l'acacia, jadis planté sur une vaste échelle dans les forêts de Fontainebleau, Rambouillet et même au Bois de Boulogne, n'avait donné que de piètres résultats. Cela ne me surprend nullement, et j'ai écrit quelque part que cette essence avait procuré autant de mécomptes à certains que d'agréables surprises à d'autres. Tout est, en effet, fonction du sol. Dans ma longue et errante carrière, j'ai trouvé l'acacia prospérant vigoureusement sur les sables d'alluvions (Val de Saône, Val de Loire, etc.), sur les alluvions anciennes et un peu sableuses de Bresse (Sables de Chagny), sur les sables albiens (Puisaye), sur les argiles à silex du Crétacé (Chaumot, Yonne, etc.), sur les limons décalcifiés du calcaire de Brie. Par contre, je l'ai toujours trouvé languissant ou périclitant sur le calcaire, sur les argiles imperméables et lourdes, ainsi que sur les sables *secs*. Il apparaît donc que la caractéristique de l'acacia est de croître sur les sols légers, frais et profonds, ainsi que sur les argiles siliceuses, sableuses ou suffisamment divisées par un mélange de pierres ou de cailloux.

XVIII. — Le Thuya (Callitris quadrivalvis. Vent.)

Le Thuya est une des essences les plus précieuses de l'Algérie et du Maroc, par son aptitude à rejeter de souches et par l'excellente qualité de son bois. Sous le tiède climat algérien, cette essence fructifie régulièrement et abondamment. La germination des graines se fait à l'ombre, sous le couvert, autour des broussailles et jusque dans les touffes d'alfa. La graine germe rapidement, sans s'enkyster. Elle donne naissance à une plantule pourvue de quatre feuilles cotylédonnaires et offrant une radicelle mince, allongée et pivotante. Le plant est épigé.

L'écorce brune, finement gerçurée, présente de nombreux canaux secréteurs dans les compartiments du liber secon-

FIG. 48. — FORÊT D'ARGANIER ET DE THUYA MÉLANGÉS Maroc français .

daire. Il s'ensuit que, sur les souches fraîchement exploitées, il se forme, à la limite de l'écorce et du bois, un bourrelet solidifié d'une résine translucide et très belle, qui n'est autre que de la *sandaraque*. Cette résine s'étend sur la zone génératrice qu'elle protège contre le dessèchement, et elle contribue par là à exalter la propension de l'arbre à émettre des rejets de souches. Le bois est dense, lourd, presque dépourvu d'aubier. Le cœur est d'un brun d'ébène, très recherché pour l'ébénisterie et la marqueterie.

Dans les forêts de l'inspection de Mostaganem, sur les argiles blanches du Sahélien et sur les marno-calcaires de la région d'Ammi-Moussa, le thuya atteint, vers 160 ans, 1 m. 50 à 1 m. 60 de tour et 10 à 12 mètres de hauteur. Il couvre au Maroc de grandes étendues de terrain, soit à l'état pur, soit en mélange avec l'Arganier, sur des calcaires et des grès pliocènes. C'est ce que montre la photographie ci-jointe (Fig. 48), due à mon jeune ami Charles Watier, à ce forestier d'élite, victime d'un accident dû à la sottise des circulaires administratives.

Le thuya peut être exploité en futaie ou en taillis avec réserve de volières. La technique de ce traitement très simple sera exposée ultérieurement. Les deux seuls ennemis des peuplements de thuya sont le pâturage qui anéantit les jeunes pousses et l'incendie qui détruit entièrement la forêt à son troisième passage.

XIX. — Le Noyer (Juglans regia, L.)

On peut s'étonner de me voir placer le noyer, arbre de champs et de vergers, parmi les végétaux forestiers. Mon excuse est que, d'abord, on trouve de loin en loin le noyer sur les rives de nos forêts ; qu'ensuite, l'attention a été appelée sur lui par mon ami, le docteur Fankhauser, et qu'en Combe de Gevrey, l'Ecole de Nancy, que j'accompagnais ce jour-là, paraissait entrer dans ces vues, et indiquait le noyer comme compagnon du hêtre.

Alors que le châtaignier est l'arbre des terrains siliceux, le noyer, lui, est l'arbre des terrains calcaires. Ce n'est point cependant qu'il ne puisse vivre et se développer sur d'autres sols, puisqu'il prospère fort bien sur les alluvions anciennes et siliceuses de Bresse et d'autres lieux. Mais sa cime est si développée et son couvert si épais, qu'on ne peut le cultiver que dans des terrains de faible valeur. Dans la Côte-d'Or, on peut dire qu'il se rencontre surtout sur les assises de la *dalle nacrée* dont il est en quelque sorte le meilleur fossile.

Parmi tous les forestiers de France, je crois tenir le record des balivages dans les taillis-sous-futaie ; or, parmi les centaines de mille d'arbres que j'ai réservés, je ne crois pas

Fig. 49. — VIEUX ARGANIERS AU MAROC.

avoir fait marquer plus d'une centaine de noyers, comme baliveaux et modernes. Et le parc de Dijon m'a montré ce que l'on pouvait raisonnablement attendre du noyer conduit en futaie. En toute sincérité, c'est peu de chose. Ces noyers réservés, je les ai trouvés quelquefois dans la plaine, en bordure des massifs ; le plus souvent dans les coteaux calcaires, au milieu des pierriers, ou au sein des broussailles peu épaisses, dans le fond des combes jurassiques. J'ai observé des semis plus nombreux sous le couvert des pineraies. Par contre, le noyer est absent de toutes les vieilles forêts fermées, où il y a lutte pour l'existence. Vouloir introduire cet arbre dans ces vieilles forêts m'apparait comme un véritable rêve. Le rôle du forestier consistera donc simplement à maintenir les sujets égarés dans les peuplements ouverts. Aller au-delà est au-dessus de ses moyens et de ses forces. J'ajoute que le bois qui proviendra de ces sujets épars sera toujours blanc, peu nuancé et de faible valeur.

Il est vrai que les grands pontifes de l'exotisme, dont l'un s'étonnait l'autre jour de me voir écrire sur les taillis, lui qui ne sait même pas par quel bout on tient un marteau, ont conseillé, sur tous les tons et sur toutes les lyres, l'introduction en forêt des noyers américains.

« Or, écrit Fankhauser, les qualités forestières du noyer
« noir d'Amérique ne justifient pas cette indication, et,
« quant au noyer cendré, il possède un bois de qualité
« médiocre. Le noyer noir présente en réalité le grave
« inconvénient d'être une essence fort difficile. Tous les
« auteurs lui reconnaissent, en effet, de grandes exigences
« quant à la station et au sol ; ce dernier doit être riche en
« substances minérales et en humus, en même temps que
« meuble, frais et profond. Si nous ajoutons à cela que
« cette essence réclame une situation douce et abritée, on
« comprendra que Fürst la considère comme l'espèce la
« plus exigeante introduite en Europe. Sa culture se heurtera
« donc chez nous à de grandes difficultés ».

C'est sévère, mais juste.

La noix des noyers américains est petite, enveloppée dans une coque très épaisse et très dure, d'une saveur forte et peu agréable. La fructification en est régulière, abondante. La régénération naturelle se fait bien dans les jardins où ces arbres prospèrent. Mais ni comme bois ni comme fruit, le noyer noir ne vaut le noyer commun.

XX. — Le Caroubier (Ceratonia Siliqua, L.)

Ce que je viens de dire du noyer en France, s'applique très exactement au caroubier d'Algérie. Comme lui c'est un arbre de plantations, de vergers et de champs, qui s'égare toutefois plus volontiers en forêt. Alors que le noyer est propagé en France par les geais, le caroubier est disséminé, proche des chemins, par les chevaux et les bourriquots. Le bois est richement nuancé, comme celui du noyer, et l'arbre est également sujet à la pourriture du pied.

XXI. — L'Arganier du Maroc (Argania Sideroxylon).

L'Arganier du Maroc couvre à lui seul, près de Mogador, de grandes étendues de parcours boisés. On le rencontre aussi plus avant dans le bled mélangé avec le thuya. C'est donc bien un arbre de forêt, sur l'histoire duquel mon oncle, M. Joseph Bert, et moi-même avons maintes fois appelé l'attention des forestiers. Les deux belles photographies ci-jointes (Fig. 49 et 50) dûes à Charles Watier, donnent une idée saisissante de cette Sapotée et des peuplements *ouverts* qu'elle constitue.

Rien qu'à l'aspect du terrain que couvrent seulement quelques touffes d'asphodèles, on devine que ces peuplements, jadis fermés, ont été disloqués et évidés par le pâturage. Une des photographies en porte du reste le témoignage. Il s'agit donc bien là de reliques forestières d'un très haut intérêt documentaire, qui nous montrent comment les forêts meurent Et l'on ne sait ce que l'on doit le plus admirer, ou

FIG. 50. — BOVIDÉS A LA RECHERCHE DES NOIX D'ARGAN

de la vieillesse et de la force de ces arbres tortueux, ou de la majesté biblique du site qu'ils animent.

L'Arganier se rencontre au Nord et au Sud de l'Atlas, sur les sols les plus secs et les plus ingrats des calcaires et des grès du pliocène et même sur les collines de sable. Il atteint jusqu'à 10 mètres de hauteur et 2 mètres de tour et plus. Par son feuillage persistant, par l'assemblage de ses tiges en cépées, par certains détails de son port rigide, il ressemble beaucoup aux figuiers de l'Inde. Son bois est extrêmement dur et résistant, ce qu'il doit à une croissance lente, mais soutenue.

Toutefois, c'est moins par son bois que par ses fruits que l'Arganier mérite de fixer l'attention. Ce fruit, d'une saveur très âpre, n'est pas comestible ; il a la grosseur d'une belle olive, une teinte jaunâtre, veinée de rose lorsque vient le mois de juin, époque de la maturité. Le moindre vent qui souffle, le moindre ébranlement donné à l'arbre suffisent pour faire tomber les argans.

Les indigènes ne se donnent même pas la peine de ramasser les fruits. Deux fois par jour, ils poussent en forêt leurs chameaux, leurs vaches, leurs brebis et leurs chèvres, qui rentrent le soir, rassasiés, au gourbi, et qui rejettent. en ruminant, les noix des argans dont ils ont seulement mangé la pulpe. Les femmes indigènes récoltent ensuite ces noix, les cassent entre deux pierres, retirent l'amende qu'elles font griller à feu doux, comme les marrons, puis qu'elles broient, encore chaudes, pour en retirer l'huile. Cette huile est recueillie dans des vases, tandis que les tourteaux servent d'aliments aux ruminants. Il est à noter que le cheval, le mulet et l'âne ne touchent pas à l'argan.

Si j'ai rappelé ici l'histoire de l'arganier, c'est d'abord pour montrer comment peuvent s'allier la culture forestière et la culture fruitière, l'arganier pouvant, sur d'autres points, être remplacé par l'olivier, devenu en Algérie un arbre de forêt ; c'est ensuite parce que j'estime que de tels peuplements doivent être l'objet de soins spéciaux et qu'il serait insensé de laisser perdre une telle richesse naturelle. Or, il est bien évident que ces peuplements *ouverts* et *cassés* tendent vers la *ruine*, et qu'on ne parviendra à en prolonger l'existence qu'en ramenant en sous-étage le thuya qui favorise la régénération de l'arganier. Un taillis de thuya, avec réserve d'arganiers, apparait donc comme le but à poursuivre et à atteindre.

XXII. — Les Tamarix

Les tamarix sont les saules des pays chauds. Trois espèces seulement méritent de retenir l'attention du forestier ; ce sont le *Tamarix gallica*, L., le *Tamarix africana*, Poiret, et le *Tamarix articulata*, Nahe.

Le premier se trouve disséminé sur le littoral de l'Océan et de la Méditerranée ; il est aussi fréquemment planté dans les squares et les jardins. En France, il n'atteint que des dimensions d'arbrisseau ; par contre, il devient, en Algérie, un arbre de croissance très rapide, pouvant atteindre jusqu'à 2 mètres de tour et 8 à 10 mètres d'élévation. Le fût est généralement court, la cime ample et bien développée. Le bois, fragile et cassant, ne peut servir qu'à la caisserie.

Le second (Fig. 51) forme, en Algérie, des forêts étendues sur les sols d'alluvions récentes. Dans le bois sacré de Bou-Adjemi, pâturé à outrance, le peuplement, clair et ouvert, était constitué, en 1901, par des arbres de 1 mètre à 1 m. 50 de circonférence et 7 à 8 mètres d'élévation. C'est un merveilleux arbre d'émonde, dont les pousses sont avidement recherchées par le bétail, et aussi une essence précieuse pour le reboisement des terrains salés, la garniture du bord croulant des oueds et la constitution de rideaux d'abri. Ce tamarix repousse abondamment de souches après l'incendie, et, maintenu en massif, il donnerait un bois susceptible de remplacer celui du peuplier.

Le troisième, qui est le tacahout algérien, est un arbre de troisième grandeur, originaire de la région des oasis, des solitudes alternativement brûlantes et glacées. Tout, dans sa structure, indique l'effort longtemps poursuivi en vue de son adaptation aux sables et aux limons salés. Il est frère, par le port, de ces kharmyks (*Nitraria Scholeri*) et de ces saksaouls (*Haloxylon ammodendron*), qui peuplent les déserts asiatiques de Gobie et de la Dzoungarie. Il donne des galles très recherchées par les Marocains pour le tannage de leurs cuirs.

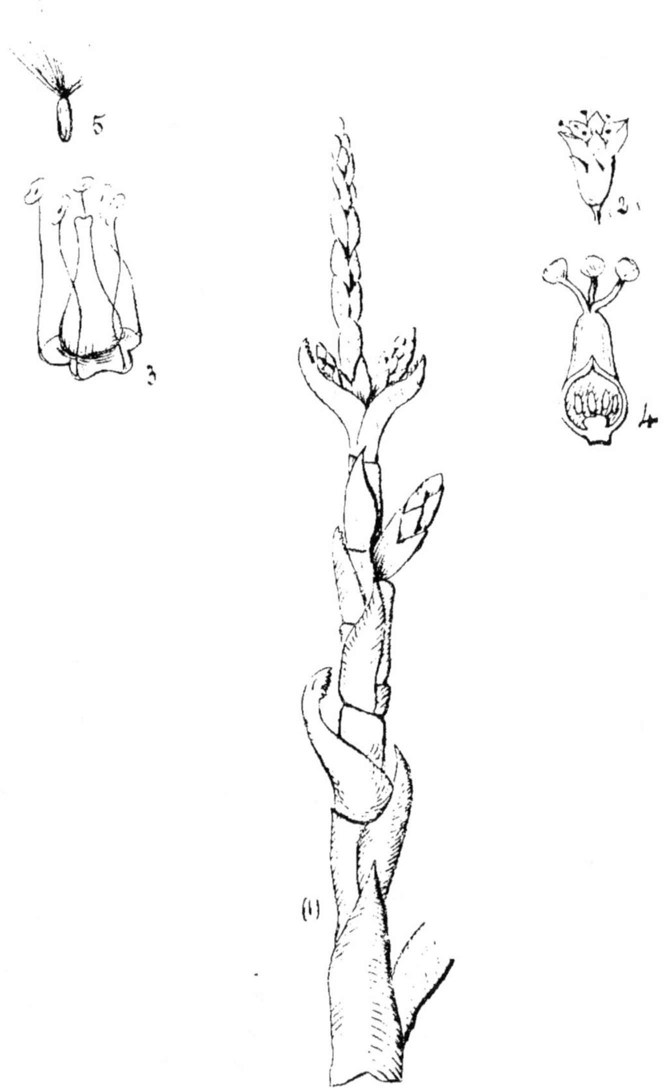

FIG. 51. — TAMARIX AFRICANA. POIRET

1) Extrèmité d'un rameau. 2) Fleur. 3) Disque, étamines et pistil. 4) Ovules. 5) Graine.

Le bois du tacahout est léger, tendre, cassant, élégamment
maillé, blanc ou flambé de rouge au cœur chez les arbres
âgés. Blessé, l'arbre se carrie rapidement. Ce qui fait l'intérêt
du tacahout, c'est sa rusticité et sa croissance active. C'est
un des rares arbres qui supporte sans trop en souffrir les

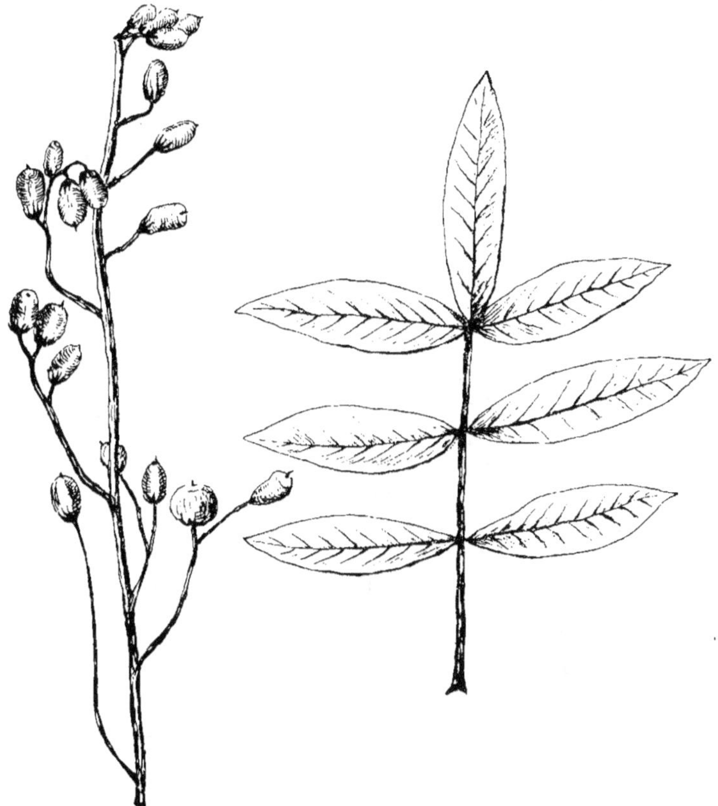

FIG. 52. — PISTACIA TEREBINTHUS, L.

vents de mer, le seul qui réussisse sans arrosages sur le
littoral algérien. J'ai vu, à Mostaganem, des boutures un peu
abritées qui, à 10 ans, mesuraient 0 m. 60 de tour et 6 mètres
de hauteur.

XXIII. — Les Pistachiers

Les pistachiers sont les fruitiers des régions méridionales et de l'Algérie. Trois espèces sont forestières : le pistachier térébinthe (*Pistacia terebinthus*, L.), le pistachier lentisque (*Pistacia lantiscus*, L.), le pistachier de l'Atlas ou Betoum (*Pistacia atlantica*, Desf.).

FIG. 52. — PISTACIA LENTISCUS, L.
(1) Feuille. (2) Fleur mâle. (3) Fruits. (4 Feuilles couvertes de cécidies

Le pistachier térébinthe (Fig. 52) est un bel arbre, à croissance lente et soutenue, qui peut atteindre 1 m. 50 de tour et 8 à 10 mètres de hauteur. Son port est lourd et il dégage difficilement son fût qui se dénude seulement sur 3 à 4 mètres de haut. Il affectionne les terrains secs et chauds. Son bois, d'un brun marron, est très élégamment veiné. Son écorce laisse exsuder une oléo-résine, à odeur pénétrante, qui est la térébenthine de Chio. Il est à conserver précieusement partout où on le trouve.

Le pistachier lentisque ou lentisque (Fig. 53) est un élément constitutif du maquis et de la broussaille algérienne, mais il peut aussi devenir un arbre de moyenne grandeur, ayant le même intérêt que le térébinthe. A la Garganta (Espagne), sur des versants chauds et rocheux, il occupe tous les *pierriers* où il donne des sujets courts, mais mesurant jusqu'à 1 m. 50 de tour et plus. Il joue donc un grand rôle dans le reboisement des vides et des clairières. Le bois est dur, blanc-jaunâtre dans l'aubier toujours très abondant, rosé dans le cœur. L'écorce, entaillée, laisse couler une résine très parfumée, qui est le mastic de Chio, et dont la récolte pourrait être sûrement tentée pour la fabrication des vernis.

Le Betoum est l'arbre des Dayats et du Sud algérien. Il se montre sporadiquement aussi dans le massif montagneux de l'Ouarsénis, où il recherche les vallées fraîches et humides. C'est un arbre magnifique, qui peut atteindre 4 à 5 mètres de tour sur 15 à 16 mètres de hauteur. Le bois est blanc dans l'aubier, coloré de brun et souvent même comme l'ébène teinté de noir au cœur. Le fruit, vert ou noir, suivant les espèces, est comestible. Les feuilles et les pétioles portent généralement de très nombreuses galles tannifères, de la grosseur d'une noisette, provoquées par la piqûre de l'*Aphis pistaciæ*. Il exsude des fentes de l'écorce une térébenthine blanche, très aromatique, et qui se montre si abondante par les fortes chaleurs, qu'on ne peut alors se mettre à l'abri sous le feuillage des Betoums. Ceux-ci constituent la principale richesse des Dayats.

XXIV. — Les Eucalyptus

Les Eucalyptus sont des arbres australiens, qui ont été introduits depuis une soixantaine d'années en Italie, en Portugal, en Espagne et dans le Midi de la France. Recépés

jeunes, ils repoussent de souches avec une facilité extraordinaire et ils peuvent, à ce titre, être considérés comme des
essences de taillis.

Fig. 54. — *Forêt de* KARRI EUCALYPTUS DIVERSICOLOR

Dans leur pays d'origine, les Eucalyptus peuvent atteindre des dimensions gigantesques. En Ouest-Australia, j'ai vu des Karri (*Eucalyptus diversicolor*) qui mesuraient 8 mètres de tour et 120 mètres de hauteur (Fig. 54). Les Jarrah de

FIG. 55. — *Forêt de* JARRAH (EUCALYPTUS MARGINATA)

la même région (*Eucalyptus marginata*) offraient des dimensions similaires en grosseur, mais leur hauteur ne dépassait guère 60 mètres (Fig. 55).

Le nombre des espèces d'Eucalyptus est considérable. On en trouvera l'énumération et la description dans le magnifique ouvrage de J.-H. Maiden « *A critical revision of the genus Eucalyptus* ».

La distinction rapide des essences sur le terrain n'est pas toujours facile ; elle se fait tantôt grâce à la couleur de l'écorce qui rappelle celle du chêne chez le Jarrah, celle du hêtre chez le Wandoo (*Eucalyptus redunca*), celle du platane chez le Karri ; tantôt grâce aux oléo-résines que laisse exsuder le tronc : gommier rouge, *Eucalyptus rostrata*, *E. longiformis* ; gommier gris, *E. punctata* ; gommier bleu, *E. saligna*. Ces oléo-résines protègent l'arbre contre le dessèchement et l'attaque des insectes perforants ; elles dénotent souvent des bois de médiocre qualité, car les canaux qui secrètent ces oléo-résines ou *Kinos* se groupent en arcs concentriques et donnent un défaut analogue à nos roulures. C'est pour cette raison que le Red-Gum de Ouest-Australia (*Eucalyptus calophylla*) n'est susceptible d'aucun emploi dans l'industrie.

Il est aisé de deviner que les Eucalyptus, formant la masse des forêts répandues sur un continent *isolé* et grand comme les trois quarts de l'Europe tout entière, ont dû évoluer sur place et modifier leurs formes suivant les sols et les stations. Il y a donc des espèces adaptées aux sols aquatiques (*Eucalyptus globulus*), aux sols sablonneux (*Eucalyptus diversicolor*), aux sols de latérite, pauvres et secs (*Eucalyptus marginata*), aux sols de schistes à peine décomposés et nus (*Eucalyptus obliqua*).

D'autre part, les espèces qui peuplent les Montagnes bleues près de Sydney, les Alpes des Grampians près de Melbourne, sur le granit et les roches éruptives, ne sont pas les mêmes que celles qui garnissent les collines sèches et brûlées de Sud-Australia, sur des schistes cristallins, et encore moins celles qui croissent sur les sables et les latérites de Ouest-

Australia et qui sont d'ailleurs séparées des autres par un désert.

D'une façon générale, le climat d'Australie est un climat continental, à tendance chaude, caractérisé par un été brûlant et sec, par un hiver très doux. Le ciel australien est caressant comme du velours. C'est même cette douceur des hivers qui a fait la fortune du mouton en ce pays. Et c'est le froid de l'hiver qui paralyse le développement pastoral aux Etats-Unis et le rend si précaire sur nos hauts plateaux algériens.

Alors que les espèces d'Eucalyptus d'Ouest-Australia ne peuvent supporter des températures inférieures à 0°, celles de Victoria et de la Nouvelle Galle du Sud et mieux encore celles de Tasmanie résistent (Espagne, plantations de Penarroya) à des températures de — 4 à — 5 degrés : la *température critique* étant de — 6 degrés.

Cela posé, je vais donner ci-dessous l'énumération des principales espèces d'Eucalyptus fournissant un bois susceptible d'utilisation industrielle.

1°. — ETAT DE OUEST-AUSTRALIA

Espèces très délicates, ne supportant pas des températures inférieures à 0°. Jarrah, *Eucalyptus marginata*, terres sèches de latérite ; Karri, *E. diversicolor*, terres sablonneuses profondes ; Wandoo, *E. redunca*, terres d'alluvions, dans les replis de terrain ; Tuart, *E. gomphocephala*, grès calcarifères ; Blackbutt, *E. patens*, sables humides et formations alluviales ; Salmon Gum, *E. salmonophloios* et Morell *E. longicornis*, espèces du Mallee-Scrub, dans les landes désertiques de sable.

2°. — ETAT DE SUD-AUSTRALIA

Espèces végétant à l'Est du grand désert, dans les régions de plaines et de hautes collines, déjà un peu moins sensibles que les précédentes aux abaissements de température. Stringybark, *E. obliqua*, schistes cristallins du Mont Lofty ;

Red Gum, *E. rostrata*, Spotted Gum, *E. goniocalyx*, vallées humides ; Blue Gum, *E. leucoxylon*, Box, *E. hemiphloia*, Yellow Gum, *E. gunnii*, collines à sol sec.

3°. — VICTORIA

Espèces de plaines et de montagnes, résistant en général à des températures de — 4° à — 6°, sols ordinairement granitiques et frais. Blue Gum, *E. globulus* ; Ironbark, *E. leucoxilon* ; Bastard Box, *E. goniocalyx* ; Mahogany, *E. botryoides* ; Mountain Ash, *E. regnans*

4°. — TASMANIE

Espèces franchement montagnardes, supportant des froids de — 6°. Blue Gum, *E. globulus* ; Stringybark, *E. obliqua* ; Peppermint, *E. amygdalina* ; Swamp Gum, *E. regnans* ; Ironbark, *E. sieberiana*,

5°. — NOUVELLE GALLE DU SUD

Espèces en majorité montagnardes, dont quelques-unes s'élèvent presque jusqu'au sommet du Mont Kosciusko (2.000 mètres), sols granitiques. Mountain Ash, *E. obliqua*, *E. gigantea*, *E. sieberiana* ; Blackbutt, *E. pilularis* ; White Mahogany, *E. acmeniodes* ; Grey Box, *E. hemiphloia* ; Red Mahogany, *E, resinifera* ; Red Gum, *E. rostrata* ; Blue Gum, *E. saligna* ; Red Forest Gum, *E. tereticornis* ; Woolly but, *E. longifolia* ; Red Box, *E. polyanthemos*.

6°. — QUEENSLAND

Espèces de vallées ou de coteaux peu élevés, sensibles à des températures inférieures — 4° et — 5°. Withe Stringybark. *E. eugenioides* ; Grey Ironbark, *E. paniculata* ; Red Ironbark, *E. siderophloia* ; Blackbutt, *E. pilularis* ; Blue Gum, *E. tereticornis* ; Wooly butt, *E. saligna* ; Red Stringybark, *E. resinifera*.

Si je me suis un peu appesanti sur les Eucalyptus, c'est d'abord qu'ils sont cultivés en Algérie et dans le Midi de la France, puis en Italie où ils ont assaini les marais de la campagne romaine ; c'est ensuite que la Société de Penarroya les a fort judicieusement utilisés en Andalousie pour créer, sur des terres incultes et abandonnées aux boucs, des forêts prospères et magnifiques ; c'est enfin que je crois possible leur utilisation sur les terrains improductifs du littoral méditerranéen.

Je ne me dissimule pas, cependant, que la réussite des plantations d'Eucalyptus dans notre pays est liée à la culture préalable du sol et que la préparation des plants en pépinière est chose délicate ; mais l'essai vaut d'être tenté. Tout d'abord, le bois convient admirablement comme poteaux de mines ; ensuite, l'*Eucalyptus globulus* en particulier, expérimenté à l'Ecole de papeterie de Grenoble, a fourni une cellulose magnifique et un rendement particulièrement intéressant.

On croit souvent que les Eucalyptus ne donnent que des peuplements ouverts et clairs ; les photographies (Fig. 56 et 57), rapportées par moi d'Australie, montrent à l'évidence qu'il n'en est rien et que, dans leur phase de jeunesse tout au moins, ils présentent une densité remarquable.

Sur ces mêmes photographies, on admirera la sveltesse des fûts dans des peuplements qui se sont formés naturellement et où la hache n'a jamais passé.

Quant au choix des espèces à introduire suivant les régions, il résulte à l'évidence des indications succinctes que j'ai données précédemment sur la résistance de chacune d'elles aux abaissements de température.

Et, pour qu'il n'y ait pas d'ambiguïté sur ma façon de comprendre l'exotisme, je répète qu'il ne peut s'agir ici que de *cultures industrielles*, entraînant une mise importante de fonds, ce qui n'est pas à la portée de toutes les bourses.

Toute entreprise ayant pour but d'introduire des Eucalyptus en forêt spontanée, par pieds isolés ou même par bouquets, est vouée d'avance à un insuccès complet.

FIG. 56. — *Forêt d'*EUCALYPTUS EUGENOIDES

FIG. 57. — *Jeunes peuplements d'*EUCALYPTUS ROSTRATA

XXV. — Souille et Morts-Bois

A première vue, le rôle de ces végétaux est assez obscur. On ne le comprend guère qu'en étudiant les *enchaînements naturels* et en remontant à la source même des associations végétales, c'est-à-dire à la végétation *primitive* qui occupait le sol avant l'apparition de l'homme et qui tendrait à se reformer s'il venait à disparaître. C'est en interrogeant les forêts qui *se cassent* que l'on saisit sur le vif l'importance des morts-bois, car toute forêt qui *disparaît* passe par les mêmes phases qu'une forêt qui se *crée*. L'ordre des phénomènes est seulement inverse. Dans un cas, l'évolution est *regressive* ; dans l'autre, elle est *progressive*. Aussi, est-ce souvent en inventoriant la composition du sous-bois que l'on parvient à dégager l'histoire d'un peuplement et à en tirer l'horoscope.

Pour vêtir le sol, pour conquérir le roc brûlant ou glacé, pour animer le marécage ou la tourbière, la nature est bien obligée de varier ses créations à l'infini. Il n'est pas de formation naturelle qui ne comporte qu'un seul type végétal. La chose est surtout apparente dans la prairie émaillée de mille fleurs. Mais la prairie fauchée diffère profondément de la prairie pâturée, et celle-ci encore plus de la prairie sauvage. De même, la forêt supprimée sur un point, renaissante sur un autre, soumise ailleurs à toutes les emprises et à tous les caprices de l'homme, est dans un état de *perpétuel devenir*. La présence ou l'absence d'une souille et de morts-bois caractérise donc un certain degré d'évolution des peuplements. Et c'est pourquoi il est indispensable d'en connaître l'histoire.

La charte normande de 1315 avait désigné, sous le terme général de morts-bois, neuf arbrisseaux de peu de valeur, tels que les saules, les épines, les sureaux, les genêts, les genévriers, les ronces. J'estime, pour ma part, qu'il y a lieu de faire une distinction entre la souille, qui appartient nettement au peuplement forestier et qui en tisse en quelque sorte la trame, et le mort-bois, qui forme la transition entre la forêt et la lande. Je vais donc, tout d'abord, tracer une légère esquisse des végétaux qui entrent dans la souille de nos taillis.

Les Saules

Les saules (saule marsault, saule fragile, saule à oreillettes, saule cendré) sont des végétaux *d'essaimage*. Ils viennent des landes, des ruisseaux, des marais, et ne se maintiennent en forêt qu'à la faveur de conditions spéciales. Le saule marsault, de beaucoup le plus répandu, peuple les vides et les *places à charbon* de presque toutes nos forêts de plaines et de coteaux. C'est un *bouche-trou* précieux, mais dont l'existence est éphémère. Le saule à oreillettes et le saule cendré se maintiennent surtout en bordure des mares. Le dernier, sous des dimensions convenables, donne même des *cercles de saloirs* imputrescibles. A un certain moment, on a utilisé le saule marsault pour le reboisement des friches calcaires, en vue de fournir des paisseaux pour la vigne. On aurait pu trouver mieux. Mais il faut, à son actif, noter son pouvoir inouï de dissémination et de conquête. A Sapicourt, près de Reims, dans la propriété de M. le docteur Luling, sur la craie blanche, j'ai vu le saule marsault, aidé de loin par le bouleau et le chêne rouvre, conquérir avec une force irrésistible, le terrain d'une pineraie coupée pendant la guerre. Six années avaient donc suffi pour transformer en *brosse* une *friche* qui était restée nue. Sans doute, le terrain était amendé par une culture forestière préexistante ; sans doute aussi, la concurrence vitale était faible sur ce sol de craie ; mais il n'en reste pas moins ce fait extrêmement curieux de voir un végétal, relativement rare dans le pays, reconstituer, en un si court laps de temps, l'amorce d'une forêt spontanée et nouvelle. Que l'humus soit pour beaucoup dans cette reconstitution naturelle, c'est ce qu'il est impossible de nier et ce dont il faut tenir compte dans les déductions à en tirer.

Le Coudrier

Le coudrier caractérise, lui aussi, un *stade* de la forêt naissante, mais un stade *plus avancé, plus durable*. Je l'ai vu garnir, à lui seul, les cirques rocheux des montagnes de la Catalogne où il est cultivé pour son fruit ; je l'ai trouvé sur tous les revers Sud et Ouest du fond des combes et combets jurassiques ; je l'ai étudié sur les granits du Pilat, à Roizey, à Pélussin, où il est l'âme du boisement. Déjà, en 1887, j'appréciais ainsi son rôle dans la forêt communale de Roizey. « L'importance de cet arbrisseau est vraiment énorme. C'est « lui qui est le premier reboiseur de tous les terrains nus. « Mieux encore que les alisiers et les sorbiers, il sait pro- « fiter des moindres taches de mousse qui verdissent le « rocher et s'y installe solidement. Il se présente ordinaire- « ment sous forme de cépées naines, qui se garnissent, « après 20 ou 25 ans, d'un grand nombre de branches « mortes. Il offre, durant le cours de son existence, toutes « les variations possibles de couvert, amende très vite le sol « et procure successivement à chaque essence un milieu « favorable à la germination de sa graine et un abri en « relation avec les exigences de son tempérament. » C'est ainsi que, sous les cépées qui courbent et qui s'écrasent, le sapin s'installe et grandit avec facilité (Fig. 58). Dans les taillis-sous-futaie des limons bressans, coupés entre 12 et 20 ans, le coudrier n'est plus un végétal de remplissage : c'est *l'essence constitutive* du sous-bois. Son couvert bas, son enracinement superficiel et tabulaire, l'humus doux et abondant produit par ses feuilles surexcitent à un degré insoupçonné la croissance des réserves de chêne. Il agit sur ces dernières comme un *engrais catalytique* dans nos cultures. C'est ce qu'a bien mis en évidence mon illustre maître, Charles Broillard, et c'est ce que conteste l'allemand Gayer. Mais tout s'éclaire à la lumière des faits, et il n'y a qu'à mesurer l'accroissement des chênes ayant crû sur taillis de

coudrier pour être pleinement édifié sur le rôle excitateur
de ce dernier (voir forêt communale de Lanthes, Côte-d'Or).
Et, pour confirmer ce que je disais au début, si le coudrier
est souvent le premier occupant du sol, c'est aussi le dernier survivant dans les forêts saccagées par l'homme ou

FIG. 58. — SAPIN CROISSANT SOUS UNE CÉPÉE DE COUDRIER

détruites par la dent des troupeaux. C'est pourquoi on le
voit couvrir presque exclusivement tant de montagnes, jadis
bien boisées et aujourd'hui abandonnées au parcours. Il est
précieux.

13

On cultive, parfois, dans les parcs et les jardins (Dijon, Arc-sur-Tille, Autun), un noisetier du Levant qui donne de grands et beaux arbres sur les alluvions modernes, caillouteuses et fraîches. Les fruits sont gros, mais rares.

Les Cornouillers

Deux espèces : le cornouiller sanguin (*Cornus sanguinea*, L.) dans les terrains argileux et frais, le cornouiller mâle (*Cornus mas*, L.) dans les calcaires secs et arides. Leur passé est troublant. D'où viennent-ils ? Probablement des rochers mangés par les lichens pour le mâle, ce qui expliquerait sa vitalité prolongée ; mais, pour le sanguin humicole, ombrophile, peu longévif, on cherche vraiment d'où il est parti, en dehors des gras limons laissés par le cours changeant de nos rivières et de nos ruisseaux. Leurs fruits charnus (rouge-cerise chez le mâle, noir chez le sanguin) aident prodigieusement à leur dissémination. La faune sylvicole s'en nourrit, digérant la pulpe, rejetant le noyau, germe de vie. Dans les jeunes recrus, les nombreux rejets des cornouillers se reconnaissent de très loin à la finesse et à la couleur sanguine de leurs rameaux. Le cornouiller sanguin a peu d'importance économique en raison des trop faibles dimensions qu'il atteint ; il se contente de maintenir la fraîcheur du sol au pied de ses puissants voisins, rôle effacé, mais qui n'en est pas moins utile. Par contre, le cornouiller mâle est une richesse relative par les emplois nombreux et variés de son bois, le plus dur peut-être de nos bois indigènes. Mathieu dit qu'il atteint 6 à 8 mètres de hauteur, et 10 à 12 centimètres de diamètre de 20 à 25 ans. Ce serait trop beau. Il faut en rabattre de moitié. En général, les cépées de cornouiller mâle ne montent pas. Elles restent longtemps buissonnantes sous nos taillis et en occupent volontiers les vides. Leur résistance au couvert est grande : elles sont encore vivaces à 50 ans. Isolé, le cornouiller mâle peut vivre plus d'un siècle. J'ai vu, sur les friches de Messigny, dans la cour d'une ferme, un pied qui mesurait 0 m. 70 de tour et 4 mètres de hauteur totale.

Quand j'ai instauré les premiers balivages en volières dans l'inspection de Dijon-Sud, j'ai fait marquer devant moi de nombreuses cépées de cornouiller mâle, au grand scandale de mes hommes et au grand désespoir d'un maire de la montagne, disant en son patois bourguignon : « Notre inspecteur perd la tête : il marque jusqu'à des cœurnouillers » ! Hélas ! la guerre est venue ; il n'y avait pas assez de cornouil-

FIG. 59. — RHAMNUS ALATERNUS, L.

lers pour fournir à tous les besoins de nos arsenaux. Et quand on pense à ce que l'industrie paie aujourd'hui les gros cornouillers, je ne puis que répéter ce que je disais à mes hommes : « Réservez des volières de cornouiller dans vos mauvaises coupes des terrains calcaires, vous en apprécierez bientôt les bienfaits et les produits; ne vous inquiétez pas, comme moi, du qu'en dira-t-on ».

Les Nerpruns et la Bourdaine

Les nerpruns viennent de la lande. Leur présence dans les taillis, n'est pas un bon signe ; elle indique une dégradation assez avancée du peuplement et un état particulièrement lacuneux.

Le nerprun alaterne (*Rhamnus alaternus*, L.) (Fig. 59) est une plante d'affinités méridionales, aux feuilles persistantes, abondant seulement dans le maquis corse et la broussaille algérienne, sur des terrains calcaires et chauds. Il appartient à la zone du chêne vert et se trouve généralement mélangé avec l'*Osyris alba*, les phillyrea, le calycotome. En Espagne et dans l'Aude, je l'ai trouvé souvent égaré dans la lande d'*Erica scoparia*. Il n'a pas d'épines, mais il se défend bien contre la dent des troupeaux par l'odeur désagréable de son bois.

Le nerprun des Alpes (*Rhamnus alpina*, L.) ne mérite qu'à demi son nom, car on le retrouve abondant en Côte-d'Or, dans les vides des taillis du calcaire jurassique, aux endroits les plus pauvres et les plus rocheux. Entraîné jusqu'en Bourgogne dans un des réchauffements interglaciaires, il s'est maintenu sur les points seulement où la concurrence vitale est faible. Il y rend des services, non par son bois qui est sans valeur, mais par son aptitude à vêtir la roche. Sa feuille est d'un beau vert luisant, et je sais des robes qui lui ont emprunté son charme et son éclat.

Le nerprun purgatif (*Rhamnus cathartica*, L.) est commun partout. Il est, cependant, plutôt l'hôte de la plaine que de la montagne. Il appartient à la lande armée et se défend par ses épines. Alors que, dans les forêts vigoureuses, il garnit surtout les lisières, jouant ainsi son rôle utile de défenseur et de gardien du massif, il se multiplie extraordinairement dans les forêts qui *se cassent par défaut d'humidité* (Bressey-sur-Tille, Côte-d'Or). Il arrive même à y constituer le sous-bois à lui seul. Au-dessus de cette maigre broussaille, le chêne pédonculé crève à l'envi. C'est donc un indicateur infiniment précieux pour le sylviculteur. Il a l'avantage de ne rien coûter.

La bourdaine commune (*Frangula vulgaris*, Reichb) est une émigrée de la lande à argile compacte, où rien ne pousse, où rien ne vient autre que la molinie. Elle a eu jadis son importance économique pour la fabrication de la poudre noire, mais la chimie et les poudres T ont réduit son rôle à presque rien. Quand on voit ses tiges falotes se profiler dans le taillis, il faut ouvrir l'œil et estimer bas le rendement, autrement on est dupé. La bourdaine vient partout : dans les sols tourbeux, dans les terrains humides ou compacts et même dans les éboulements rocheux de granit et de gneiss (Morvan); partout, elle indique des forêts clairiérées, souffreteuses, envahies par le Rosat (Bresse), souvent incendiées et où il manque quelque chose, — généralement le charme, — pour resserrer la trame du peuplement.

Je m'excuse d'insister sur ces infiniments petits, mais plus je vais, plus je vois et plus je suis convaincu que la technique forestière n'est plus du tout renfermée dans l'étalage pompeux des doctrines officielles, mais bien dans un ensemble de petits faits ordonnés et groupés, qui montrent les enchaînements du monde végétal et qui, comme le disait le major Caccia, *apprennent à penser*.

Les Sureaux et les Viornes

Le plus forestier des sureaux est assurément le sureau rouge (*Sambucus recemosa*, L.), plante des sapinières plus que des taillis, qui se jette dans tous les vides créés par les chablis et qui envahit souvent le parterre des coupes exploitées à blanc estoc, où il est plus utile que nuisible en s'opposant au gazonnement du sol. C'est un arbrisseau ami de l'humus, presque rudéral, mais qui paraît avoir toujours lié son sort à celui des massifs forestiers, dont il ourlait primitivement les bords. Dans l'intérieur de la forêt, il n'est là qu'en passant, et le sapin, au bout de 8-12 ans, reprend son empire et ses droits sous son couvert relevé.

Le sureau noir (*Sambucus nigra*, L.), habitant de la plaine et des coteaux, n'est pas envahissant comme son congénère alpin. Il se montre sporadiquement en forêt par pieds disséminés, surtout dans les combes fraîches et fertiles où il reste en sous-bois. Il vient des haies, des buissons, des mürgers, des masures en ruines. Il est l'indice d'un bon sol.

Quant au sureau Yèble (*Sambucus ebulus*, L.), c'est une plante sociale, de jachère plus que de forêt, qui se cramponne vigoureusement au sol dans les terrains argilo-calcaires et dont la destruction n'est pas toujours facile. Comme le sureau noir, il est caractéristique des bons fonds, et fournit ainsi à l'estimateur un utile renseignement.

Le bois des sureaux n'est pas sans valeur et il peut remplacer celui du buis en tournerie ; sa moëlle volumineuse est utilisée dans les laboratoires ; ses fleurs, au doux parfum estival, sont recherchées pour la pharmacie. Se bouturant facilement, le sureau noir peut encore faire des haies épaisses et de croissance active.

Quant aux viornes, dont le rôle biologique et cultural est infime, l'une, le laurier tin (*Viburnum tinus*, L.), évoque les landes brûlées et parfumées du Midi ; une autre, la mansenne (*Viburnum lantana*, L.) est la compagne du braconnier à la recherche de ses collets dans les taillis des terrains calcaires ; enfin la troisième, ou viorne obier (*Viburnum opulus*, L.) ne croît que dans les sols frais de la plaine. Les deux dernières ne servent guère qu'à faire des liens ; elles sont broutées avec avidité par les bestiaux. La première est largement employée par les horticulteurs pour le parfum de ses fleurs et l'ornementation des tombes. En somme, les viornes, qui ont leurs racines très avant dans le Crétacé, nous apparaissent surtout comme des bouches trous, habiles à profiter des places qui restent vacantes ; mais leur persistance dans nos taillis provient surtout de leurs fleurs et de leurs fruits aimés des insectes et des oiseaux. Ce sont donc des animateurs de la forêt.

Les Cytises

Je n'en retiens ici que deux : le cytise faux ébénier (*Cytisus laburnum*, L.) et le cytise des Alpes (*Cytisus alpinus*, Mill.). Tous les deux méritent leur nom de pluie d'or, en raison de leurs magnifiques grappes jaunes. Je les vois l'un et l'autre comme caractérisant la zone de l'érable à feuilles d'obier, le premier plus près du chêne rouvre (Côte-d'Or, Lyonnais), et le second plus près du hêtre (Jura, Alpes), bien que, à Châtillon en Diois, j'ai encore relevé l'association suivante :

Chêne rouvre × érable à feuilles d'obier × Cytise des Alpes × buis.

Mais alors que le faux ébénier se faufile modestement, clandestinement, dans les parties les plus rocheuses de nos taillis calcaires, le cytise des Alpes se taille une place plus large dans les taillis des Préalpes. L'un et l'autre, l'autre, cependant, sont des réfugiés d'ilôts rocheux, d'espaces chauves et dégarnis, d'où ils ont rayonné plus ou moins loin, gardant leurs préférences pour les endroits découverts, ensoleillés et chauds.

Le cytise faux ébénier a eu son heure d'engouement. On l'a planté, çà et là, sur les versants rocheux de nos calcaires jurassiques, sur les revers chauds du Crétacé, mais, il n'y donne pas grand'chose. Son bois est beau, richement nuancé, élastique et souple. On ne s'explique pas qu'il ne soit pas plus demandé qu'il ne l'est par les ébénistes et les tourneurs. C'est, comme toutes les Légumineuses, une essence améliorante, que l'on peut conserver en volières.

Les Cotoneasters et les Amelanchiers

Voici encore deux petits arbrisseaux qui n'ont aucune importance économique et qui jouent cependant dans nos forêts ouvertes un rôle des plus utiles. Disséminés au milieu des vides et des rochers, ils sont comme l'aimant qui attire la limaille et ils groupent autour d'eux tout un cortège de plantes qui préparent la formation du massif. Ils ne craignent ni les feux brûlants du soleil, ni le vent dont l'haleine embrasée dessèche à leurs pieds les herbes du tapis végétal. Quand vient l'automne, ils invitent l'oiseau gourmand à cueillir leurs baies de corail ou de jais, et c'est ainsi que le boisement progresse.

Les Epines

Elles sont aussi nombreuses dans la vie que dans les bois, et elles ont déchiré bien des espoirs chez ceux qui en ont percé les fourrés par métier, par devoir, par amitié. Les unes sont blanches, les autres noires, toutes sont vulnérantes. Les épines blanches (*Cratoegus monogyna*, Jacq., *C. oxyacantha*, Jacq.) se montrent sur tous les sols ; elles sont cependant plus abondantes sur certaines formations. C'est ainsi que je trouve sur un de mes calepins cette brève annotation crayonnée en forêt de Meuilley : « L'épine blanche est bien la caractéristique de la souille des forêts situées sur les marnes oxfordiennes ; plus le terrain est mauvais, plus il est matelassé d'herbes et plus l'épine pointe au-dessus du chêne, plus elle affirme sa supériorité sur lui ». Cette épine blanche n'est pas seulement le buisson bas qui défend l'orée de nos bois contre les visiteurs importuns, c'est aussi, quand on lui laisse vie, un petit arbre atteignant 1 m. 10 de tour et 6 à 8 mètres de haut. Et, de par son bois lourd, fin, flambé de rouge au cœur, elle mérite souvent d'être réservée. J'ai sur la conscience un nombre respectable de baliveaux et même de modernes épines ; ils fleuriront pour d'autres. Ce n'est pas à dire, cependant, que la propagation de l'épine blanche dans nos taillis soit chose recommandable. Non ! J'estime même que, tant qu'un taillis n'a pas tué l'épine qui vit sous son couvert, il n'est pas mûr pour la hache. Sous la basse ramure de gros hêtres, sur l'emplacement de ces « salles de danses » qui hantaient le sommeil des vieux forestiers, mes anciens, l'épine blanche est souvent le seul végétal qui subsite. N'y touchez pas ! C'est dans ses bras que s'élèvera le chêne.

Ces épines sont hôtes des buissons, des broussailles ; elles pénètrent dans la forêt par ses lisières, ses fissures, et ne s'y maintiennent qu'à la faveur de circonstances spéciales : traitement dégradant, absence de concurrence vitale.

L'épine noire (*Prunus spinosa*, L.) vient, comme les précédentes, des haies et de la lande. Elle abonde sous les taillis des alluvions quaternaires, où elle a souvent pour compagnon le *Ribes rubrum*, L. Elle forme alors des fourrés impénétrables sous le couvert relevé des frênes et des ormes. C'est un arbrisseau sans valeur et que craint le bûcheron. *Sa disparition coïncide avec le moment où l'on peut commencer à exploiter le taillis.* J'ai vu des forestiers qui préconisaient le nettoiement des taillis et l'enlèvement des épines noires. C'était oublier que le prunellier drageonne avec une force irrésistible. En le recépant, on prolonge tout simplement son cycle et sa vie. De fait, je ne lui reconnais qu'un avantage, — mais il est grand, — c'est d'entraver l'exercice du pâturage dans nos splendides forêts des plaines alluvionnaires. Et, cependant, sa fleur m'est chère, elle qui, à Pâques, vêt toute ma Bresse d'une robe de mariée, et savoureuse aussi est la liqueur bien bressane, tirée de ses noyaux !

Le Houx

Le houx (*Ilex Aquifolium*, L.) vient sur tous les sols, mais c'est surtout sur les terrains siliceux qu'il atteint son plus grand développement. Il forme, dans le Charolais granitique, notamment, des haies très fournies dont les sujets atteignent des dimensions remarquables (0 m 60 de tour et plus). En sol calcaire, il est de taille plus humble. Néanmoins, en tous lieux, il peut devenir un petit arbre de 5 à 7 mètres de hauteur et de 1 mètre à 1 m. 10 de tour. (Dans le jardin du presbytère d'Athée (Côte-d'Or) se trouvait jadis un houx de 0 m. 95 de tour et de 10 mètres de hauteur totale). Sa distribution est très irrégulière. Si, d'une façon générale, il appartient à la zône du hêtre et du sapin, on le trouve aussi dans la région du chêne (Bercé, Bresse, Charolais, Morvan). C'est toutefois dans la zône inférieure des lacs jurassiques et dans les basses vallées alpines, où il monte jusqu'à 1.200 mètres, qu'il prospère le mieux. S'il demande de la lumière dans sa jeunesse, il résiste ensuite indéfiniment au couvert. Il devient alors un buisson bas, étalé, gênant, sous lequel aucune régénération résineuse ou feuillue ne peut s'installer (Loray, Saulieu, Bercé). Pour s'élever en arbres, il lui faut donc du soleil et de la chaleur. Et, comme son bois n'est pas sans valeur, il est à la fois utile dans les taillis-sous-futaie à sol sec, où on peut le maintenir dans la réserve, et nuisible dans les futaies, où on l'arrache communément.

D'où vient-il ? On n'en sait rien. Sa présence dans notre flore est une anomalie, car il appartient à un genre des tropiques. Est-ce pour cela qu'il a tant frappé l'imagination des peuples de langue celte et germaine ?

> Coupez le Gui, coupez le Houx !
> Feuillages verts, feuillages roux,
> Mariez leurs branches !
> Perles rouges et perles blanches !
> Coupez le Gui, coupez le Houx !
> Voici Noël, fleurissez-vous.

Quand on veut obtenir le houx en pépinière, il y a quelques précautions à prendre. Tout d'abord, bien que les fruits renferment 3 à 4 graines, il ne faut pas les diviser, car il n'y en a souvent qu'une seule de fertile. Ensuite, il faut semer dans une terre bien préparée, ne pas enfoncer la graine de plus d'un centimètre, et arroser en temps de sécheresse. Il est nécessaire, enfin, d'employer des graines fraîches, dont une partie lève la première année, et l'autre la seconde année seulement.

Les Genévriers

Le genévrier commun (*Juniperis communis*, L.) appartient bien à nos taillis *ouverts*, sablonneux ou calcaires ; mais c'est surtout une plante de jachère, qui donne son nom à une *lande* de courte durée, conduisant plus ou moins vite à la forêt pleine. Aussi, quand on rencontre dans les taillis de grandes places occupées par le genévrier, on peut hardiment affirmer que le boisement est de *date récente*.

Le genévrier croît lentement, mais, isolé, il atteint encore 0 m. 80 à 0 m. 90 de tour et 5 à 6 mètres de hauteur. Son bois aromatique, joliment nuancé au cœur, fin et de durée prolongée, devrait faire l'objet d'une demande suivie pour la fabrication des crayons.

Le genévrier n'est pas seulement l'ornement de la forêt feuillue en hiver, il est aussi la providence de l'oiseau qui cherche à dérober son nid aux regards indiscrets. Si l'été doit être sec, le nid se balance au sommet de la tige ; s'il doit être pluvieux ou orageux, le nid repose sur les rameaux du bas. Pour la beauté de la forêt, pour sa richesse future, pour l'oiseau aimé de Dieu, ami des hommes, ne cédez pas à la tentation de transformer vos genévriers en échalas ; prescrivez-en, au contraire, *la réserve intégrale* et n'hésitez pas à marquer comme modernes les plus beaux exemplaires !

Le genévrier oxycèdre (*Juniperus oxycedrus*, L.) l'emporte de beaucoup par ses dimensions sur le genévrier commun. Et, cependant, nous ne le voyons trop souvent qu'à l'état de buissons, mais ce ne sont là que des spécimens appaůvris provenant de rapailles soumises à des déprédations séculaires. Dans la Sierra-Morena espagnole, sur des quartzites à peine recouvertes de terre végétale, il a déjà allure de petit arbre

et j'ai signalé jadis de magnifiques exemplaires de 2 m. 50 et
plus de tour croissant à Seddaoua, sur les sables pliocènes
de l'Oranie. Partout où il existe, l'oxycèdre est utile, utile

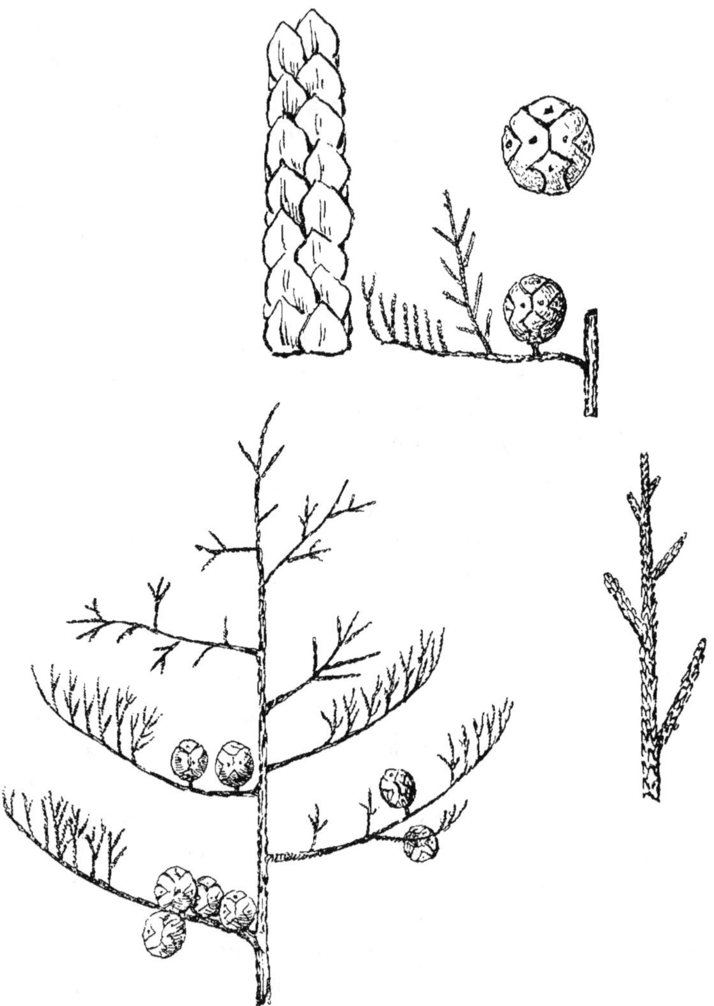

FIG. 60. — JUNIPERUS PHOENICEA. L.

pour la protection qu'il donne au sol, utile pour l'âpreté
qu'il met à défendre la montagne. Après lui, il n'y a que le

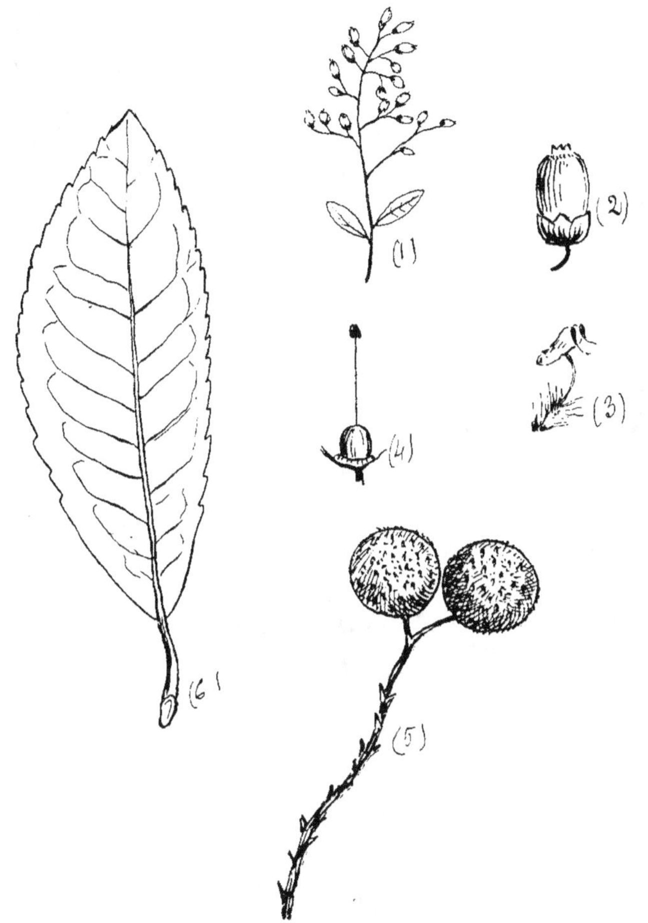

Fig. 61. — ARBUTUS UNEDO, L.

(1) Inflorescence. (2) Fleur. (3) Etamines. (4) Ovaire et pistil. (5) Fruits. (6) Feuille

désert. En France, il fait partie de l'association du chêne
vert et du chêne rouvre ; en Espagne, il accompagne le chêne

tauzin et le chêne du Portugal ; en Algérie, il forme de véritables massifs et devient une essence vraiment forestière.

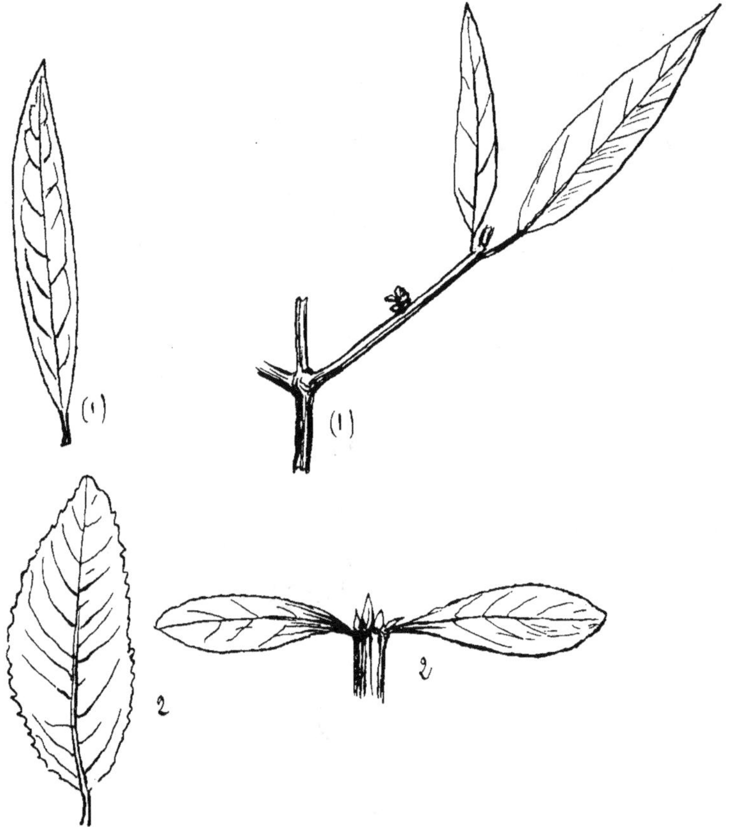

FIG. 62. — (1) PHILLYREA ANGUSTIFOLIA ; (2) PHILLYREA MEDIA. L.

Le genévrier de Phénicie (*Juniperus phoenicea*, L.) (Fig. 60)
partage les propriétés de l'oxycèdre, qu'il accompagne
souvent en Algérie. Comme lui, il mérite une protection spéciale.

Enfin, j'ai vu, près de Siebenic (Dalmatie), sur des rochers
brûlés du Karst, le genévrier thurifère (*Juniperus thurifera*,

L.) n'ayant pour tout compagnon de sa misère que le paliure épineux (*Paliurus aculeatus*, Lam.). Quelques arbres en queue de rat, qui zébraient l'horizon comme de minces cyprès, quelques cépées grises et ternes, voilà tout ce qui reste des antiques forêts dalmates !

Troëne, Fusains, Néflier

Je réunis là trois arbrisseaux qui, sans importance au point de vue économique, ont cependant une signification précise en technique.

Le troëne (*Ligustrum vulgare*, L.) abonde dans les bois, les buissons et les haies. Il s'accommode de tous les sols, et se multiplie avec la plus grande facilité par graines, par marcottes, par racines, par boutures. Il aime le clair obscur, et tresse vigoureusement à l'ombre des taillis. Dans les forêts pâturées, le bétail a parfois peine à en déchirer la trame serrée, et les animaux sauvages sont forcés d'y tracer, pour leur passage, de nombreuses coulées. Aucun semis ne s'installe sous son bas couvert et il est *l'indice des taillis dégradés par les gelées printanières*. Tant qu'on le voit ainsi tresser, il faut se garder d'exploiter le taillis qui n'est pas mûr et qui se disloquerait encore plus après une coupe hâtive.

Les fusains (*Evonymus europeus*, L. et *E. latifolius*, Scop.) ont moins de signification que le troëne ; ils caractérisent cependant les forêts *ouvertes*. Le premier est un arbrisseau des plaines, qui croît dans les haies et dans les bois frais ; le second est une plante des sapinières, où il vit en sous-étage, sans jamais être gênant. Avec le bois carbonisé en vases clos, on fabrique le fusain dont on se sert pour dessiner.

Le néflier (*Mespilus germanica*, L.) caractérise les terrains argileux et forts (alluvions bressanes, Citeaux ; argile à chailles, Yonne). Il n'est jamais abondant et se trouve sporadique sous le couvert qu'il supporte bien.

L'Hippophaé

L'hippophaé rhamnoïde (*Hippophae rhamnoides*, L.) est l'*animateur* des délaissés torrentiels, des grèves de montagne, des ruines et des pans bleus et ravinés du lias, où il forme des fourrés vulnérants, hauts de plusieurs mètres, au milieu desquels se faufile le pin sylvestre, et qui unissent au reflet argenté du feuillage de l'olivier, le beau rouge des fruits du sorbier (Christ). Cet arbrisseau améliorant est, avec raison, largement utilisé dans la correction des torrents. C'est là sa fonction native.

Le Cerisier Mahaleb

Le mahaleb (*Cerasus mahaleb*, Mill.) est tantôt un arbrisseau buissonnant, tantôt un petit arbre écrasé. Il se rencontre exclusivement sur les éboulis et les bancs les plus durs du calcaire, dont il garnit souvent les fentes. Venu de la lande, il reste dans la lande, et ne pénètre que rarement à l'intérieur des forêts, où son rôle est celui d'un reboiseur des vides et des clairières. Ses rameaux jeunes et droits sont employés pour faire des tuyaux de pipes.

XXVI. — Arbustes du Maquis et de la Garrigue

J'ai groupé là un certain nombre de végétaux utiles à connaître et qui impriment à la région méditerranéenne son cachet si caractéristique.

ARBOUSIER (Fig. 61). — Tout le monde connaît les gros buissons de l'arbousier (*Arbutus unedo*, L.) qui jettent une teinte plus vive et plus claire sur le manteau grisâtre et foncé du maquis. Tout le monde aussi en a admiré les grappes de fleurs épaisses et blanches, ainsi que les baies rouges ressemblant à des fraises, mais qui sont toujours

âpres et sûres. Le bois de l'arbousier fournit un bon combustible. Ses feuilles peuvent être à la rigueur employées
pour le tannage. Cet arbuste marque une étape déjà avancée
dans l'évolution du maquis et un stade intermédiaire entre
la lande et la forêt ouverte.

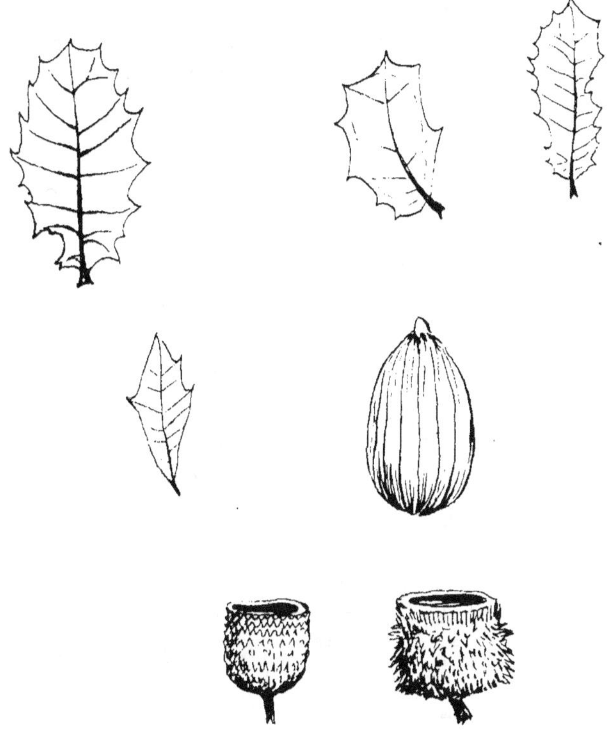

FIG. 63. — QUERCUS COCCIFERA, L.

LES PHILARIAS (Fig. 62). — Les philarias (*Phillyrea
angustifolia*, L., *Phillyrea media*, L., *Phillyrea latifolia*, L.)
sont de petits arbustes qui manquent rarement dans le
maquis et la broussaille algérienne où ils fournissent à l'incendie un aliment actif. Tiges et racines donnent un excel-

14

lent charbon. Les philarias jouent dans la flore méditerranéenne le même rôle que les cornouillers dans nos forêts de l'Europe Centrale.

Le Chêne Kermès (*Quercus coccifera*, L.). — Le Kermès (Fig. 63) forme en France, en Espagne et en Algérie, de vastes fourrés impénétrables et bas, qui évoluent avec une extrême lenteur. Il est caractéristique de la forêt *épuisée*. Il est cependant utile au premier chef pour garantir le sol contre le ravinement et les érosions éoliennes. Sa tige et sa racine donnent du charbon. Mais, tandis que l'écorce de la tige est très difficile à lever et ne renferme que 11 à 15 % de tannin, celle de la racine, *qui est la garrouille du commerce*, s'obtient très facilement et contient 22 %, de tannin, soit à peu près le double, d'où son intérêt. Malheureusement, l'épaisseur de cette écorce varie considérablement suivant les sols. Dans certaines forêts, elle atteint 2 centimètres; dans d'autres, elle ne dépasse pas 2 millimètres. Or, pour que l'exploitation soit rémunératrice et possible, il faut que l'épaisseur moyenne atteigne 7 à 8 millimètres. Cette épaisseur est généralement obtenue dans les sols argileux ; elle ne l'est pas dans les sols sablonneux (Agboub).

Les Jujubiers. — Deux espèces : le jujubier commun (*Zizyphus vulgaris*, Lam.) et le jujubier des Lotophages (*Zizyphus lotus*, Desf). Le premier (Fig. 64) habite la France méridionale, la Corse, l'Algérie ; le second (Fig. 65) est spécial à l'Algérie. Ce sont, l'un et l'autre, des arbustes qui peuvent s'élever à 3 et 4 mètres de hauteur, et atteindre un mètre de circonférence. Ils drageonnent avec une puissance remarquable. Leur bois est beau, lourd, jaune à l'état d'aubier, rouge acajou à l'état de bois parfait, très recherché par les ébénistes. Le fruit du jujubier des Lotophages a été souvent pris pour le *lotus* des anciens ; il est comestible, comme d'ailleurs celui du jujubier commun.

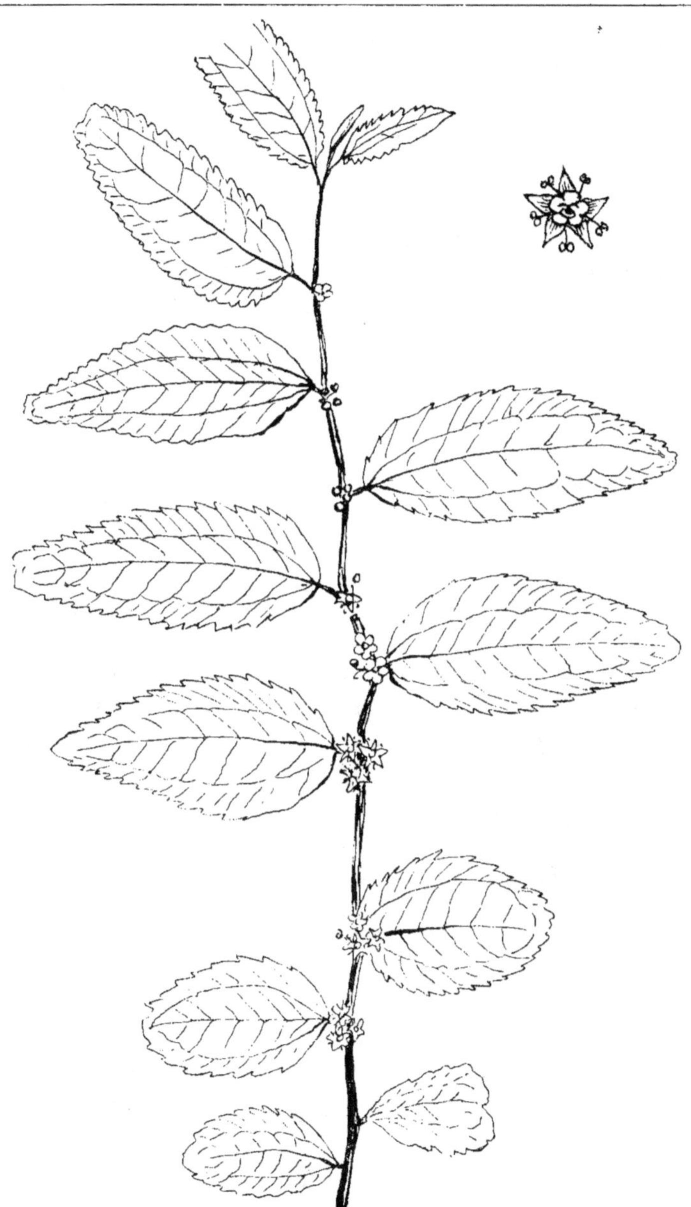

Fig. 64. — ZIZYPHUS VULGARIS, LAMK

L'Arabe arrache les jujubiers pour les racines qui sont nombreuses, volumineuses, et qui fournissent un excellent chauffage et un charbon de tout premier ordre.

Les jujubiers jouent, en Algérie, le même rôle que les épines blanches en France.

LE LAURIER (*Laurus nobilis*, L.). — Généralement arbrisseau de peu d'élévation, garnissant les fonds marécageux et humides et, pour ce motif, redouté comme engendrant les fièvres. Il jalonne le bord des oueds algériens et couvre de ses rameaux pressés le lit desséché des rivières souterraines dont il est le meilleur indicateur.

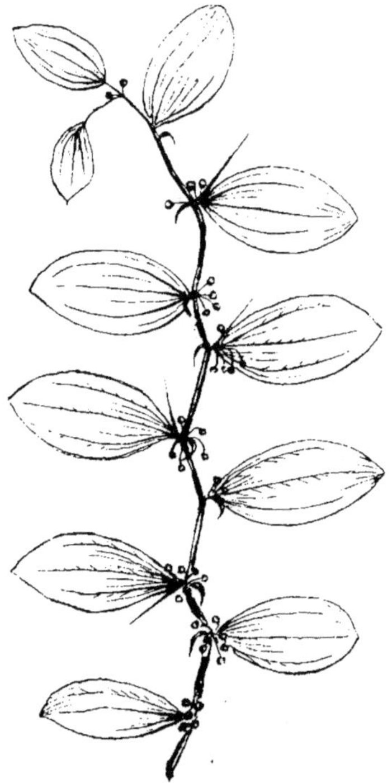

FIG. 65. — ZIZYPHUS LOTUS. L.

LES SUMACS. — Ils comprennent le sumac fustet, ou arbre à perruque (*Rhus cotinus*, L.), qui n'est pas spécial à la Provence et qui remonte jusqu'à Chambéry, recherchant les rochers chauds, les endroits secs et bien ensoleillés, où il n'est, d'ailleurs, jamais abondant ; le sumac des corroyeurs (*Rhus coriarea*, L.), rare en Algérie, plus abondant en Provence, où il végète sur les terrains calcaires les plus ingrats ; le sumac thezera (*Rhus pentaphylla*, Desf.) (Fig. 66), du Tell Oranais, qui atteint d'assez belles dimensions (région de Mostaganem) et dont l'écorce sert à la préparation des cuirs marocains ; le sumac aubépine (*Rhus oxyacantha,* Desf.) originaire des Hauts-Plateaux algériens. Tous ces Sumacs sont des arbrisseaux, au plus des arbustes, disséminés au milieu de la broussaille ou isolés au milieu des vides et très recherchés pour le tannin et les matières colorantes que renferme l'écorce des tiges et des racines. Les

Fig. 66. — RHUS PENTAPHYLLA, DESF.

feuilles et les jeunes rameaux du sumac fustet et du sumac des corroyeurs, particulièrement riches en tannin, font en Sicile l'objet d'un commerce assez étendu.

Grâce aux oléo-résines contenues dans le bois, les sumacs résistent bien à la dent des troupeaux, et ils constituent ainsi une bonne défense pour la forêt.

LE REDOUX. — Le redoux ou redoul (*Coriaria myrtifolia* L.) est plante de la France méridionale et de l'Algérie. Il se répand avec une grande facilité dans les ravins et les clairières où il forme (Aude) des fourrés épais, exclusifs, hauts de 1 à 2 mètres. Il repousse abondamment de rejets et de drageons, donne un couvert bas, au-dessous duquel rien ne vient, et stérilise ainsi le sol durant 4 ou 5 ans. Au bout de ce laps de temps, il s'écrase et meurt, si toutefois l'incendie qu'il appelle n'est pas venu lui donner un regain de force et de durée. Ses feuilles et ses jeunes rameaux, desséchés et réduits en poudre, pourraient, comme ceux des sumacs, fournir une bonne matière tannante. C'est encore un arbrisseau qui doit sa protection contre le bétail, et par suite aussi sa rapide dissémination, aux principes vénéneux que renferment ses feuilles.

LES CALYCOTOMES. — Les calycotomes (Fig. 67) (*Calycotome spinosa*, Link et *C. villosa*, Link) sont les épines noires de la Provence, de la Corse et de l'Algérie. Ce sont eux qui forment la masse *vulnérante* du maquis et de la broussaille. Ils finissent cependant par céder, eux aussi, devant la dent des chèvres. Ils préparent en régression ou suivent en progression le palmier nain ; ils sont donc une des dernières formes de la broussaille cohérente.

LE CISTE LADANIFÈRE (*Cistus ladaniferus*, L.) est le seul ciste qui mérite vraiment une place dans cette nomenclature. Rare en France, excessivement commun en Espagne où il couvre des étendues immenses, il n'est guère représenté en Algérie que sur quelques points de la province d'Oran (Djebel Khaar). Il succède presque toujours à l'incendie et

garnit le sol noirci et brûlé de ses tiges serrées et glutineuses.
Une forte odeur d'encens flotte sur les taillis de ladanifères,
et on ne peut traverser ces derniers sans que les vêtements
en soient imprégnés et que les mains poisseuses soient

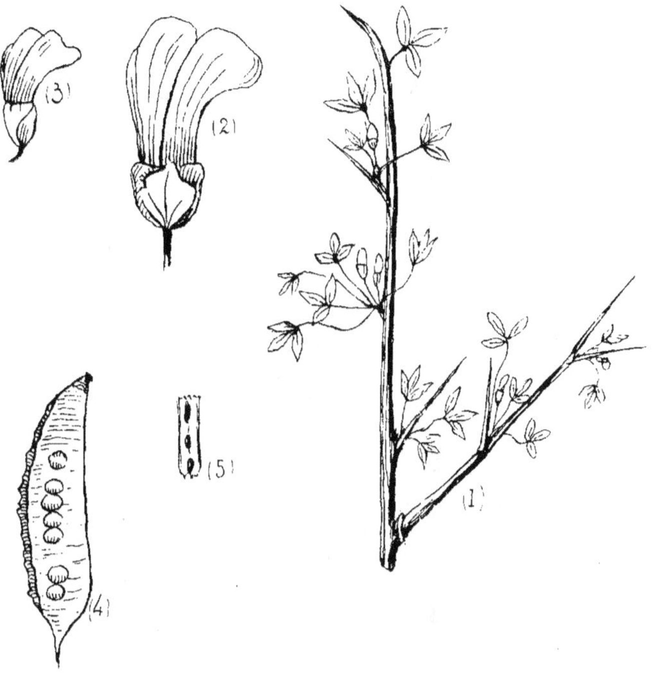

FIG. 67. — CALYCOTOME SPINOSA, LINK
(1) Rameau. (2-3) Fleur. (4) Gousse. (5) Torsade de la gousse.

impuissantes à lâcher les objets qu'elles tiennent. Ne serait-
ce pas au ciste ladanifère que l'on devrait en partie imputer
le désastre du général Dupont à Baylen ? C'est un arbuste
infiniment précieux, qui peut avoir des applications industrielles par l'extraction de sa résine et qui est la première
réaction de la nature blessée par la torche des bergers. Sous
les taillis vieillis et éclaircis du ladanifère, les grandes

essences (chêne tauzin, chêne du Portugal, olivier) finissent par se réinstaller. Le cycle de ce ciste dure environ 15 ans.

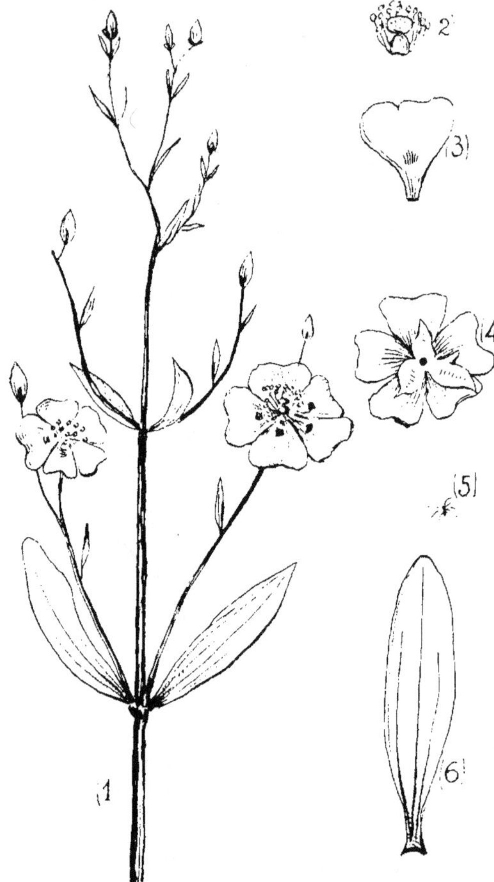

FIG. 68. — HALIMIUM HALIMIFOLIUM. L.

1) Rameau fleuri. 2) Pistil, stigmates et étamines. 3 Pétale isolé.
4 Calice vu de dessous. 5) Poils des feuilles. 6) Feuille isolée.

Le bois du ciste ladanifère fournit en Espagne un très bon charbon.

Les Halimies. — J'ai célébré en d'autres pages les mérites des halimies et, en particulier, de l'*Halimium halimifolium*, L. (Fig. 68) qui est la dernière parure des sables pliocènes de l'Oranie que décape, avec une force furieuse, le « Charpentier Marocain », ou vent des Baléares. Jamais je ne perdrai le souvenir de ces immenses plateaux des Ghoufirat El Guébli où, depuis 3 ans, le sable dévorait toutes les récoltes. Par une soirée d'hiver (1901), sans crépuscule et sans étoiles, l'eau, qui couvrait toute la plaine de Bou-Guirat d'un miroir d'argent mat, et le sable fauve, qui se ridait sous les pieds des chevaux, donnaient au paysage un aspect saisissant et étrange, un aspect de monde mort. De loin en loin seulement, une cépée apparaissait comme un fantôme, grise, frissonnante sous les rafales du vent. C'était une halimie. Depuis, j'ai revu bien des halimies en Espagne, et j'ai toujours été frappé par la résistance qu'elles opposaient à la dévastation des troupeaux errants. Ce ne sont que des arbrisseaux, hauts de 2 à 3 mètres, mais qui s'accrochent au sol avec une étonnante vigueur ; ils sont les derniers survivants de la végétation forestière. C'est à ce titre donc qu'ils nous intéressent.

CHAPITRE III

Les Agents écologiques inertes et vivants

L'écologie est la science qui s'occupe des rapports des êtres vivants avec les milieux dans lesquels ils vivent : milieu climatique, milieu édaphique, milieu biologique.

I. — Milieu climatique

Le climat d'un lieu est l'ensemble des valeurs moyennes et des états de tous les éléments météorologiques. On peut distinguer le climat général qui porte sur une région étendue : climat de plaine ou de coteaux, climat de montagne, et les climats locaux, qui sont sous la dépendance de modifications nombreuses, dues principalement à l'altitude, à l'exposition, à l'action des vents, à l'humidité ou à la sécheresse de l'air, au voisinage des mers, etc. Les formes de la végétation n'étant que le miroir fidèle où se réfléchissent les phases changeantes du climat, on pourra, pour la commodité de cette étude, caractériser un climat par des zones de végétation qui sont : la zone de l'olivier et du chêne vert pour la région méditerranéenne, la zone du chêne tauzin pour la région atlantique, la zone des chênes rouvre et pédonculé pour les régions de plaine de l'Europe, la zone du hêtre et la zone des résineux pour les régions de montagne.

Les climats locaux sont sous la dépendance de l'intervention humaine : la suppression d'un abri, la disparition d'une forêt, l'assèchement d'une contrée étant autant de facteurs qui influent puissamment sur le climat local. A la limite de deux zones, il y a un *contact* particulièrement intéressant. Le passage de l'une à l'autre ne se fait pas brusquement, mais par des transitions insensibles : chaque essence réagissant suivant son tempérament sur les causes qui tendent à l'éliminer. C'est ainsi qu'aux confins supérieurs de leur station, les chênes sont presque tous gélivés. D'une façon générale, le taillis-sous-futaie ne donne d'excellents résultats que dans les climats tempérés de plaine, zone des chênes rouvre et pédonculé : le taillis simple et ses formes dérivées convenant mieux aux climats de montagne. C'est une des raisons pour lesquelles le taillis-sous-futaie est si mal connu dans les pays étrangers.

Les principaux facteurs climatiques sont :

1° LA TEMPÉRATURE. — Elle agit sur la plante, à tous les degrés de son développement. D'une façon générale, la vie végétale se poursuit entre 0° et 50°. Chaque essence exige, pour son développement complet, une certaine somme de chaleur. Mais cette somme de chaleur étant atteinte, le végétal peut néanmoins succomber sous les extrèmes du froid (Eucalyptus, Olivier) ou de la chaleur (hêtre, sapin pectiné). On sait que la température diminue avec l'altitude, en moyenne de 1° par 185 mètres dans les Alpes. Il en est de même avec la latitude. En déplaçant un végétal vers le Nord, on constate un retard de plus en plus accusé dans sa floraison. L'avance dans l'épanouissement des bourgeons peut même devenir héréditaire et donner naissance à des sujets précoces. Tel est le cas du marronnier, et en particulier celui des marronniers du 20 Mars. Dans nos forêts, on observe souvent des individus hâtifs et d'autres retardataires ;

mais on n'a malheureusement pas utilisé ces variations. On a fréquemment invoqué l'abaissement de la température pour expliquer le recul de la végétation forestière dans les régions polaires et sur les hautes montagnes. A ce propos, il convient de remarquer que l'arbre fabrique encore du bois, quand il ne se reproduit plus de semence. Il faut, en effet, plus de chaleur pour mûrir des fruits que pour assurer le développement du feuillage et, par suite, l'activité cambiale. Un végétal qui porte des fruits n'est donc pas à la limite extrême de sa station.

Toutes les essences ne sont pas également sensibles au réveil dû à l'élévation de la température. Il résulte de mes observations que, dans les environs de Dijon, la première montée de sève se fait vers le 15 Avril pour le bouleau, le 19 Avril pour le tremble, le cerisier, le charme, l'alisier blanc et l'érable champêtre, le 20 Avril pour le hêtre, le 25 Avril pour le chêne. Il n'y a pour ainsi dire pas d'écart chez des sujets de même essence croissant sur des sols différents et à des expositions différentes. Deux choses semblent contribuer surtout à échelonner le réveil de la végétation ; ce sont la structure interne de la plante et son mode d'enracinement.

Les essences qui *pleurent* de bonne heure sont celles qui sont désignées, dans la pratique, sous le nom général de bois blancs ; toutes ont un enracinement plus ou moins superficiel. Le frêne, avec ses racines en profondeur, voisine avec le chêne qui occupe la dernière place dans la série.

Au moment où se produit la première montée de sève, les bourgeons sont à peine gonflés et les écailles protectrices ne sont même point soulevées. L'ascension de la sève ne peut donc s'expliquer que par un phénomène d'osmose.

Cette même série d'expériences a montré :

1° Qu'au point de vue phénologique, il y a une différence d'environ 7 jours entre le développement normal de la frondaison des chênes situés en plaine et en coteaux, à une différence d'altitude de 300 mètres ;

2° Que la première manifestation extérieure d'activité du cambium dans la partie inférieure du fût suit, à environ 21 jours de distance, le développement normal et complet des feuilles ;

3° Que, pour le chêne, le maximum d'accroissement en grosseur se fait entre la mi-juin et la mi-juillet ;

4° Que le mois de juin est le mois où, dans cette même région basse du fût, l'accroissement en grosseur est maximum ; viennent ensuite juillet, mai et août, ce dernier avec un total presqu'insignifiant.

2° LES PRÉCIPITATIONS ATMOSPHÉRIQUES. — On admet qu'il faut 1.500.000 à 3.000.000 kilogrammes d'eau par hectare et par an, soit une lame de 150 à 300 ^{mm} pour assurer le développement de la vie végétale. C'est dire que l'eau joue un rôle énorme dans la production forestière. Or, les moyennes annuelles de pluie tombées en France sont les suivantes :

Bayonne	1150	Paris	527	Les Settons (Morvan)	1722
Bordeaux	848	Rouen	704	Lyon	814
Bagnères-de-Bigorre	1202	Le Mans	678	Grenoble	938
Toulouse	666	Lille	723	Arles	569
Carcassonne	624	Nancy	782	Narbonne	484
Limoges	917	Besançon	1108	Nîmes	645
Clermont	555	Châtillon-sur-Seine	786	Perpignan	501
Orléans	646	Dijon	671	Marseille	567
Moulins	626	Saulieu	873	Toulon	708

Si, dans ces totaux, on fait la part de ce qui revient à la période de végétation, on voit que cette dernière ne peut souvent se maintenir qu'au moyen des réserves accumulées dans le sol.

On s'est demandé si la moyenne périodique des hauteurs annuelles de pluie était constante. Suivant la façon dont on groupe les années, les résultats sont tantôt positifs et tantôt négatifs. C'est qu'il y a des périodes pluvieuses et des périodes sèches, ces dernières se traduisant toujours par une moindre élévation des récoltes. En Judée, les récits bibliques faisaient succéder sept années de vaches grasses à sept années de vaches maigres, c'est-à-dire sept années pluvieuses à sept années sèches. Bruckner a cru découvrir un cycle de 34 ans régissant le climat d'Europe et comportant dix-sept années pluvieuses et dix-sept années sèches. La preuve n'en est pas faite. En effet, il est d'observation courante que les sources autour de Paris se tarissent et qu'il en est ainsi dans beaucoup d'autres régions. Analysant les résultats consignés depuis 30 ans par la ville de Nancy, M. Millot a trouvé les moyennes ci-après des chutes de pluie par périodes quinquennales :

1878	—	1882	—	896.1
1883	—	1887	—	794.0
1888	—	1892	—	760.4
1893	—	1897	—	680.5
1898	—	1902	—	688.9
1903	—	1907	—	628.1

Les mêmes faits ont été observés dans le Calvados. Si la pluie devait continuer à décroître dans les mêmes proportions, avant deux siècles, la France deviendrait un désert.

Ce qui est, par contre, bien démontré, c'est la diminution constante des eaux courantes, mais on l'explique par l'augmentation de la consommation domestique, industrielle et agricole en eau. La suppression des jachères, l'intensification

de la production agricole, les déboisements concourrent
activement à faire décroître le débit de nos cours d'eau.

Si l'on jette les yeux sur le tableau résumé de la distribution des pluies en France, on constate de grandes différences
d'une région à une autre. C'est que l'altitude, le relief du
sol, la situation littorale ou continentale influent puissamment sur la hauteur des pluies. Dans le Sud-Est de la France,
la quantité absolue des pluies décroît graduellement du Nord
au Sud, de la Basse-Savoie aux plaines de la Crau et de la
Camargue. Dans les Alpes, les Préalpes sont la zone la plus
humide ; la pluviosité décroît graduellement de l'Est à
l'Ouest, à mesure qu'on pénètre plus avant dans les massifs
inférieurs. L'altitude absolue joue un rôle secondaire dans
l'intensité des précipitations ; l'influence prédominante reste
à la *situation* considérée sous ses deux traits essentiels :
l'*orientation* par rapport aux vents humides et l'*abri croissant*, dû au recul progressif dans l'intérieur de la masse
montagneuse (Bénévent).

Les régions boisées ont une pluviosité *plus grande* que les
régions déboisées. C'est ce que montre bien la hauteur d'eau
de 1.722 $^\text{m}/^\text{m}$ recueillie aux Settons, dans le Morvan, à une
altitude de 596 mètres, par rapport aux 972 $^\text{m}/^\text{m}$ trouvés à
Montagny (Loire), à une altitude de 668 mètres.

L'intensité des pluies *règle la distribution* d'un grand
nombre de végétaux. Il faut plus de 600 $^\text{m}/^\text{m}$ d'eau par an au
chêne-liège et moins de 500 $^\text{m}/^\text{m}$ au pin d'Alep pour prospérer. Le mélèze demande des hauteurs de pluie variant entre
600 et 800 $^\text{m}/^\text{m}$; le hêtre est plus exigeant, avec une moyenne
optima de 800 à 1.200 $^\text{m}/^\text{m}$. Le chêne pédonculé exige plus de
pluie que le chêne rouvre. Il est probable que c'est à des
précipitations plus grandes et à la continuation d'un climat
plus humide qu'il faut attribuer la présence du chêne pédonculé sur les calcaires secs et filtrants de la forêt de Châtillon
et d'autres lieux. En faisant dresser par mon ami, M. le Con-
servateur des Eaux et Forêts Muller, la carte pluviométrique

du département de l'Isère, j'avais été frappé par l'existence d'une zone de faible pluviosité, située entre Clelles et Mens. En relevant la courbe de 500 $^m/_m$, on arrivait à enclore tout l'espace où le pin sylvestre règne en souverain maître. Plus récemment encore, au Brésil, j'ai reconnu qu'un bambou, le *Guadia superba*, délimite dans la Serra-do-Mar, avec une précision remarquable, la cote de 500 mètres d'altitude, au-dessous de laquelle les abondantes précipitations entretiennent la splendeur de la flore sub-tropicale et au-dessus de laquelle règne le climat plus sec des hauts plateaux du Parana que couronne le majestueux *Araucaria brasiliensis*. C'est à ces sources encore bien mal connues d'observations que le reboiseur et le sylviculteur doivent sans cesse avoir recours pour l'introduction des espèces étrangères et l'explication de faits relatifs à la dispersion de nos essences forestières.

Pour le forestier, la distribution des pluies, qui conditionne ses travaux de repeuplement, joue un rôle plus important que la hauteur totale d'eau tombée pendant l'année. Brest et Rouen, pour ne citer que ces exemples, ont une réputation justifiée de villes humides qu'elles doivent moins à la lame d'eau totale qui y tombe (824 $^m/_m$ et 701 $^m/_m$) qu'au grand nombre de leurs jours pluvieux. Ces pluies fréquentes entretiennent les magnifiques herbages qui font la fortune de la Normandie, de même qu'elles *permettent au sapin pectiné introduit d'envahir les pauvres taillis normands*.

Le temps est l'étoffe dont notre vie est faite. Ce qui est vrai pour nous l'est encore plus pour les végétaux. C'est pourquoi la connaissance du temps a toujours exercé la sagacité des hommes. Or, les grands mouvements de l'atmosphère se ramènent tous à des mouvements cycloniques (centres de basses pressions) et anticycloniques (centres de hautes pressions). Les types de temps dus aux influences cyclonales sont naturellement très instables. Ils sont caractérisés chez nous par des tempêtes, des pluies froides, des bourrasques et des giboulées. Les types de temps dûs aux influences anticyclonales sont généralement stables et constants ; ils se traduisent par de la sécheresse, de la limpidité dans l'atmosphère, une chaleur très forte ou un froid très vif suivant les saisons.

Les lois de ces grands mouvements atmosphériques peuvent se résumer grossièrement ainsi :

I. — Toute dépression barométrique tend à se déplacer ou à se combler.

II. — Dans le mouvement cyclonique le plus habituel, il y a deux mouvements : l'un de translation et l'autre de rotation. Dans notre hémisphère, le vent souffle toujours autour du centre de dépression en sens inverse de la marche des aiguilles d'une montre.

III. — La vitesse du vent est *maxima* là où le baromètre est le plus bas.

IV. — Les dépressions secondaires occasionnent, dans nos régions, de violentes tempêtes, car, dans leur secteur Sud, les vitesses de rotation et de translation s'ajoutent à leur vitesse propre de translation, donnant ainsi naissance, comme en mer, à un secteur maniable et à un secteur dangereux.

Ces quelques remarques permettent d'interpréter la courbe des isobares, relevée par les observations météorologiques et que publient chaque jour les journaux étrangers, mais non, hélas ! les journaux français.

Un des premiers, enfin, j'ai montré que la zone forestière sub-alpine, caractérisée par *Juniperus nana*, correspond à peu près avec la zone des précipitations *maxima*. Elle présente donc des différences accentuées dans les diverses chaînes de montagne, et, dans une même chaîne, elle est plus basse sur les versants opposés.

3° La Neige. — La neige est tantôt un auxiliaire, tantôt un ennemi pour le forestier. Quand elle tombe régulièrement et en grande abondance, elle parvient même à *modifier le port* des végétaux. Le plus bel exemple de cette action nous est fourni par *l'épicéa colonnaire* des hautes stations dont les branches pleureuses enveloppent le fût d'une sorte de fourreau, permettant ainsi le facile glissement des neiges. Le port *empaqueté* caractérise donc nettement les stations neigeuses.

Autant la neige d'hiver est bonne pour la forêt, autant est dangereuse la neige qui tombe en automne, alors que les arbres à feuilles caduques n'ont pas encore perdu leur feuillage. Elle occasionne de terribles ravages dans les taillis-sous-futaie, où les chênes sont particulièrement exposés. Sous le poids de cette neige molle et collante, cimes et branches cassent comme du verre. Mélangeons nos essences.

Sur les versants montagneux en pente rapide, on observe un curieux phénomène de reptation des neiges. Glissant en masse, la neige déplace les blocs de rochers, lime la tige des végétaux tournée vers l'amont et en fait disparaître les branches ; souvent même, elle *arrache* les jeunes plants mis en terre. La courbure en col de cygne du pied des arbres (mélèze) est généralement provoquée par ce même accident.

4° La Grêle. — La grêle dépouille les arbres de leur feuillage, blesse leur écorce (hêtre) et concourt activement à propager les maladies cryptogamiques. Après une forte chute de grêle, les vignes mettent un an avant de reprendre leur équilibre. Il en est de même pour les arbres fruitiers. Les vignerons disent que la grêle *empoisonne* les plantes. Les dommages directs sont évidemment moins grands dans les forêts, mais ils ne s'en traduisent pas moins par une diminution de production ligneuse et par une réceptivité plus grande vis-à-vis des ennemis de l'arbre.

La grêle est un phénomène local, soumis à des lois très nettes, dont les principales sont les suivantes :

I. — La trajectoire des orages à grêle est en croix avec celle des centres de dépression des mouvements cycloniques. Ainsi, si le centre d'une grande perturbation atmosphérique part de Brest en se dirigeant vers le Jura, le centre d'un orage à grêle commencera proche de Bordeaux pour se diriger vers le Nord.

II. — Les nuées électriques suivent une trajectoire constante, frappent donc presque toujours les mêmes pays, se dirigent du Sud-Ouest au Nord-Est et sont provoquées par des dépressions secondaires.

III. — Les vallées, et spécialement les vallées peu sinueuses, sont plus exposées à la grêle que les plateaux.

IV. — Les *coupes de bois*, les déboisements, opérés sur les flancs des coteaux et sur les *cols, réveillent*, facilitent la marche des orages à grêle et *modifient* les chemins habituellement suivis par eux.

V. — Les nuages de grêle prennent naissance au voisinage des grandes nappes d'eau et des tourbières, c'est-à-dire dans des lieux *découverts*.

VI. — Les forêts déchargent les nuages de la grêle qu'ils contiennent et jouent ainsi un rôle très efficace de protection pour les cultures placées sous le vent.

J'ai développé ces considérations dans une communication jadis adressée à l'Académie Nationale d'Agriculture où je dénonçais l'inefficacité absolue des canons, fusées paragrêle et niagaras électriques, tous hochets inventés par la crédulité humaine et exploités par ceux qui en vivent.

5° GIVRE ET VERGLAS. — Rien de plus beau que la forêt étincelant sous les mille feux qu'allume le soleil sous les

cristaux de glace pendus à ses rameaux. On la dit poudrée
à frimas. Cette poudre n'est gênante que pour les forestiers
dans le dos desquels elle dégringole ; elle est aussi inoffensive
pour la forêt que l'est peu pour les dames le fard avec lequel
elles s'enlaidissent. Il est vrai que, pour excuser leur sno-
bisme, les fines mouches prétendent qu'elles prisent moins
la couleur qui rubéfie ou anémie leurs joues, que l'odeur
exhalée par le fard ; mais sait-on jamais avec elles.....! Si le
givre n'est pas nuisible à nos bois, si même il est utile au
sol par l'ammoniaque de l'atmosphère qu'il lui apporte, il
n'en est plus de même du verglas. A l'état de *surfusion*, la
pluie se mue en glace au contact des branches et des
rameaux et, sous ce lourd manteau, les cimes se brisent et
les branches s'enchevêtrent. Le bouleau est particulièrement
sensible à ces injures. Qui ne se souvient du terrible verglas
de 1879-1880, qui fit tant de mal à la forêt de Fontainebleau ?
Contre ces maux, un seul remède, toujours le même : le
panachage des essences.

6° LA LUMIÈRE. — Ainsi qu'il a été dit précédemment, la
lumière intervient dans la plupart des manifestations de la
vie végétale. Elle ne fournit pas seulement la chaleur qui
réveille les germes déposés dans le sol, elle est encore un
des facteurs essentiels de la fonction chlorophyllienne.
Celle-ci varie considérablement avec l'éclairement et avec
les essences. Les feuilles du hêtre décomposent l'acide carbonique sous des éclairements faibles, alors que les feuilles
du chêne et du mélèze cessent d'assimiler pour des éclairements *vingt fois plus forts*.

L'action de la lumière varie encore avec la couleur des
rayons du spectre. L'intensité de l'assimilation dépend de
l'énergie des radiations lumineuses *absorbées*. C'est dans
l'infra rouge que cette intensité est *maxima*.

L'altitude, l'état du ciel, influent également sur l'action de
la lumière qui atteint, en montagne sa plus haute expression.

Cela se traduit par un éclat plus vif chez les fleurs, une formation plus grande d'essences et de résines qui donne un arome plus prononcé à toutes les parties de la plante.

Sous les latitudes boréales, ce n'est plus la raréfaction de l'air, mais la *durée* plus grande de la radiation solaire qui permet aux végétaux de fermer leur cycle vital. La longueur du jour compense la réduction de la période végétative. Les plantes ont des feuilles plus grandes, des teintes plus foncées que sous nos latitudes tempérées. Le blé mûrit en 142 jours à Alger, 139 à Paris, 131 en Alsace et 90 seulement à Christiania. La rapidité de la végétation augmente donc avec l'altitude et la latitude.

D'aucuns ont attribué à une radiation plus vive la croissance remarquable des forêts de montagne.

Exception faite pour les plantes volubiles, la lumière agit sur la forme du fût des arbres de nos forêts. A une lumière tombant d'aplomb, correspondent des fûts réguliers et droits ; à une lumière venant en oblique, correspondent des fûts sinueux et déjetés. Toute plante dominée pointe sa cime vers la lumière blanche. La photographie ci-contre (Fig. 69) montre un petit moderne chêne, ayant crû dans une tremblière et dont la cime a été déformée par suite d'un défaut d'éclairage.

FIG. 69. — DÉFORMATION DE LA CIME D'UN CHÊNE PAR DÉFAUT D'ÉCLAIRAGE.

7° ÉVAPORATION. — HUMIDITÉ DE L'ATMOSPHÈRE. — L'évaporation des surfaces liquides favorise la végétation en entretenant l'humidité de l'atmosphère. La forêt, et particulièrement le taillis-sous-futaie, avec son épais sous-bois, entrave énergiquement l'évaporation de l'eau croupissante et même de l'eau retenue par le sol. C'est ce qu'on exprime en disant *que la forêt prolonge les crues.*

8° LE VENT. — Le vent exerce une action tantôt bienfaisante, tantôt nuisible sur la végétation. Tout dépend de son intensité et de sa fréquence. L'intensité est schématisée dans le tableau suivant :

Degrés	FORCE DU VENT	VITESSE	PRESSION	EFFETS DU VENT
		Mètres par seconde	Kilogrammes par mètre carré	
0	calme.	0 à 0.5	0 à 0.15	Fumée verticale. Feuilles immobiles.
1	faible.	0.5 à 4	0.15 à 1.87	Appréciable. Fait remuer un drapeau. Agite les petites feuilles.
2	modéré.	4 à 7	1.87 à 5.96	Etend le drapeau. Agite les feuilles et les petites branches.
3	frais.	7 à 11	5.96 à 15.27	Agite les grosses branches.
4	forte brise.	11 à 17	15.27 à 34.35	Agite les plus grosses branches et les petites tiges.
5	violent ou tempête.	17 à 28	34.35 à 95.40	Brise les branches et les petites tiges.
6	cyclone.	28 et plus	95.40 et plus	Effets destructeurs. Déracine les arbres.

Tant que le vent n'atteint pas les deux derniers degrés, il favorise plutôt la végétation en transportant le pollen et les graines et en chassant l'acide carbonique accumulé près du sol.

Le vent véhicule avec lui sa température et son degré d'humidité : chaud, il roussit les feuilles (hêtre, peuplier) ;

froid, il brûle comme la gelée (dunes de l'Oranie) Il active considérablement l'évaporation et la transpiration ; il peut donc causer la mort de jeunes plants nouvellement mis en terre. Il agit enfin par les matières qu'il charrie et qui peuvent être nuisibles à la végétation : particules salines sur les bords de la mer, grains de sable dans les régions de dunes.

L'action lente et continue du vent *abaisse* les bordures de nos forêts. Si l'on regarde un massif isolé dans la plaine, on lui trouvera toujours la silhouette indiquée par la

FIG. 70. — SILHOUETTE D'UN MASSIF ISOLÉ

Fig. 70. C'est vers le milieu du massif que le dôme de verdure est le plus élevé ; vers le Sud qu'il est le plus déprimé. Pour la santé du massif, il faut que les bordures forestières soient *hermétiquement closes*, donc *surchargées de réserves*.

Les vents violents sont très nuisibles : ils arrachent les feuilles, brisent les jeunes pousses, cassent et déracinent les arbres. C'est pourquoi on conseille de toujours faire marcher les coupes à l'encontre des vents dominants (règles d'assiette). Lorsqu'ils présentent une direction constante (vallées, bords de la mer, régions supérieures des montagnes) les vents *déforment* et *rabougrissent* les arbres. Ceux-ci n'ont de branches que sur la face opposée au vent, ou sont tous penchés dans la même direction (peupliers des routes).

9° LES GELÉES. — Les fortes gelées précoces dépriment les extrémités mal aoûtées des rejets de souches, spécialement dans les taillis soumis à l'écorçage et dans ceux qui sont atteints par la maladie du blanc. La cépée se met alors *en buisson*.

Plus dommageables sont les gelées printanières qui, par leur fréquence, finissent par éliminer totalement certaines essences. Les gardes ne s'y trompent pas et qualifient de « gélifs » tous les endroits bas, toutes les coulisses où traînent les brouillards du printemps et de l'automne. A l'exception de quelques gros chênes qui ont pu percer la zone des brouillards et qui s'élèvent droits et vigoureux, tout le reste du peuplement est chétif, misérable, à l'état de *rapailles*.

Dans les parties atteintes par les gelées, la dégradation de taillis s'opère de la façon suivante :

Première phase. — Le hêtre disparaît laissant la place au chêne et au charme ; le peuplement clairiéré s'enherbe et devient le séjour habituel du bétail ; le feuillage des réserves s'évide ; beaucoup disparaissent ; le déchet porte surtout sur les baliveaux ; il n'y a plus que quelques hêtres anciens (Barlot, Combe du Pas, L'Homme-Mort, forêt domaniale de Châtillon).

Deuxième phase. — Le chêne tend à disparaître à son tour, laissant la place au charme chancreux et aux morts-bois ; le nombre des réserves décroit toujours ; le déchet porte sur les modernes ; il n'y a plus que quelques anciens chênes et des baliveaux de charme (Combe de l'Air, Combe du Pas, même forêt).

Troisième phase. — Le charme est rare ; les épines et les coudriers abondent ; les troënes forment un lacis inextricable, interrompu seulement dans les sentiers ouverts par le bétail ; il n'y a plus que quelques arbres épars et en mauvais état (Revers Sud des grandes et des petites Ursulines, Combe Narlin, même forêt).

Tous ces endroits gélifs sont remplis de tiques (*Ixodes Ricinus*) dont on a peine à se débarrasser.

Les pins sylvestres et noirs supportent bien ces gelées printanières. Il n'en est pas de même de l'épicéa dont la tige se couvre des galles du *Chermes abietis*. Mais, de tous les résineux, c'est le sapin pectiné qui souffre le plus de cet accident météorique. Les gelées printanières éliminent radicalement cette essence des bas versants exposés au Sud et à l'Ouest (Apremont, Saint-Baldoph) et arrêtent sa descente le long des pentes. C'est ce qui fait que l'épicéa vient en plaine où le sapin meurt. Aux confins inférieurs de sa station, le

FIG. 71. — TYPE DE SAPIN SITUÉ AUX CONFINS SUPÉRIEURS DE SA STATION

sapin pectiné perd sa flèche ; sa cime, dépenaillée, se creuse en godet à la partie supérieure (Fig. 71) ; il végète et disparaît sans laisser de progéniture. Les gelées printanières ont une influence considérable sur la production des semences. Ce sont elles qui, généralement, détruisent les promesses d'une belle floraison. Toutes les réserves de nos taillis ne sont pas également sensibles aux gelées printanières. Il en est qui, par suite d'un retard ou d'une avance dans leur végétation, échappent aux causes de destruction. Si la récolte et le commerce des graines forestières n'étaient pas dans l'enfance, on pourrait tirer un excellent parti de ces variations individuelles et arriver à sélectionner les semences en vue d'un but bien défini.

II. — Milieu édaphique

Le sol sert aux plantes de support et de réservoir nutritif. On comprend donc que de sa nature dépendent la *composi-*

tion et la *végétation* des peuplements. D'où ce premier aphorisme : *le sol fait la forêt*. Mais de même que l'agriculteur peut fertiliser et enrichir le fonds par de bonnes façons et l'apport judicieux d'engrais, l'appauvrir et le ruiner par une culture vampire, de même aussi le sylviculteur peut modifier le sol à son gré, plus lentement toutefois il est vrai, par le choix du traitement cultural. Réciproquement donc, *la forêt réagit sur le sol*, soit pour en corriger la pauvreté, soit pour en diminuer la fertilité.

Le sol forestier se compose de quatre parties distinctes, qui sont de bas en haut : le sous-sol, la terre végétale, la couverture morte, la couverture vivante. C'est l'ordre dans lequel nous allons l'étudier.

Le Sous-sol

Le sous-sol est l'assise géologique de base que révèle l'étude scientifique du terrain. C'est lui qui permet les rapprochements et les synthèses, donc qui est le fondement de toute classification sérieuse. On le déterminera, soit directement, soit à l'aide de cartes, d'après l'ordre chronologique suivant de succession des couches géologiques :

ÈRE	PÉRIODE	ÉTAGE	PARTICULARITÉS RELATIVES A CHAQUE ÉTAGE
Moderne	Pléistocène	Formations actuelles	Alluvions.
		Quaternaire	Diluvium. — Glaciaire.
Tertiaire	Pliocène	Arnusien	Alluvions anciennes de la Bresse. — Sables de Chagny. — Conglomérats de la Chambarand. — Cailloutis de Montgeron et de la forêt de Sénart.
		Astien	Marnes sableuses du Roussillon et du Languedoc.
		Plaisantien	Argiles bleues et grises du Cotentin.

ÈRE	PÉRIODE·	ÉTAGE	PARTICULARITÉS RELATIVES A CHAQUE ÉTAGE
Tertiaire	Miocène	Tortonien Sarmétien	Faluns de l'Anjou (sables).
		Helvétien	Sables de Sologne. — Faluns de Touraine et de Bretagne. — Molasse alpine.
		Burdigalien	Sables et marnes de l'Orléanais et du Blésois.
		Aquitanien	Calcaires de l'Orléanais. — Molasse du Gâtinais.
	Oligocène	Chattien	Calcaire de Beauce. — Meulière de Montmorency.
		Stampien	Sables et grès de Fontainebleau. — Sables de Jeurre, de Moligny, de Pierrefitte, d'Ormoy. — Molasse d'Etrechy. — Marnes à huîtres.
		Sannoisien	Calcaire de Brie, de Château-Landon, du Berry. — Marnes à cyrènes. — Marnes bleues de Villejuif. — Marnes blanches de Pantin. — Marnes à *Helix Ramondi*.
	Eocène	Ludien	Gypse. — Calcaire de Noisy-le-Sec et de Champigny. — Marnes à pholadomyes et à lucines. — Argiles sidérolitiques du Berry et de la Bourgogne.
		Bartonien	Sables de Beauchamp et de Marines. — Calcaire de Saint-Ouen. — Grès à subalites de la Sarthe. — Grès de l'Aude.
		Lutétien	Calcaire grossier, Vexin, etc...
		Yprésien	Sables nummulitiques du Soissonnais : sables et argiles de Laon et de Saint-Gobain.
		Sparnacien	Argile plastique et lignites. — Marnes blanches de Dormans. — Sables et argiles ligniteuses de la Marne.
		Thanétien	Grès et sables de Carvin. — Tuffeau glauconieux de La Fère. — Sables de Bracheux et de Jonchéry. — Calcaire de Rilly. — Travertins de Sézanne.
Secondaire	Crétacée	Montien	Argile à silex.
		Sénonien	Craie blanche, craie de Meudon.
		Turonien	Craie marneuse. — Sables micacés de Touraine. — Craie sableuse de l'Anjou.
		Cénomanien	Sables verts et marnes crayeuses du Boulonnais. — Gaize de l'Ardenne. — Sables et grès de Vierzon. — Sables du Maine. — Sables du Perche. — Craie marneuse et gaize de Normandie. — Sables et grès verts du Cotentin. — Gaize du pays de Braye.

ÈRE	PÉRIODE	ÉTAGE	PARTICULARITÉS RELATIVES À CHAQUE ÉTAGE
Secondaire	Crétacée	Albien	Sables verts. — Gaize de Rethel. — Argiles du gault de la Meuse, de l'Aube et de la Haute-Marne : sables de la Puisaye. — Ocres de Pourraye. — Sables gris, argiles et gaize du pays de Braye.
		Aptien	Argiles et sables bariolés de Vierzon.—Sables et argiles jaunâtres de la Meuse. — Sables et grès ferrifères des Ardennes. — Calcaires marneux du Jura.
		Barrémien Urgonien	Minerai de fer et argiles rouges de Wassy. — Argiles ostréennes verdâtres et panachées de l'Aube. — Marbre de Chaource. — Argiles ostréenne et lumachelles de l'Yonne. — Calcaire compact à *Requienia Ammonia* des Alpes.
		Néocomien	Marnes hauteriviennes du Jura. — Calcaires valanginiens marneux, à spatangues, des Préalpes et du Jura.
	Jurassique	Portlandien	Calcaires rubéfiés du Tonnerois et du Barrois. — Calcaires en plaquettes du Dijonnais. — Calcaires lithographiques du Berry. — Dolomie portlandienne du Jura et du Bugey. Calcaires de Berrias et de l'Echaillon (Alpes).
		Kimméridgien	Marnes à *Exogyra virgula*. — Marnes et calcaires à Ptérocères du Jura. — Marnes à Astartes des Alpes.
		Argovien Séquanien Rauracien	Calcaires rogneux et caverneux des Ardennes. — Calcaires coralligènes de Saint-Mihiel. — Récifs coralligènes de l'Yonne, du Nivernais, de la Côte-d'Or. — Oolithe de la Charité-sur-Loire. — Calcaires lithographiques de la Champagne berrichonne. — Calcaires jaunâtres de la Normandie. — Récifs du Boulonnais. — Calcaires à *Perisphinctes polyplocus* des Alpes.
		Oxfordien	Argiles grises, si elles sont marneuses : blanches, si elles sont pures : souvent avec des silex ou « chailles », emballés dans la masse. — Gaize des Ardennes.
		Callovien	Oolithe ferrugineuse. — Minerai de fer du Châtillonnais. — Argiles de la Woëvre. — Calcaire crayeux du Poitou.--Marnes noires à posidonies du système alpin.
		Bathonien	Au sommet, calcaires marneux ; au milieu, calcaires compact, à cassure conchoïdale : en bas, calcaire oolithiques miliaires, puis marnes à *ostrea virgula*. Sédiments marneux de la Woëvre.
		Bajocien	Calcaire à entroques dessinant généralement des récifs au-dessus du Lias.

ÈRE	PÉRIODE	ÉTAGE	PARTICULARITÉS RELATIVES A CHAQUE ÉTAGE
Secondaire	Jurassique	Bajocien	Calcaires dolomitiques avec silex du Poitou. — Grès et sables calcaires du Mans et d'Alençon.
	Liasique	Toarcien	Marnes grises et bleues. — Minerai de Lorraine.
		Chaumontien	Marnes schisteuses et calcaire à ciment de Bourgogne. — Poudingues et grès de Caen et de Falaise. — Sables de Signy-l'Abbaye et d'Hirson.
		Sinémurien	Calcaire à gryphée arquée. — Calcaire à chaux hydraulique et à ciment de Pouillenay. — Marnes micacées.
		Hettangien	Foie de veau de l'Auxois. — Grès calcarifères d'Hettange et des Ardennes. — Calcaires sableux de Chalindrey. — Calcaire pavé de Saint-Amand (Cher). — Calcaire gréseux de Normandie.
	Triasique	Rhétien	Grès et bone-bed à *Avicula Contorta*. Arkôses.
		Keuper	Marnes irrisées et cargneules. Dépôts de gypse.
		Muschelkalk	Calcaires dolomitiques et cristallins.
		Grès bigarrés	Grès grossiers ; grès Vosgiens ; grès bigarrés.
Primaire	Permienne		Grès rouges. — Schistes argileux et bitumineux.
	Carbonifère		Grès houillers. — Anthracites. — Calcaires cristallins du Nord.
	Devonienne		Vieux grès rouges. — Schistes argileux et calcaires à *calceola sandalina* des Ardennes et du Boulonnais. — Calcaire bleu de Givet. — Schistes et quartzites de Plougassel et de Brest. — Marbre rouge.
	Silurienne		Grès armoricains. — Schistes ardoisiers de l'Anjou, des Pyrénées, des Ardennes, du Finistère. — Calcaires de l'Armorique et de l'Anjou. — Gisements de pétrole avec dépôts de gypse et de sel gemme.
	Cambrienne		Schistes de Rennes et Phyllades de Saint-Lô. — Phyllades des Ardennes.
Terrains azoïques	Roches Cristallophylliennes		Granit. — Gneiss. — Schistes micacés (Mica-schistes). — Schistes amphiboliques. — Schistes chloriteux. — Schistes talqueux, à séricite. — Porphyres. — Basaltes.

J'ai essayé de résumer, en ces quelques lignes, les traits saillants des principales formations géologiques en insistant surtout sur les terrains de *vocation forestière*. Si l'on jette les yeux sur une carte, on voit immédiatement que les grands massifs boisés ne sont pas distribués au hasard, mais groupés sur certaines formations. Ces formations sont : les alluvions siliceuses et les argiles glaciaires du pliocène et du pleistocène (forêts de Chaux, de Citeaux, de la Ferté, etc ..) ; les sables siliceux de l'Helvetien (Sologne), du Burdigalien (Blésois), du Stampien (Fontainebleau), du Bartonien, de l'Yprésien, du Thanétien, du Cénomanien, de l'Albien, de l'Aptien ; l'argile à silex du Montien, qui porte les trois quarts des forêts du bassin de Paris ; les argiles blanches de l'Oxfordien ; les calcaires compacts du Bathonien, du Rauracien, du Bajocien, du Barrêmien, sur lesquels est située une grande partie des forêts bourguignonnes, langroises, lorraines, alpestres ; la craie blanche du Sénonien ; les grès et les arkôses du Lias, du Trias et des terrains primaires (La Vôge, l'Argonne) ; les calcaires marneux du Valanginien (Préalpes) ; les schistes et les phyllades des temps primaires ; les porphyres, les gneiss, les granits à petits éléments, les schistes cristallophylliens des terrains azoïques. Toutefois, si la détermination de l'étage géologique permet de se rendre rapidement compte de la localisation élective des forêts, il importe de compléter ces indications par une étude plus attentive du sol. C'est en notant les plus petites particularités du terrain, qu'un propriétaire arrivera à connaître vraiment sa forêt, à sentir les nuances de ses peuplements. C'est ainsi, par exemple, que l'indication du Sannoisien pour le calcaire de Brie pourrait induire en erreur un esprit non prévenu. Ce calcaire de Brie, en effet, est toujours à l'état de meulière empaquetée dans l'argile et le plus souvent recouverte de limons plus ou moins sableux qui vont façonner la forêt et *donner au frêne une place privilégiée*. En raison de ce limon, les forêts de la Brie vont se

rapprocher des forêts des limons quaternaires. Il n'en est
pas ainsi dans le Valois où le plateau est formé d'un calcaire perméable, d'où le frêne est banni. Au contraire, dans
toute la Picardie, si nue, les bois ne se montrent que sur
l'argile à silex formant une croûte épaisse, imperméable, que
la charrue se refuse à entamer. Aucune erreur n'est possible.
Impossible encore de se tromper pour la craie et pour certains calcaires qu'évoque le mot de Champagne. Qu'il
s'agisse de la Champagne pouilleuse, de la Champagne ber-
richonne, de la Champagne du Mans, de la Champagne de
Caen, ce sont toujours les mêmes plaines arides, portant les
mêmes cultures et les mêmes chétifs boisements. La Champagne humide, encore couverte de belles forêts (Grand
Orient), doit, par contre, sa fertilité aux couches argilo-
sableuses du Crétacé inférieur. La forêt d'Argonne pousse
sur la gaize oxfordienne, donnant un grès argileux, et sur la
meulière du calcaire de Brie.

Toutes les *côtes*, qu'elles soient de Bourgogne, de Lorraine
ou de Meuse, sont couronnées de forêts, étant généralement
formées de calcaires durs et massifs qui ont résisté au décapage et à l'érosion. Mais, si les plateaux jurassiques sont *un*
dans leur structure géologique, des apports étrangers font
varier considérablement la végétation forestière qui les
couvre. Ici, c'est un manteau de *diluvium blond*, où les sangliers ont multiplié leurs souillards (forêt domaniale de
Châtillon), qui donne naissance à des peuplements rivalisant
comme puissance de production avec ceux des alluvions
pliocènes ; là, c'est une traînée d'*argile à chailles* qui rapproche la forêt du calcaire de celle des argiles. Pour ces
cas spéciaux, les cartes géologiques sont muettes et l'esprit
d'observation doit y suppléer. Plus secs et plus arides sont
les *Causses* du Plateau Central, les *Lapiaz* des Alpes, le
Karst de l'Illyrie, tous calcaires jurassiques et crétacées d'où
les forêts ont souvent disparu, laissant partout apparaître la
roche nue et convulsée. En ces lieux désolés, la vie végétale

se concentre dans les fentes, les creux, les avens où les eaux sauvages ont amassé un peu de terre. Plus riches sont les *Lézines* calcaires du Jura et de la Bourgogne que couvre la mousse et dont les crètes rocheuses s'alignent comme tirées au cordeau. De ces champs de pierres, les arbres sortent vainqueurs. Un accident de surface suffit parfois à changer l'aspect de la forêt. Ainsi, au contact du calcaire à entroques et du lias, un horizon de sources *rappelle le frêne* comme dans les forêts d'alluvions. Sur son socle de craie infertile, la forêt d'Othe apparaît comme tranformée par le manteau d'argiles et de sables tertiaires qui en couvre la surface.

Les grès, les tuffeaux, les faluns, les psammites, les sables, les arènes profondes même, bien que différents de composition chimique, ont cependant des traits communs qui les rapprochent. Riches ou pauvres, ils nourrissent les mêmes arbres ; qu'on les prenne dans la Vòge, en Puisaye, en Argonne, à Fontainebleau, dans la Sarthe... Et il n'est pas sûr du tout, malgré ce qu'en pense un ami très cher, que l'état de nudité ou de délabrement de certains de ces sols ne soit pas dû à des abus de culture et de jouissance. Malgré le culte que j'ai pour la mémoire de mon maître Fliche, je crois encore, et d'autres avec moi, que les savarts de la Champagne crayeuse ont été jadis couverts de forêts de chêne rouvre. Le souvenir de l'Illyrie me hante. Sans doute, il y a une différence marquée de production entre les sables micacés du Turonien et les sables blancs quartzeux de l'Helvetien ; mais, à y regarder de plus près, on s'aperçoit que la forêt reconstituée et bien traitée est capable de niveler toutes ces inégalités.

Plus homogènes sont les marnes des différents étages, forestières surtout dans le Bathonien, l'Oxfordien et le Lias. Au Bathonien et à ses dépôts vaseux appartiennent les étangs et les bois de la Woëvre ; à l'Oxfordien, nombre de forêts en Bourgogne et en Haute-Marne ; au Lias, Amance et d'autres bois lorrains ou alpins.

Si elles n'ont pas même structure étant plus ou moins caillouteuses et d'origine morainique ou glaciaire (Bas Dauphiné), ou seulement parsemées de silex (argile à silex) et de galets de quartz (Dombes, Bresse, Jura), les argiles blanches, grises, noires ou bleues se comportent en tous lieux (Chaux, Citeaux, Othe, La Blache) de façon identique pour le forestier qui les traite. Et il en est de même encore des dépôts quaternaires, — autre monde, — depuis les nappes d'alluvions du Rhin (Nonnenbrüch, Le Hardt, Haguenau), depuis les alluvions de la Saône et des autres rivières, jusqu'aux limons des queues d'étangs, qui portent les admirables forêts de Pontailler-sur-Saône, d'Écuelles, de la Truchère, etc... Granites, gneiss, porphyres, calcaires compacts, craie blanche ont, par contre, même pauvreté quand la roche-massive affleure et c'est cette pauvreté qui les unit et qui les sépare des calcaires marneux jurassiques, crétacés ou tertiaires, qui ont leur flore et leur individualité très marquées.

Ce sont toutes ces observations qui m'ont conduit, en 1898, à adopter, pour l'étude des taillis, la grande classification suivante, à laquelle rien n'a pu être substitué jusqu'ici, car les descriptions par étage ne tiennent aucun compte de la diversité des terrains dans chacun d'eux et des accidents de surface qui en modifient complètement le caractère et la fertilité :

Premier   groupe. — Colmatages, alluvions modernes ;
Deuxième groupe. — Sables ;
Troisième groupe. — Marnes ;
Quatrième groupe. — Argiles ;
Cinquième groupe. — Calcaires marneux ;
Sixième   groupe. — Roches massives.

La Terre végétale

Je désigne sous le nom de *terre végétale* la couche la plus superficielle du sol fouillée en tous sens par les animaux et les racines et plus ou moins modifiée par l'humus. Cette terre végétale est en relation étroite avec le sous-sol. Si ce dernier est perméable, elle se mélange plus ou moins avec lui par suite de la pénétration des racines. Les terrains à sous-sol perméable se prêtent admirablement à la culture forestière qui y atteint un superbe développement. Les terrains à sous-sol imperméable réagissent de façon défavorable sur la végétation. D'une part, les racines s'oblitèrent et pourrissent quand elles arrivent à la couche imperméable; d'autre part, cette même couche s'oppose à ce que les eaux remontent par capillarité à la surface, et les arbres ne peuvent plus réparer les pertes dues à l'évaporation. Il n'est pas rare de trouver dans les forêts les plus fertiles des taches où le peuplement décline. Cela tient généralement à la présence d'un sous-sol imperméable : alios, minerai de fer ou rouget, banc d'argile compact, etc.. On reconnaît qu'on a affaire à un sous-sol imperméable à ce que la terre végétale est alternativement mouillée par l'humidité et brûlée par la sécheresse.

D'une façon générale, la terre végétale est le résultat d'actions très complexes : son *caractère* est déterminé en partie par la roche dont elle dérive, en partie par son *climat*, c'est-à-dire par son degré de température et son humidité. Les *unités figuratives* qui déterminent ses propriétés physiques sont l'argile, le limon, le sable, associés au carbonate de chaux et à l'humus. L'humidité, la chaleur et l'aération favorisent le développement de feuilles charnues et succulentes, qui se décomposent facilement en tombant sur le sol et qui provoquent la multiplication des vers de terre et des bactéries, c'est-à-dire la formation d'un humus doux et d'un sol fertile. Au contraire, la sécheresse donne naissance à une végétation xérophytique à feuilles sèches, parcheminées, étroites (callune, bruyères, ajoncs, genêt poilu), qui ne fournit aucun aliment aux vers de terre et aux bactéries. La décomposition des feuilles se fait mal ou même pas du tout, et le résultat final est un sol stérile (Sologne, Champagne).

Les *limons* constituent les meilleurs sols forestiers. Le loehm, le loess en sont les exemples types. Ils n'ont aucune propriété plastique ou colloïdale. Ils gardent bien l'humidité, sont légers, plus ou moins sablonneux, et se prêtent à tous les mouvements de capillarité de l'eau.

Les *sables* peuvent être siliceux, calcaires ou argileux. Les sables quartzeux ou arènes, — les moins bons, — proviennent de la décomposition du granit ; les sables gréseux, des grès, de la molasse ; les sables schisteux, des phyllades ; les sables micacés, des micaschistes ; les sables argileux, des gaizes.

Les sols sableux étant dépourvus de matière colloïdale ont un faible pouvoir de cohésion ; ils retiennent mal l'eau et les sels solubles. Ils ont donc tendance à être secs. Leur action sur la végétation dépend principalement de leur profondeur et de leur degré d'humidité. Si la couche superficielle est un peu argileuse et que le sous-sol retienne bien l'eau, ils donnent naissance à de magnifiques peuplements forestiers. Ces peuplements ne sont pas *drus*, mais ils ont *une grande élongation*.

L'*argile* est un colloïde électro-négatif. D'où ses propriétés. En séchant, elle se contracte beaucoup et absorbe de la chaleur. Elle est plastique et imperméable. De petites quantités d'acides ou de sels provoquent une perte temporaire de plasticité et d'imperméabilité et la font *floconner*. Au contraire, les alcalis la *défloculisent* et la rendent plus *collante* et plus *imperméable*.

La *marne* est un mélange en proportions variables de carbonate de chaux, d'argile et de sable, auxquels s'ajoutent des matières étrangères, telles que l'oxyde de fer, le carbonate de magnésie, le plâtre, etc... Elle se délite spontanément quand elle est mouillée ou exposée à l'air pendant quelque temps.

Les terrains marneux peuvent être calcaires, argileux ou sableux. Ils sont en général imperméables, mais *plus vivants* que les sols argileux et constituent ainsi, par rapport à ceux-ci, un degré de fertilité supérieure. Le type en est les marnes du lias.

Les sols argileux ont été originairement couverts de forêts de chêne et de broussailles de coudriers. Étant imperméables, ils pourvoient mal la plante d'eau au moment des sécheresses. Leur contenu élevé en matières colloïdales fait qu'ils se creusent et se fendent profondément par la sécheresse ; qu'ils absorbent facilement certains sels et substances solubles. Une fois *noyés* à la surface, ils deviennent totalement inaptes à absorber les eaux de pluie et de ruissellement. Ils sont encore *vivants* et habités par une colonie nombreuse de taupes, de lombrics et de bactéries. Les plantes venues sur l'argile *ont de plus grandes feuilles*, mais *sont plus trapues, moins élevées* que les plantes venues sur terrains sablonneux.

Les sols *calcaires* sont admirablement adaptés à la vie animale et végétale. Les bactéries y sont nombreuses, actives et oxydent rapidement la matière organique. De nombreux animaux les divisent et les labourent. Malheureusement, ces sols sont généralement peu profonds et simplement recouverts d'un léger manteau de *terre rouge* (terra rossa), entièrement décalcifiée. La végétation des sols calcaires est étonnamment *drue*, mais elle *manque d'élévation*. Quand il y a excès de carbonate de calcium, les plantes ont tendance à se *chloroser*.

La *décalcification* naturelle des eaux conduit souvent à la formation, dans nos massifs forestiers, de terrains *sûrs* où la population animale est rare et où le sol se dégrade profondément. C'est ce qui se produit dans les déclivités des alluvions anciennes, partout où l'on voit séjourner à la surface des eaux très colorées et qui ont macéré avec des détritus végétaux : feuilles sèches, bois, etc...

C'est encore cette décalcification des eaux qui donne naissance à la *tourbe*. D'après la nature des plantes qui les compose, on peut distinguer deux sortes de tourbe. La *sphagnite*, commune en Sologne, dans le Morvan, les Vosges, la Haute-Saône, le Jura, les Alpes, formée aux dépens de mousses du genre *sphagnum*. Fraîche, cette tourbe est légère, mousseuse, acide ; sèche, elle devient molle et compressible. L'*hypnocaricite* occupe le fonds des vallées et des cuvettes crayeuses, dans la Somme, la Marne, etc... Elle est formée par des mousses appartenant au genre *hypnum*, par des carex, des joncs et des roseaux du genre *phragmites*. En son état normal, elle est noire, homogène, humide et se laisse couper au couteau comme du lard. Sèche, elle est dure, cassante, charbonneuse.

A quoi tient l'infertilité bien connue des terrains tourbeux ? A leur *acidité* sûrement. On a longtemps discuté pour savoir si cette acidité provenait d'une absorption sélective des bases ou du *sol* lui-même. Il semble bien prouvé aujourd'hui que l'existence d'une concentration en ions d'hydrogène plus grande que celle de l'eau est la preuve de la présence de véritables acides (organiques, siliceux ou formés par hydrolyse de fer ou de sels d'aluminium) dans le sol. Ces acides nuisent à la végétation, soit directement par leur force et leur quantité, soit indirectement en détruisant le calcium si utile au développement des plantes et des micro-organismes, en mettant en liberté certains sels franchement nocifs, comme les sels métalliques, en défloculant enfin l'argile qui devient visqueuse et inapte au développement de la vie.

Toute une théorie est en train de se bâtir, qui serait exclusivement basée sur la concentration en ions d'hydrogène du sol. Ce serait cette concentration qui conditionnerait la distribution des essences. Comme application de ces théories nouvelles, je me bornerai à citer les essais faits en Allemagne et consistant à améliorer le rendement des pineraies en terrains acides par l'épandage sur le sol des branchages et menus rameaux provenant des éclaircies. Il y a longtemps d'ailleurs que j'ai signalé (*Journal suisse d'Economie forestière*, Août-Septembre 1888) les effets bienfaisants de l'épandage du bois-mort dans les tourbières.

On me permettra d'en rappeler ici les conclusions.

« Le forestier peut précipiter considérablement les cycles
« évolutifs et provoquer très économiquement, en deux
« siècles à peine, l'installation de la forêt de rapport sur un
« sol de tourbe parvenu à sa phase herbacée ou arbustive.

« Pour cela, il suffit, si le terrain s'y prête, de faire rouler
« quelques rochers dans la tourbière pour en rider la
« surface et provoquer la formation des ménisques ; de jeter
« ensuite quelques cônes d'épicéa dans les buissons d'ai-
« relles, de callunes, de genévriers et de rhododendrons.
« Puis, au lieu de laisser se consumer sur place les petites
« perches mortes, on devra les couper soigneusement et
« répandre les débris sur le sol. Enfin, si des exploitations
« sont pratiquées au voisinage d'une tourbière, on ramassera
« les branchages ordinairement délaissés, et on les répandra
« par petits lits sur l'éponge des sphaignes en les foulant
« avec le pied. Au bout de quelques années, on sera très
« agréablement surpris de trouver sur l'emplacement de la
« tourbière une régénération fougueuse en épicéa. Avec
« quelques soins culturaux, on transformera rapidement
« ces gaulis d'abord languissants en perchis vigoureux et
« d'avenir ».

Il y a longtemps aussi que je prêche pour le répandage des ramilles sur le sol des coupes de nos taillis-sous-futaie.

C'était là, il est vrai, de l'observation pure. Maintenant que la théorie vient confirmer la pratique, y prêtera-t-on plus d'attention ? Et si je rappelle ces faits, si j'exhume ces vieux papiers, c'est moins pour en tirer vanité que pour montrer combien étaient vivants, féconds, les encouragements de mon maître Broilliard dont je n'ai cessé de chérir la mémoire.

Sur les sols forestiers acides, on observe un appauvrissement de la flore naturelle. Celle-ci est surtout représentée par des espèces sociales. D'une façon générale le chêne rouvre évite les terrains acides que recherche au contraire le chêne pédonculé. Le hêtre a les mêmes affinités que le rouvre.

Les bactéries, et en particulier les micro-organismes nitrificateurs, comme l'*azotobacter*, sont sensibles à l'acidité du sol. C'est pour cela que la nitrification se fait mal dans les sols forestiers, mais elle n'y est pas supprimée, ainsi qu'on le croyait (Weis).

Les champignons saprophytes paraissent prédominer dans les terrains acides. C'est le cas souvent cité du Plasmodiophore qui provoque la hernie du choux. Le fait est cependant loin d'être général. J'ai montré, en effet, que *Trametes radiciperda* affectionnait les terrains basiques, et j'ai reconnu récemment que *Trametes pini* ravageait, au Maroc, les forêts de cèdres en sol calcaire.

On a cherché à expliquer les *substitutions* d'essences qui se produisent si fréquemment dans nos taillis-sous-futaie par la *secrétion de toxines* provenant des racines. Ces toxines seraient nuisibles, soit à la plante elle-même, soit aux autres espèces qui l'entourent. Dans cet ordre d'idées, on ne connaît guère que l'influence exercée par les graminées sur certains arbres fruitiers. Ces graminées arrêtent la croissance des pommiers au pied desquels elles poussent. Le feuillage des arbres pâlit et s'éclaircit, l'écorce perd sa couleur foncée et le fruit, son pigment vert. On peut se demander si le dépérissement des pommiers est bien dû à des toxines, car la lutte pour l'eau, s'exerçant entre les racines des graminées et celles des pommiers, suffit pour expliquer l'affaiblissement de ces derniers. Je ne crois pas qu'on puisse apporter une preuve certaine de la présence de toxines solubles dans des sols normalement aérés et suffisamment pourvus de substances nutritives pour les plantes. C'est d'ailleurs bien ce qu'indique la nature en perpétuant depuis des siècles les futaies de chêne, de hêtre et de résineux sur les mêmes points.

Le sol est habité par une population de micro-organismes excessivement variée, dont l'importance sur la croissance des plantes est loin d'être entièrement définie. Cette population comprend des algues, des bactéries, des moisissures, des protozoaires, qui existent tantôt à l'état trophique, tantôt à l'état de repos.

Tous les sols renferment des algues qui les enrichissent en azote. Ces algues agissent en symbiose avec les bactéries. L'algue fournit l'énergie nécessaire sous forme d'hydrates de carbone, et la bactérie, l'azote indispensable à la croissance. Dans les sols marécageux, les algues absorbent l'acide carbonique et dégagent l'oxygène utilisé par les racines. Les algues pourvues de chlorophylle créent donc de la matière organique et nourrissent les bactéries fixatrices d'azote.

Le sol est également farci de champignons microscopiques qui se tiennent au voisinage de la surface. Ils vivent généralement de cellulose, parfois de composés protéiques. Ils n'oxydent pas l'ammoniaque des nitrates et ne fixent pas l'azote gazeux. Leur rôle paraît être localisé à la décomposition de la cellulose et à la fabrication de l'humus.

Les bactéries provoquent la décomposition des matières organiques et la production des nitrates. Il y a une relation certaine entre l'activité bactérienne et la croissance des plantes. En décomposant les matières organiques du sol, les bactéries fabriquent, avec les résidus des vieilles plantes, des aliments pour les nouvelles. Le nombre des bactéries s'accroît avec l'intensité de la culture : il y a moins de bactéries dans les sols forestiers que dans les champs cultivés. C'est en raison de l'absence presque complète de bactéries dans les sols marécageux, que ceux-ci se prêtent si mal à la croissance des plantes. L'activité des bactéries s'élève : avec la température, — avec l'humidité, — avec une addition de matières organiques (fumier), — avec un mélange de chaux, de carbonate de calcium et de magnésium, — avec de petites quantités de sels alcalins (les grosses quantités étant toxiques), — avec la bonne aération du sol. Le pouvoir nitrificateur atteint un maximum au printemps, un minimum en été et de nouveau un maximum en automne.

Tout récemment, on a reconnu que les sols renferment encore une faune protozoaire d'activité trophique, abondante surtout dans les terrains humides et représentée par des amibes, des flagellés et de plus rares infusoires ciliés. Des analyses ont même montré que le nombre des bactéries existant dans le sol est en raison inverse de celui des amibes. On peut en conclure que les amibes, en détruisant les bactéries, peuvent devenir nuisibles. Tout n'est que lutte ici-bas. Quant aux flagellés, on ignore leur rôle.

On a cherché à enrichir les sols en leur incorporant des cultures de bactéries fixatrices d'azote. D'où l'emploi des nitragines et des alinites. L'alinite est une poudre jaune, constituée par des bacilles ; elle agit à la dose de 8 grammes à l'hectare. Ces 8 grammes sont mis dans un vase contenant 6 litres d'eau. Au bout de deux heures, on ajoute 3 kilogrammes de glucose, on agite, et on arrose les semences avec cette solution. Les résultats n'ont pas été heureux.

Si le sol s'enrichit naturellement en azote sous l'influence des causes énumérées ci-dessus, il s'appauvrit par contre en cette substance sous l'influence de l'enlèvement des récoltes, de la perte due à l'action des eaux de drainage, de

l'influence nocive exercée par certains microbes qui brûlent
la matière organique et mettent l'azote en liberté, du dégagement d'ammoniaque dans l'air à la suite d'une lente
nitrification. Le cultivateur doit donc établir soigneusement
le *bilan de l'azote* dans ses cultures. Il n'en est pas de même
du forestier, car l'enrichissement du sol en forêt se fait
automatiquement, malgré les exploitations, sous l'influence
des légumineuses spontanées, des algues, des champignons,
des mousses, et du tapis de feuilles mortes. Mon excellent
maître, M. Henry, a montré que, dans une forêt qui reçoit
à l'automne 3.300 kilogrammes de feuilles mortes par hectare, le gain est de 22 kilogrammes d'azote pour le charme,
et de 13 kilogrammes pour le chêne.

Ce qui conditionne par-dessus tout la végétation forestière,
c'est l'*humus*. L'humus est de la matière organisée, décomposée sous l'influence de l'oxygène, de l'humidité, des
micro-organismes, des champignons, des limaces, des vers de
terre, des insectes, etc. Ce n'est pas une substance de *composition définie* Toutes ses propriétés dérivent de son *état
colloïdal*. Par colloïdes, Graham a désigné des corps qui,
comme la glu, tendent à former des gelées plutôt que des cristaux, et dont le pouvoir d'absorber l'eau et les substances
d'une solution est considérable. Il ne s'agit plus, d'ailleurs,
d'une simple précipitation chimique, mais bien d'une *concentration du corps absorbé sur la surface du colloïde*, d'où
le nom *d'adsorption* qui a été donné à ce phénomène.

L'humus se présente sous l'aspect d'une matière noire, non
cristallisée, soluble dans l'eau et contenant du carbone, de
l'hydrogène, de l'oxygène et de l'azote.

En s'oxydant, les matières organiques donnent de l'acide
carbonique et de l'eau. L'humus est donc plus riche en carbone que les substances dont il dérive. Quant à son azote,

représenté sous forme d'ammoniaque et d'acide azotique, il provient de la décomposition des matières protéiques des feuilles, etc.; mais, pour être utilisé par les plantes, il a besoin d'être transformé une seconde fois par les bactéries et les moisissures.

A lui seul, l'humus n'est pas un substratum pour la vie végétale ; ainsi les tourbières qui en sont exclusivement formées, constituent un bien pauvre terrain forestier. Par contre, *le terreau*, qui est un mélange de terre et d'humus, réalise l'idéal de la fertilité. Ces anomalies tiennent à ce que l'humus a une réaction *acide*, et que cette acidité disparaît en présence des bases que renferme le sol. L'acide humique se combine à la chaux, à la soude, à la potasse, à la magnésie, à l'alumine, à l'oxyde de fer, pour former des composés neutres ou *humates*. Or, tout milieu acide est impropre à la vie animale, et, par suite aussi, à la vie végétale, puisque le rôle des infiniment petits est précisément d'entretenir le foyer de la vie, c'est-à-dire de regénérer la matière minérale, indispensable au développement des êtres organisés qui se succèdent sans répit à la surface du globe. En particulier les phénomènes de combustion, d'oxydation, jadis si difficiles à comprendre, s'expliquent d'eux-mêmes aujourd'hui que l'on sait qu'ils sont le produit de l'activité des *microbes aérobies*.

Cela dit, on peut dès maintenant subdiviser les humus en deux grands grands groupes : les humus *neutres* et *fertiles*, dont le type est le *terreau :* les humus *acides* et *stériles*, dont le type est la *tourbe*. Les premiers se forment dans les sols médiocrement humides ; ils atteignent leur maximum de développement dans les *forêts feuillues mélangées, à sousbois complet*, où les animaux fouisseurs (taupes, vers, etc.) les répartissent à tous les niveaux superficiels qu'ils habitent et parcourent (Ch. Flahaut). Les seconds se forment dans les terrains humides, imperméables, où l'oxygène pénètre difficilement et où la vie animale est considérablement réduite. Un type intermédiaire est réalisé par la *tourbe-terreau* du Docteur P. E. Muller; il prend naissance dans les terrains siliceux et sous certains peuplements forestiers purs (épicéa. hêtre, chêne). *privés de sous-bois*. Les oxydations y sont lentes et incomplètes; les feuilles mortes se décomposent mal et forment un feutrage épais, qui empêche l'aération du sol et réduit considérablement le développement de la vie animale.

D'après ces premières données, on peut déjà inférer que cette vie animale est absolument *indispensable* à la formation de *l'humus neutre*, principal élément de la fertilité de nos sols forestiers. Il y a plus, et l'on peut dire que les formes d'humus sont *infinies*, car elles ne tiennent pas seulement aux conditions physiques dans lesquelles elles ont pris naissance, mais encore et surtout aux matières qui les ont formées. De ces matières, les principales sont les *feuilles*. Il suffit d'avoir jeté les yeux sur le sol de nos forêts pour constater que, parmi les feuilles des différentes espèces, les unes, aussitôt tombées, sont évidées de leur parenchyme tendre et succulent par les lombrics, les limaces, qui ne laissent plus subsister que la dentelle de leur nervures; les autres, au contraire, plus dures, plus coriaces, plus imprégnées de tannin, sont complètement dédaignées par les vers et les limaces et fort lentement attaquées par certains bacilles, comme *l'amylobacter* par exemple. Les premières, rapidement digérées par les animaux dont elles ont formé la nourriture, sont rendues au sol sous forme de déjections et immédiatement incorporées à lui. Ce sont elles qui constituent à véritablement parler le *terreau doux* des sols forestiers. Les essences qui fournissent de telles feuilles sont le *coudrier*. le *charme*, le *tremble*, le *frêne*. le *tilleul*, le *cerisier*, *l'aune*, le *mélèze*, ainsi que la plupart des arbrisseaux qui tissent la souille de nos tailllis (*pruniers, épines, cornouillers, mahalebs, néfliers*, etc.). Ainsi, le sous-étage non seulement contribue à maintenir la fraîcheur du sol, à augmenter par ses dépouilles l'épaisseur de la couverture morte, mais il concourt activement encore à la fabrication de l'humus doux. C'est une des raisons et non des moindres qui me fera sans cesse vanter son utilité et condamner les opérations culturales qui se proposent de l'éliminer. Les secondes forment cette couverture morte, qui se plaque sur le sol en minces feuillets annuels cohérents et dont la partie en contact avec le sol se transforme lentement en humus sous la seule action des *moisissures*. Ce sont elles qui constituent l'élément fondamental de la *tourbe-terreau*. Quand d'aventure elles viennent à tomber sur un sol recouvert d'eaux stagnantes, elles abandonnent à ces dernières une partie de leur tannin, et leur donnent une coloration de rouille caractéristique. Ce cas s'observe fréquemment sur le limon argileux des terrains bressans. La fétuque azurée, la molinie, les aira sont alors les plantes qui accompagnent le plus ordinairement ces formations de tourbe-terreau, dues aux feuilles de *chêne*, de *hêtre*, de *saules*, d'*épicéa* et de la plupart des arbustes sociaux du tapis végétal (*airelles, bruyères, callunes, rhododendrons*, etc.). Les colonies vivantes animales (lombrics, limaces, taupes) émigrent de ces sols par la seule, bonne et excellente raison qu'elles n'y *trouvent plus leur vie*. Que si l'on ramène artificiellement ou naturellement dans ces peuplements alanguis, des essences qui donnent naissance à l'humus doux, on verra immédiatement pulluler à nouveau la faune des bons terrains et le terreau semi-acide céder la place au terreau neutre. Il est à peine besoin de faire remarquer que la tourbe-terreau ne peut se former, — et ne se forme en effet, — que sous des peuplements d'essences pures. C'est ce qui donne tant de vitalité, de force et de résistance à la forêt *mélangée* française et aux taillis-sous-futaie en particulier. Il va de soi

également que la *forme* d'humus varie beaucoup avec la
nature du peuplement dont les dépouilles lui ont donné
naissance et qu'elle se rapproche ainsi plus ou moins, tantôt
du terreau doux, tantôt de la tourbe-terreau.

L'humus agit sur le sol par ses propriétés physiques et
chimiques. Physiquement, il ameublit les terres fortes,
donne du corps aux terres légères, et maintient la fraîcheur
du sol. Chimiquement, il forme avec les éléments nutritifs
de ce dernier des combinaisons immédiatement assimilables
par les plantes : il *digère* en quelque sorte les substances
nutritives insolubles dans l'eau pure. On conçoit aisément
par là que toutes les opérations culturales doivent se donner
pour but la constitution et la conservation d'un humus doux.
Or, une fois incorporé au sol, cet humus n'y est pas nécessairement fixé et il reste dans un perpétuel état de changement physique et chimique. Si, par exemple, la fraîcheur du
sol vient à cesser, sa formation s'arrête brusquement ; il en
est de même quand la température s'élève au-dessus de 55°.
On devine par là combien est grande l'utilité d'un sous-bois
qui sert d'écran au sol et le protège contre l'évaporation
dans les pays chauds, à climat sec, comme l'Algérie, la
Tunisie, et le Soudan.

Dans les taillis, les exploitations trop rapprochées ont
pour résultat d'appauvrir le sol en humus. D'une part, en
effet, l'apport des feuilles mortes est considérablement réduit
durant les premières années de la vie du recru ; d'autre part,
le sol dénudé passe par des alternatives diverses de sécheresse et d'humidité, toutes circonstances préjudiciables
à ses propriétés biologiques. Sous l'influence d'un éclairage trop intense, suivi d'une brusque élévation de température, l'humus prend un aspect *poudreux* caractéristique et
perd l'acide carbonique et l'azote qu'il renfermait. Le tapis
végétal, qui se développe avec abondance après la coupe
du talllis, agit comme une culture dérobée pour prévenir
cet appauvrissement du sol. Ces plantes, nées de l'humus, y

retournent après leur mort. C'est pourquoi il ne faut *jamais* laisser *pâturer* les jeunes coupes, ni permettre l'*enlèvement* de la *couverture vivante*, sous forme d'herbe, de foin ou de litière.

Quant à l'action de l'humus sur la végétation forestière, elle est véritablement merveilleuse et en tout comparable à l'action des engrais organiques sur les récoltes des terres labourables. On la mesure surtout par comparaison, en examinant par exemple ce qui se passe à l'intérieur d'un massif bien clos et sur une lisière, à proximité d'une maison, où les poules et autres animaux de basse-cour ont dispersé la couverture morte et entravé la formation de l'humus. On ne dirait plus les mêmes bois. Là où est l'humus, taillis et réserves prospèrent à qui mieux-mieux, là où il a disparu, arbres et sous-bois ont un aspect misérable,

Couverture morte

Elle est constituée par les feuilles, les branches mortes, les débris d'écorce, de fleurs et de fruits qui tombent sur le sol, ainsi que par les dépouilles des insectes et des animaux qui vivent et meurent dans le silence de la forêt. Tantôt elle forme un feutre plus ou moins épais où les feuilles mortes, longues à se décomposer, stratifiées par lits annuels, sont tissées par de longs et fins cordons mycéliens de *Cladosporium* : c'est ce qui se produit dans les hêtraies touffues ; tantôt, comme dans la plupart de nos taillis-sous-futaie d'essences mélangées, la couverture morte se réduit à un *magma*, noirâtre et grumeleux, de terre et de débris organiques intimement mélangés.

Dans son plus grand état de complexité, le sol forestier et sa couverture morte se présentent sous l'aspect suivant (fig. 72) :

1º Une assise molle de feuilles, ou d'aiguilles mortes, non décomposées et laissant entre elles de grands vides ;

2° Une assise plus ou moins épaisse de feuilles ou d'aiguilles mortes, non pourvue de filaments mycéliens, mais déjà plus pressée, plus résistante, difficile à déchirer avec la main et travaillée par différents champignons ;

3° Une assise de feuilles ou d'aiguilles mortes, tissée de filaments mycéliens bruns, feutrée et formant un tout très plein, impossible à déchirer avec la main ;

4° Une terre végétale en grumeaux, plus ou moins colorée par l'humus et fouillée en tous sens par les lombrics et les insectes.

La *structure moléculaire et grumeleuse* de la terre végétale, qui donne la fertilité aux sols forestiers et règle en partie aussi la distribution des essences, est sous la dépendance étroite de l'humus, car ce dernier cimente la matière des grumeaux qui

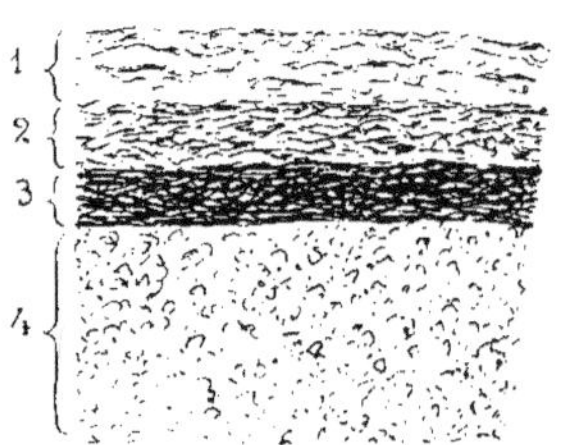

Fig. 72

ne sauraient exister sans lui. L'humus est donc bien le *talisman* de la végétation forestière et on ne saurait en tarir la source par l'enlèvement de la litière, sans nuire à la fertilité du sol et sans diminuer la production ligneuse.

Celle-ci s'abaisse en moyenne de :

50 % dans le cas de ratissages annuels,

25 %   —   —   bisannuels,

20 %   —   —   quadriannuels,

15 %   —   —   sexannuels.

Sur des sols pauvres, l'enlèvement de la couverture morte peut, en 30 ans, amener la dégradation complète d'une forêt. C'est ce que montrent aussi les incendies répétés, qui détruisent la couverture morte. La pratique du ratissage est donc absolument condamnable : elle ne saurait pas plus être tolérée dans les forêts particulières que dans les forêts communales ou domaniales. On l'a cependant autorisée certaines années (1902), dans les bois soumis au régime forestier, pour obvier à la disette de paille. Ce ne fût qu'un vain et misérable palliatif.

En pratique, la quantité de feuilles mortes, séchées à l'air et que l'on peut récolter, dans nos taillis-sous-futaie de l'Est de la France, âgés de 10 à 30 ans, varie entre 7.000 et 7.200 kilogrammes à l'hectare (Expériences faites dans la forêt domaniale de Détain-Gergueil (Côte d'Or). Moitié environ de ces nombres, soit 3.000 kilogrammes, représente la *défoliation annuelle*.

J'estime que 6 kilogs 500 de paille peuvent être remplacés, comme litière, par 10 kilog. de feuilles sèches. Sept mille cent cinquante kilog. de feuilles mortes équivalent donc à 4.647 kilog. de paille. Si la paille vaut seulement 50 francs les 500 kilog., la valeur de la couverture morte serait de 465 fr. par hectare, et la production annuelle de 300 francs. On voit par là quel est le dommage causé par les incendies.

Si l'on se reporte au diagramme donné précédemment, on notera que les couches 1 et 2 prédominent dans les taillis d'essences mélangées et que la couche 3 est particulièrement épaisse dans les taillis de hêtre. Dans ces derniers, en effet, les feuilles mettent 3 ans pour pourrir.

De plus, sous les vieux taillis, la décomposition se fait bien plus rapidement que sous les jeunes : aussi, les couches 2 et 3 tendent à disparaître et sont remplacées par un tapis de mousse qui entretient une fraîcheur constante et qui facilite la décomposition des dépouilles de la forêt. D'une façon générale, l'épaisseur des couches 1, 2 et 3 indique la *vitesse* de décomposition, vitesse dont dépend le *degré de fertilité* du sol. Cette fertilité est en raison directe de la rapidité avec laquelle s'opère la décomposition.

17

Dans certaines forêts subtropicales (Brésil), l'épaisseur de la couverture morte atteint 0 m. 50. En ces lieux, la végétation est pauvre, et le sol, élastique, est seulement garni en sous-étage de Broméliacées saprophytes, Nidulaires principalement. On voit par là que l'épaisseur de la couverture morte n'est pas toujours un signe de prospérité et de richesse.

On croit communément que la couverture morte des peuplements résineux retient plus d'eau que celle des peuplements feuillus. C'est le contraire qui est vrai. Ainsi le chêne retient 9 fois, le hêtre 8 fois, le pin 5 fois et l'épicéa 4 fois son poids d'eau. Il en résulte qu'un taillis simple de 10 ans retient plus d'eau dans sa couverture (environ 10 m/c par hectare), qu'une futaie de pin ou de sapin âgée de 100 ans (5 mètres cubes par hectare). Le poids d'un mètre cube de feuilles mortes séchées à l'air oscille entre 60 et 80 kilogrammes. Pour les aiguilles de pin, ce poids est de 120 kilogrammes et pour les aiguilles d'épicéa, de 160 kilogrammes.

Pour donner une idée du rôle important que remplissent les vers de terre dans la formation de l'humus et l'ameublissement du sol, je note que l'on peut trouver, sur 1 mètre carré de surface, 40 à 90 déjections représentant un poids de 200 à 700 grammes, ce qui fait 200 à 700 kilos de terre remuée par hectare. On voit par là combien sont tendus et puissants les liens qui unissent la vie animale à la vie végétale.

Couverture vivante

Elle est formée par la foule variée des végétaux herbacés ou sous-ligneux qui forment un tapis plus ou moins serré à la surface. Elle manque généralement sous les peuplements maintenus en massif complet ; elle devient exubérante sous des peuplements interrompus ou clairiérés. Utile quand elle comprend un épais tapis de mousse qui absorbe jusqu'à 10 fois son poids d'eau et qui maintient ainsi la fraîcheur des terrains les plus secs, elle devient franchement nuisible quand elle est formée par des graminées aux racines feutrantes (*Aira, Molinia, Festuque azurée*), par des fougères, des mulgédies ou des adénostyles dont les frondes ou les feuilles s'écrasent à l'arrière-saison sur le sol, en formant un matelas qu'aucune graine ne peut arriver à percer. Il n'est pas rare de voir en montagne les lèvres les plus fertiles des combes complètement stérilisées par une végétation exclusive de fougères, d'adénostyles et de mulgédies.

D'une manière générale, le développement d'un tapis de mousse sous les taillis dénote un sol *superficiel* et *sec*, que ce soit en plaine ou en montagne. Au contraire, la profusion des hautes graminées indique un sol *argileux, compact* et *humide*. Dans les terrains *légers* et *sablonneux*, il y a peu d'herbes gazonnantes, mais la moindre trouée est envahie par des plantes sociales, ordinairement ligneuses, *bruyères, airelles, rhododendrons, genêts, ajoncs.* En culture forestière il vaut mieux avoir affaire à un sol couvert d'arbustes sociaux, qu'à un terrain gazonné. En effet, dans le retour à la forêt, qui se produit spontanément, la phase herbacée précède toujours la phase arbustive; elle est aussi plus longue.

Dans les taillis, les exploitations sont suivies par un réveil de la végétation herbacée et arbustive. Le sol se couvre d'un manteau de plantes variées qui se succèdent les unes aux autres dans un ordre déterminé et dont la vigueur est directement proportionnelle à la richesse du fonds. Pendant les années qui suivent la reconstitution du massif, *le sol produit plus d'herbe que de bois.* Si au moment de la coupe du taillis le sol est toujours enherbé, on doit en conclure que toutes les réserves nutritives du sol n'ont pas été utilisées par le peuplement forestier : *il y a perte de matière ligneuse.*

On conçoit d'ailleurs aisément que la lutte qui s'établit pour la nourriture minérale et l'approvisionnement en eau, entre les racines des végétaux herbacés et sous-ligneux et celle

des végétaux forestiers, puisse nuire à la végétation
de ces derniers. Un sol gazonné et découvert évapore aussi
plus d'eau en été qu'un sol maintenu couvert ; il est donc
moins frais et moins fertile pour le bois. Plus le *tapis végétal*
est varié, nuancé, coloré, plus il est éphémère et moins il est
dommageable pour le recru feuillu. Il en est particulièrement ainsi de la *flore vernale* (anémones, renoncules, prime-
vères, leucoïums, ails) qui se développe sous les vieux taillis
au printemps, avant l'épanouissement des feuilles. Cette flore
vernale est toujours utile en attirant les insectes et par suite
aussi les oiseaux. Ce sont, du reste, des plantes *ubiquistes*,
que l'on retrouve sur tous les sols. D'autres, au contraire,
ont déjà une signification plus précise : ainsi les ronces indiquent un sol fertile ; les bruyères, les airelles, les ajoncs un
sol appauvri. Nous verrons enfin que, dans la plupart des cas,
on peut facilement remonter de la composition du tapis
végétal à celle de la forêt elle-même. La connaissance de la
flore forestière et de ses agencements constitue donc pour le
sylviculteur un élément important d'information. C'est ce que
j'ai montré un des premiers dans « *Le Pâturage en forêt* »
et dans « *Un Coin de l'Oranie* ». Ces études ont été reprises
un peu partout en France et à l'Etranger et ont donné naissance à une littérature extrêmement copieuse, mais dont la
lecture est rendue difficile pour les profanes par l'abus des
termes techniques.

Le pédantisme fait rage. Force m'est donc de donner
ci-dessous une sorte de glossaire qui permettra d'en suivre
le développement.

L'association est un groupement végétal caractérisé essentiellement par une composition floristique déterminée
et relativement constante dans les limites d'une aire donnée ;
toute association représente un stade plus ou moins stable
et de durée plus ou moins longue dans une série, progressive ou régressive, d'associations (Allorge).

Les différentes espèces rencontrées dans une association ne sont pas toutes également caractéristiques de cette association : les unes lui appartiennent en propre ; les autres se rencontrent dans d'autres associations affines ; d'autres enfin peuvent se montrer dans des associations très dissemblables. On a donc distingué :

Les caractéristiques	exclusives, électives, préférantes,
Les accessoires. . .	indifférentes,
Les accidentelles . .	étrangères.

De même, on a cru pouvoir distinguer les associations principales, qui sont les plus hautement individualisées, des associations secondaires, qui sont en général des stades de régression des premières.

Les types biologiques sont basés sur la possibilité pour les plantes de traverser la mauvaise saison. Les *Phanérophytes* sont des arbres, arbrisseaux et lianes à bourgeons situés à une certaine hauteur (0 m. 25) au-dessus du sol ; les *Chaméphytes* sont des sous-arbrisseaux bas (ne dépassant pas 0 m. 25), à bourgeons situés sur des rameaux dressés ou couchés, ou des plantes herbacées et sous-ligneuses à tiges rampantes ; les *Hemicrophytes* sont des plantes herbacées, à bourgeons situés au ras du sol ou un peu au-dessus et alors protégés par des gaines, des écailles ou les débris des anciennes feuilles ; les *Cryptophytes* sont des plantes herbacées à bourgeons situés dans le sol (*Géophytes*), dans la vase (*Hélophytes*) ou dans l'eau (*Hydrophytes*) ; les *Thérophytes* sont des plantes *annuelles*, qui passent la mauvaise saison à l'état de graines, ce qui leur assure une protection très efficace.

Le *spectre biologique* est la proportion centésimale de ces types biologiques dans une région donnée ou dans un groupement déterminé.

Je ne dis pas que je suivrai toujours cette terminologie en étudiant les associations forestières, mais sa connaissance est nécessaire à ceux qui voudront suivre les publications récentes, comme par exemple « *Les Etudes sur la végétation et la flore marocaine de MM. Brau-Blanquet et René Maire* ». Ils y trouveront certainement plaisir et profit.

III. — Milieu biologique

Commensalisme

On désigne sous le nom de plantes *autotrophes* celles qui prennent directement leur nourriture dans le sol, et sous le nom de plantes *allotrophes* celles qui se nourrissent par l'intermédiaire d'un autre organisme. Certaines plantes autotrophes ont cependant besoin d'autres végétaux pour les *porter* : ce sont les *plantes grimpantes ou épiphytes*.

Parmi les plantes grimpantes, un certain nombre intéressent le forestier praticien : ce sont le lierre, la clématite, la vigne, le houblon et les éphèdres.

Le lierre (*Hedera helix*, L.) ne s'enroule pas autour des arbres, mais il adhère à eux par l'intermédiaire d'une multitude de petits crampons qui s'enfoncent dans toutes les anfractuosités de l'écorce. De nombreux rameaux issus de la tige mère se soudent les uns aux autres, et finissent par emprisonner l'arbre dans une tunique serrée qui entrave sa croissance diamétrale. A la longue ce lierre minuscule envahit la ramure des plus grands arbres, les coiffe entièrement et les tue. Le lierre est surtout préjudiciable aux chênes, aux ormes, aux érables, aux acacias, c'est-à-dire aux arbres dont l'écorce est épaisse et crevassée. Il adhère difficilement à l'écorce lisse des hêtres et se présente alors sous forme de minces cordelettes, faciles à détacher avec la main.

Le lierre est abondant dans les forêts à sols superficiels et filtrants. Dans la forêt communale de Gevrey-Chambertin, sur des alluvions caillouteuses, il prend un développement inouï et devient une véritable gène au moment des martelages. Il importe donc d'en débarrasser soigneusement les arbres de réserve. Les pieds de lierre atteignent souvent des dimensions considérables. Dans le très beau hall de la Direction Générale des Forêts à Rabat, j'en ai vu des exemplaires provenant du Moyen Atlas, et qui mesuraient 0 m. 60 de tour.

Le bois cassant du lierre passe pour être impropre à tout usage. Je crois cependant que, prenant admirablement la teinture noire, il pourrait, sous de grosses dimensions, être utilisé par l'ébénisterie.

Les clématites (*Clematis vitalba*, L., *Cl. flamnula*, L., *Cl. cirrhosa*, L.) sont encore plus dommageables à nos taillis, car elles se multiplient principalement sur les sols riches et fertiles. Non contentes de monter à l'assaut des arbres, elles grimpent sur les brins de taillis, qu'elles courbent et entrelacent. Sur les espaces de 4 ares et plus, le taillis *est tiré en bas :* il n'y a plus de balivage possible. Le bétail ne touche pas aux feuilles vésicantes des clématites à l'état frais. C'est donc seulement par le croissant et en été que l'on peut intervenir utilement dans ces rapailles, en fauchant près du sol les tiges de clématite. Au moment du balivage, il importe *essentiellement d'entourer d'un cordon de haut taillis* les places stérilisées par la clématite. On s'oppose ainsi à son extension ultérieure.

La vigne (*Vitis vinifera*, L.) se comporte comme une espèce spontanée dans nos forêts d'alluvions quaternaires du bassin de la Saône, où elle prend un beau développement et où elle est *exempte de toutes les maladies* observées dans les cultures. On la distingue aisément, au moment des balivages, à la *couleur noire* de ses tiges qui pendent comme de gros câbles le long des fûts. Non seulement cette vigne n'est pas nuisible aux arbres, mais elle attire les oiseaux par ses fruits, et concourt à la décoration esthétique de la forêt.

Il n'en est pas de même du houblon (*Humulus luppulus*, L.) oublié par les Flores forestières et qui, dans les sols d'alluvions quaternaires, constitue un redoutable ennemi pour les taillis (Fig. 73).

Dans les forêts du Val de Saône, de la Vallée du Rhône et dans les terrains exondés des plaines du Rhin, il exerce des dommages considérables dans les peuplements. Comme les clématites et à un peu plus haut degré encore, il enlace et couche sur le sol les rejets flexibles du taillis. Les taches envahies par le houblon s'étendent circulairement sur plusieurs ares et d'autant plus vite que les révolutions sont plus courtes. A la Basse de Corneux, près de Gray, sur des

alluvions, à Thurey (Saône-et-Loire), sur des limons bressans d'origine récente, j'ai vu des taillis décimés par l'invasion de cette plante grimpante, qui stérilise ainsi les parties les plus riches de la forêt.

Pour se prémunir contre cet ennemi, on a conseillé l'introduction des chèvres et des moutons dans les jeunes coupes, remède assurément pire que le mal. On arrivera à de meilleurs résultats, *soit en autorisant le fauchage des herbes et du houblon entre les cépées dans les coupes âgées de 1, 2 et 3 ans*, c'est-à-dire jusqu'au moment où le massif commence à se reconstituer, *soit en ceinturant d'une lisière de haut taillis les ronds envahis par le houblon.*

Ces lianes de nos pays septentrionaux sont remplacées en Algérie, par l'*Asparagus altissimus*, et l'*Ephedra altissima*, L.

L'*Asparagus altissimus* se roule en buissons arrondis dans les vides semi-éclairés et l'*Ephedra altissima* coiffe de façon très drôlatique les arbres avec lesquels il semble faire corps. La liane, invisible, serpente au milieu de l'arbre et, brusquement, jette à la lumière ses rameaux serrés, qui éclatent, comme une verte épaulette, sur la masse plus sombre de la cime qu'elle couronne.

Symbiose

Les plantes supérieures humicoles contractent quelquefois par leurs racines des associations avec des champignons,

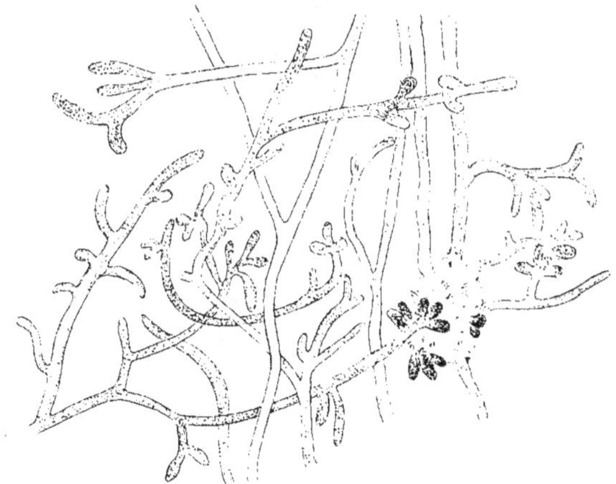

FIG. 71. — MYCORHIZES ECTOTROPHES DU PIN

formant ce qu'on appelle des *mycorhizes*. Ces mycorhizes ont été observées chez le pin d'Alep, le pin de montagne, le

mûrier, le châtaignier, le coudrier, le hêtre, les Éricacées,
etc. Au point de vue morphologique on distingue les mycorhizes *ectotrophes*, qui recouvrent les racines d'une gaine
mycélienne et qu'on observe chez les conifères et les cupu-
lifères (Fig. 74 et 75) et les mycorhizes *endotrophes* qui se
développent à l'intérieur des cellules corticales des racines,
sous la forme de pelotons d'hyphes et qui sont spéciales
aux Éricacées et aux Vacciniées (Fig. 76).

Le rôle biologique de ces mycorhizes est loin d'être
éclairci. Franck admet que les mycorhizes ectotrophes
s'approprient pour le compte de leur hôte les éléments organiques carbonés de l'humus et que les mycorhizes endotrophes abandonnent, par un processus particulier de diges-
tion, leur substance
albuminoïde à la
plante hospitalière.
Pour Stahl, la forma-
tion des mycorhizes
est en relation avec
une difficulté plus
grande de l'assimila-
tion des sels nutritifs.
Les plantes qui, par
une forte évaporation
d'eau, absorbent
beaucoup de sels

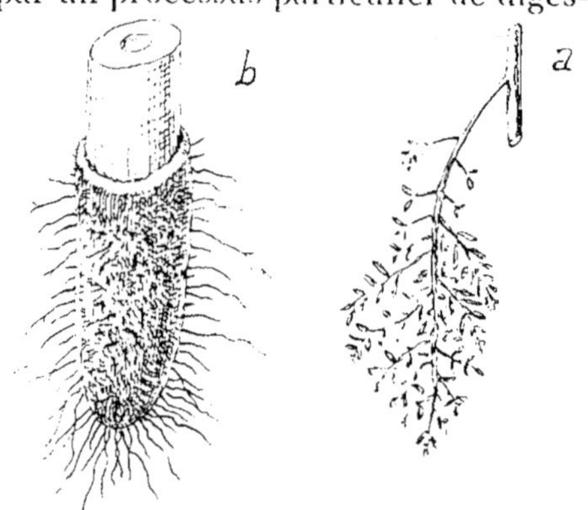

Fig. 75. — MYCORHIZES ECTOTROPHES DU HÊTRE
a Ensemble.
b) Gaine mycélienne à l'extrémité d'une mycorhize.

nutritifs, sont exemptes de mycorhyzes; chez celles où cette
quantité d'eau est petite, on constate, par contre, la formation
de mycorhizes. D'après Janse, l'endophyte logé dans le tissu
de la racine possède la faculté d'assimiler l'azote libre de
l'air, au même titre que les organismes des nodosités des
légumineuses; il ne se développe que dans un milieu plus
ou moins désoxygéné.

Le Dr P. E. Muller a observé que, dans les territoires
sablonneux de la côte orientale du Jutland *récemment envahis*

par la bruyère, l'épicéa prospère en massif pur, tandis que, *dans les vieilles bruyères* de la côte occidentale, le dépérissement et la disparition de cette essence se remarquent partout où elle forme des massifs purs. La culture ne fait que retarder ce dépérissement. Chose extraordinaire, la présence du *pin de montagne*, croissant en mélange avec l'épicéa, suffit pour que ce dernier prospère dans ces vieilles bruyères. Or, partout où les épicéas se développent vigoureusement, les racines présentent un énorme développement de mycorhizes et leurs hyphes ectotrophes se soudent intimement aux particules du sol ; les racines des épicéas malades sont au contraire très peu mycorhizées. De plus, le pin de montagne possède deux formes de mycorhizes : les unes en grappe simple, les autres en nodosités verruqueuses, produites par dichotomie. Les mycorhizes dichotomées sont seules représentées dans les sols de sable pur, où l'humus fait défaut. On en conclut que, par ses mycorhizes dichotomées, le pin tire de l'air atmosphérique l'azote nécessaire à sa croissance. C'est à une action analogue qu'il faudrait attribuer la facilité avec laquelle le hêtre, le chêne et le noyer s'installent sous le couvert des pins, la réussite de ces derniers dans les sols sablonneux pauvres en humus et peut-être aussi la façon dont se comportent les chênes sur un sous-bois de coudriers. Toutefois, je dois faire observer que les pins viennent mal dans les sables purs de la Sologne envahis par de *vieilles bruyères*, alors que *l'alisier torminal est seul à les percer.*

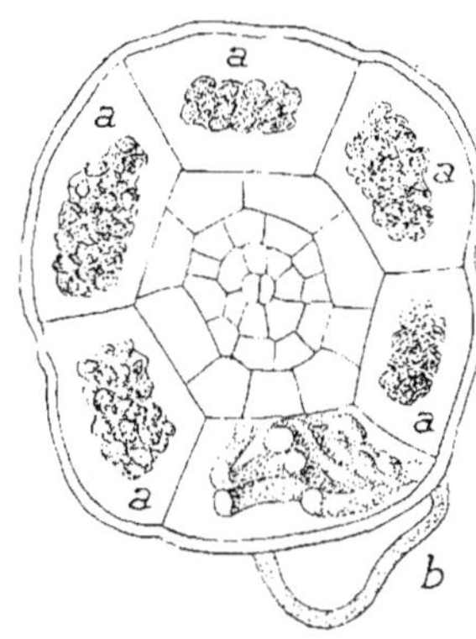

FIG. 76.

MYCORHIZES ENDOTROPHES
DES ÉRICACÉES

a) Pelotons d'hyphes intercellulaires.
b) Hyphe sortant à la périphérie.

Quant aux mycorhizes endotrophes des Éricacées et des Vacciniées, il semble que ce sont des saprophytes qui végètent dans les tissus de la plante sans y causer de dégâts notables, mais sans non plus apporter la moindre richesse au sol. Noël Bernard a montré que, chez les orchidées pour-

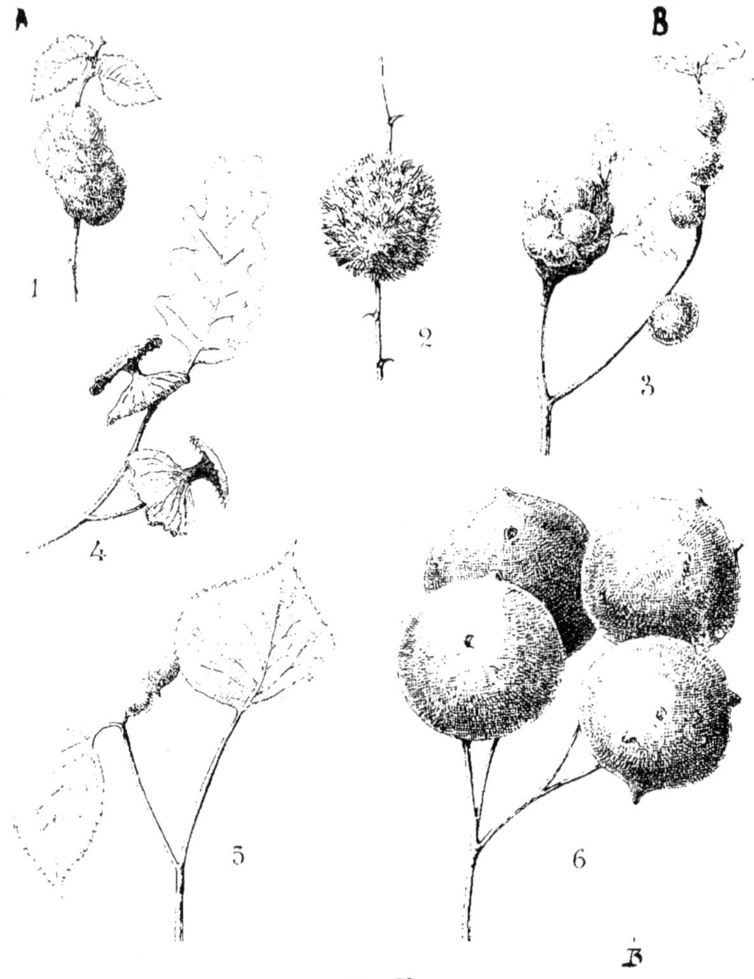

FIG. 77.

1. GALLE DE L'ORME. — 2. GALLE DE L'ÉGLANTIER. — 3. POMME DU CHÊNE.
4. GALLE EN SCHAPSKA DU CHÊNE.
5. GALLE DU TILLEUL. — 6. GALLE EN CERISE DU CHÊNE ZEEN.

vues de mycorhizes endotrophes, c'est la présence du champignon qui rend possible le développement de la graine de ces végétaux. Rien de semblable n'a été observé chez nos essences forestières.

Parasitisme

Un certain nombre de végétaux forestiers portent des *zoocécidies* ou galles, dues à la piqûre d'insectes. La femelle de ces insectes pique la feuille avec sa tarière et y dépose en même temps que l'œuf une substance chimique qui provoque une excitation des tissus et une multiplication des cellules. La noix de Galle est due à un Cynips (*Diplolepis Gallæ tinctoriæ*) qui pond ses œufs sur le *Quercus infectoria*. Les galles ou cerises de nos chênes sont provoquées par la piqûre d'un Dryophante, autre cynips. Les pommes de chêne, d'une belle couleur verte, sont produites par le *Biorhiza pallida;* celles en artichaut sont l'œuvre de l'*Andricus fecondatrix* et celles en chapeau, qui se développent sur les cupules des glands du chêne pubescent, du *Cynips Mayri* (Fig. 77).

Les bédégarres ou galles chevelues des tiges d'églantiers sont habitées par les larves du *Rhodites de la rose.* Le *Phytopte du tilleul* provoque la formation de galles sur le pétiole des feuilles. Les grosses galles de l'orme sont dues à l'action du *Schizoneura lanuginosa.* Toutes ces galles sont en général très riches en tannin ; elles ne portent aucun préjudice aux végétaux qui les portent.

Les insectes ne sont pas seuls à produire des *déformations* sur les branches et les rameaux des arbres de nos cultures et de nos forêts. C'est à des champignons microscopiques, dont le mycelium pénètre à l'intérieur du bois sain, qu'il faut attribuer ces végétations anormales, connues sous le nom de *balais de sorcière.* On les trouve sur le cerisier, le prunier, l'orme, le charme et le bouleau, où elles sont dues aux

Exoascus cerasi, E. *ensitiiæ*, E. *epiphyllus*, E. *carpini* et
E. *turgidus*.

Des balais de sorcière s'observent également sur les résineux; sapin. épicéa et pin sylvestre. Les premiers sont occasionnés par l'*Ecidium elatinum*. On ne connait pas l'origine des autres. On combat le développement de ces parasites en coupant, en ramassant et en brûlant les balais de
sorcière.

Le Gui (*Loranthus europæus*, L.) est parasite sur tous les
végétaux ligneux ; on le rencontre particulièrement sur les
peupliers, tilleuls, alisiers,
acacias, poiriers, pommiers,
saules, sapins et pins sylvestres. Il est extrèmement
rare sur le chène.

La propagation du gui se
fait par les grives. La graine
germe en produisant une
sorte de disque, du milieu
duquel sort une racine qui
perfore l'écorce. Cette racine,
dite principale, pénètre jusqu'au bois qu'elle ne peut
percer. La croissance en longueur de la racine principale
s'arrète donc immédiate-
ment ; mais elle est en
quelque sorte repoussée vers
l'extérieur par la formation
annuelle des anneaux ligneux,
si bien qu'elle semble avoir
pénétré à l'intérieur du bois.

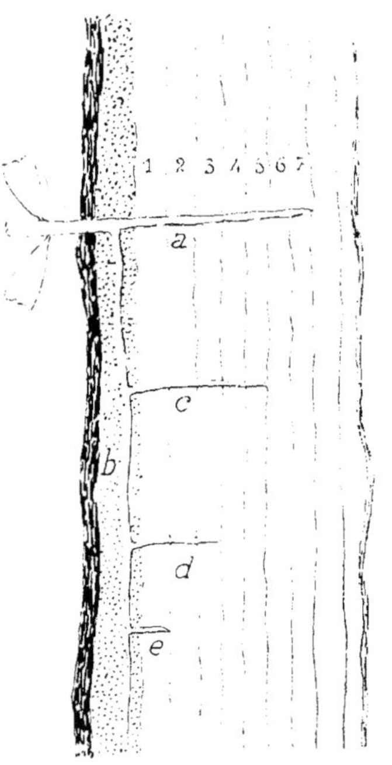

Fig. 78.

TOUFFE DE GUI AGÉE DE 7 ANS
a Radicule.   b Rhizoïde.
c-d-e) Racines corticales de 5 ans, 3 ans et 1 an.

Sur la région de la radicule située dans l'écorce naissent
ensuite plusieurs racines latérales qui s'étendent dans le
sens de la longueur de la branche, et qu'on appelle *racines*

corticales ou *rhizoïdes.* Ces rhizoïdes émettent tous les ans ou plus souvent tous les deux ans d'autres racines corticales qui se comportent comme la radicule. *Pour avoir l'âge d'une touffe de gui, il suffit donc de compter le nombre de couches de bois qui entourent la radicule* (Fig. 78).

La longévité du gui est plus grande qu'on ne le croit communément. J'ai souvent rencontré des guis ayant 25 à 30 ans

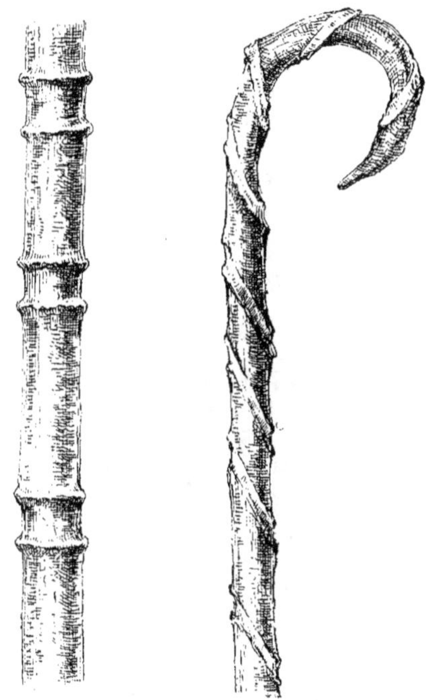

FIG. 79. — BOIS DE CANNES AVEC ORNEMENTATIONS CICATRICIELLES

d'existence. Sur le sapin du Jura et sur le pin sylvestre des Alpes, le gui ne dépasse guère la cote de 900 à 1.000 mètres.

Non seulement ce parasite épuise les arbres sur lesquels il croît et finit par les faire périr, mais il occasionne en outre dans le bois le défaut connu sous le nom de *grain d'orge.* Ce sont des trous profonds, nombreux, verdâtres, disposés en séries parallèles et qui ne sont autre chose que les cavités laissées par les racines décomposées du gui.

Les rameaux du gui ont une haute valeur nutritive pour le bétail. On les lui donne crus ou cuits. L'enlèvement de ce

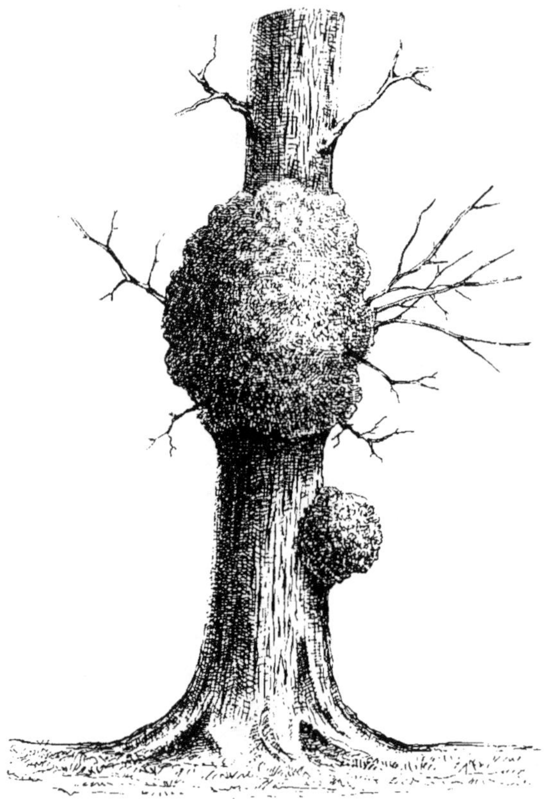

FIG. 80. — BROUSSIN D'ORME

parasite, toujours recommandable, est facile sur les pommiers, poiriers et autres arbres fruitiers, mais difficile sur les peupliers.

Traumatisme

Si on enlève sur une branche un anneau d'écorce jusqu'au cambium, on voit se former un bourrelet au-dessus de l'anneau. Le sectionnement des tubes criblés a arrêté le passage de la sève élaborée. C'est ce qui se produit lorsqu'une liane de chèvrefeuille s'enroule autour d'une branche.

On a utilisé cette propriété dans les taillis à canne, de Maule (Seine-et-Oise). Les jeunes tiges sont entourées de fers spéciaux que l'on fait glisser sur l'écorce. Il y a arrêt de sève, prolifération aux points blessés et formation de bourrelets (Fig. 79) qui reproduisent exactement l'ornementation choisie.

Certains arbres, comme les tilleuls, les ormes, les acacias, etc, portent d'énormes tumeurs ou broussins qui sont dus à un arrêt de circulation de la sève, arrêt provoqué par des blessures, des piqûres d'insectes, des élagages ouvrant la porte à l'invasion de champignons inférieurs ou de bactéries (Fig. 80). Les *loupes* de thuya sont occasionnées par l'abroutissement prolongé des rejets de souches ; les loupes de hêtre, de frène, d'orme, etc, à la multiplication exagérée de bourgeons dormants.

CHAPITRE IV

Les grandes Associations forestières

De la Lande à la Brosse, de la Brosse à la Forêt

Sauf sur les confins de la végétation, l'arbre a toujours tendance à s'emparer des terrains abandonnés par l'homme. La forêt est l'ultime parure de la terre. La puissance envahissante de l'arbre varie d'un lieu à l'autre : elle dépend du sol, de la chaleur, de l'humidité ; elle va en augmentant des pôles à l'équateur. Dans les régions subtropicales du Brésil, l'homme n'est pas maître de la forêt. Et la lutte qu'il entreprend contre elle tourne souvent à son désavantage. Il a beau la brûler, la détruire, elle repousse derrière ses pas. Ces forêts renaissantes, qui ont enseveli l'œuvre civilisatrice des Jésuites, ces *capoéiros*, diffèrent profondément des vieilles forêts. C'est un autre monde. Les palmiers, les figuiers, suivis par un cortège innombrable de bois blancs, remplacent les bois durs : canelles, cèdres, pérobas, etc... Sous notre ciel tempéré, le retour à la forêt se fait plus lentement, mais tout aussi sûrement. Pour maintenir nos plantes cultivées, il faut le travail de l'homme. S'il vient à cesser, les mauvaises herbes prennent immédiatement le dessus. Que sont ces mauvaises herbes? Ce sont ou des plantes de la flore primitive qui se sont maintenues dans les cultures malgré les labours et les sarclages, ou des plantes échappées des landes et des friches. Leurs associations constituent la *jachère*.

On peut se demander pourquoi les espèces étrangères disparaissent aussi vite après la cessation du travail humain. Cela tient surtout à ce que la plupart de nos plantes cultivées sont originaires de pays plus chauds que le nôtre. Or, le froid diminue l'absorption de l'eau par les racines et ralentit la faculté d'absorption des sels par le protoplasma. Il en résulte que nos plantes cultivées exigent, pour se développer, un milieu particulièrement riche et humide qu'elles ne trouvent pas en dehors de nos cultures. C'est pourquoi aussi bon nombre de végétaux exotiques prospèrent admirablement dans nos jardins, mais dépérissent dans nos forêts.

Évidemment on peut citer quelques exemples de plantes étrangères qui, introduites avec les moissons, parviennent à se maintenir après leur disparition. Tel est le cas de *Melampyrum cristatum* qui émigre des chaumes sur les friches de nos coteaux calcaires ; mais l'hémiparasitisme de ce végétal suffit à expliquer sa persistance dans les endroits de faible concurrence vitale.

Dans le *Pâturage en forêt*, j'ai étudié sommairement les différentes formes de la jachère, qui s'harmonisent avec les terrains, qui s'enrichissent ou s'appauvrissent suivant que l'homme les laisse en paix ou les livre à ses troupeaux, et qui poursuivent sans trêve leur évolution vers la lande. Revenir sur la jachère serait dépasser les bornes de ce travail. Par contre, l'étude de la lande est en quelque sorte la base de l'étude des taillis. La technique y trouvera des rapprochements infiniment curieux et la pratique des enseignements utiles. Je vais donc examiner successivement la lande sous ses divers aspects. Bien des propriétaires en retrouveront l'image dans leurs forêts.

1. Lande de Buis. — La lande de buis occupe des étendues considérables en France sur les terrains calcaires. Elle pénètre même souvent en forêt où elle forme des taches,

des ilots, ou encore de larges enclaves. L'association comprend une flore xérophile où dominent, *Sesleria coerulea, Geranium sanguineum, Dianthus sylvestris, Hippocrepis comosa, Carex praecox, Laserpitium siler, Potentilla verna, Globularia cordifolia, Inula salicina, Sedum album, Asplenium trichomanes,* etc. Dans les Alpes, il faut y ajouter *Polygala chamaebuxus.*

La lande de buis n'est pas un *état statique.* Elle trouve son *équilibre* seulement dans les versants pierreux et dans la lande recepée ou entaillée tous les dix ou vingt ans. Laissée en repos, *elle tend vers la forêt claire de chêne rouvre, variété pubescente.* Cette ascension se fait par l'adjonction à la buxeraie pure de *Cerasus mahaleb, Amelanchier vulgaris, Coronilla emerus,* qui esquissent un premier cycle évolutif, suivi lui-même par un autre que caractérisent *Cratægus monogyna, Rhamnus alpinus, Sorbus aria, Corylus avellana* et *Acer opulifolium.*

Le mécanisme de l'évolution est simple. Sous les tiges grandies du buis, le couvert se relève assez pour que les graines des végétaux susnommés et transportés par le vent, les insectes ou les oiseaux puissent germer et percer le dais de verdure qui les surmonte. En raison de ses feuilles dures, coriaces, fortement cutinisées et lentes à se décomposer, la buxeraie n'amende que faiblement le sol, et c'est pourquoi l'évolution est si lente. Ce qui fait l'importance évolutive de cette lande, c'est surtout la nombreuse population animale qu'elle abrite, qu'elle nourrit, et qui réagit sur le sol qu'elle cultive et qu'elle enrichit de ses dépouilles. Vient-on à recéper la lande, aussitôt le buis bouillonne, et au couvert déjà relevé succède un couvert bas, impénétrable, au dessous duquel rien, absolument rien, ne peut venir. Aussi, quand je vois certains conservateurs des Eaux et Forêts prescrire le recépage du buis dans les coupes de taillis, je ne puis m'empêcher de bondir. Avoir passé toute son existence à mesurer les arbres pour savoir si l'un croit plus vite que l'autre, ce qui est pure contingence, et en arriver à ne pas lire l'A. B. C. de la nature, c'est plutôt triste ! Mon maître Broillard appelait cela l'ignorance en habit vert. Madame de Sévigné n'aurait pas trouvé mieux.

Propriétaires forestiers, possesseurs de landes de buis, respectez-les. Laissez-les évoluer et pousser ; gardez-vous de les sacrifier pour en faire une mauvaise litière. Vous en verrez se poursuivre la sûre évolution dont je viens de tracer le cadre. Si, toutefois, vous trouvez cette évolution trop lente, il n'y a qu'une seule essence à introduire dans la buxeraie, c'est le *pin noir*. Sans doute, j'ai bien rencontré à Saint-Maurice-en-Trièves, dans l'Isère, dans le Bugey, quelques landes envahies par le sapin pectiné et l'épicéa pleureur ; mais ce sont là faits observés à la limite extrême de l'aire d'habitation du buis (1600^m), sous un climat déjà humide, où croît en abondance *Sorbus aucuparia*, et ce serait aller trop loin que d'en tirer une conclusion générale et trompeuse. Et maintenant se pose une dernière question, celle-là toute théorique : la buxeraie est-elle un commencement ou une fin ? je penche pour cette dernière alternative, et je considère le buis comme une *relique* de la chênaie éventrée et disparue. C'est du moins la déduction qui s'impose quand on étudie attentivement la distribution du buis sur les collines calcaires de la région dijonnaise. Il n'est pas douteux que là, du moins, la buxeraie pure dérive de l'élimination de la chênaie (Fig. 81).

Il n'est toutefois pas permis de trouver dans la paléobotanique la confirmation de cette manière de voir.

2. Lande de Genévriers. — Il y a lieu de distinguer la lande du *Juniperus communis*, qui est celle des basses et moyennes stations, et la lande du *Junipérus nana*, qui est celle des régions alpestres.

Quand on suit le développement floristique d'une friche, on constate que le nombre des plantes annuelles et bisannuelles se réduit considérablement pour laisser la place aux

plantes vivaces. Dans les premières années de la jachère,
sur terrain de marnes crétacées, on trouve comme domi-

Fig. 81. — LANDE DE BUIS DANS LA FORÊT COMMUNALE DE GEVREY-CHAMBERTIN

Exemple de dégradation d'un taillis clair de chêne rouvre (Cliché H. Perrin)

nante *Ranunculus repens*, *Hypericum perforatum*, *Festuca
duriuscula*. Au bout de 5 à 6 ans, l'aspect de la jachère s'est
déjà complètement modifié. Si *Festuca duriuscula* et *Daucus
carota* sont encore largement représentés, *Poa compressa* et
Hieracium pilosella font irruption au travers des colonies

anciennes, et quelques pieds de *Cornus sanguinea* surgissent
çà et là. Sur des friches, vieilles d'une vingtaine d'années
et appartenant à la même formation géologique, de nombreuses espèces ligneuses, parmi lesquelles domine le
Juniperus Communis, disputent la place au gazon de *Brachypodium pinnatum* et de *Festuca duriuscula*. Cette lande
de genévriers se complète rapidement ensuite en *Rosa
canina, Cerasus prunus, Cratægus monogyna*. La lande de
Genévriers a ceci de particulier que, longue à s'installer sur
la friche, elle y progresse par bonds, dessinant des taches
et des bouquets épars. Constituant le refuge préféré des
merles et des grives, ces bouquets s'entourent de végétaux
bacciformes dont les semences ont été apportées par ces
oiseaux. Des sujets qui constituent la lande, les uns poussent
droits, les autres au contraire s'écrasent, laissant en leur
centre un vide où s'installent, douillettement et à l'abri de
tout danger émanant de l'homme et de ses troupeaux, les
semis de grandes essences forestières qui dominent dans la
région : chêne, orme, plus rarement charme et noyer, pin,
quand il s'en trouve. Bien fol est donc celui qui coupe ou
qui brûle le genévrier de sa lande : c'est vingt ans qu'il perd
pour la constitution d'un boisement économique et solide.

La lande à *Juniperus communis* est aussi un des premiers
stades évolutifs des friches à *Bromus erectus, Festuca duriuscula* et *Sesleria cærulea* des terrains calcaires. Ces friches
où abondent *Eryngium campestre, Hippocrepis comosa,
Polygala calcarea, Potentilla reptans, Calamintha acinos,
Plantago lanceolata, Ranunculus repens*, etc., se hérissent,
çà et là, de touffes clairsemées de *Salix capraea, Cerasus
mahaleb, Prunus spinosa, Berberis Vulgaris* ; puis apparaissent, en procédant toujours par bonds, des plaques de
genévriers, au travers desquelles s'édifie, plus ou moins
vite, suivant la proximité des boisements, la *brosse* de chêne
rouvre. Cette brosse, souvent considérée comme l'étape
dernière du boisement, ne cesse cependant de s'étoffer, de

s'enrichir en éléments nouveaux. Abandonnée à elle-même, elle tend, en effet, vers la forêt mélangée des terrains calcaires, où le hêtre s'insinue à la longue, lentement d'abord, plus rapidement ensuite, en profitant de tous les ridements de la surface et en choisissant les revers frais au Nord et à l'Est pour y placer son berceau. Telle est, en raccourci, l'ontogénèse de maintes chênaies qu'a épargnées la dent des troupeaux qui hantent la friche à *Bromus erectus*. Et, quand la chênaie se déchire sous l'influence du pâturage dégradant, c'est vers la friche de Brôme que se fait la régression. *Melampyrum arvense* m'apparaît alors comme le dernier et attardé témoin de la forêt détruite. Comme un cœur qui se débat pour ne point mourir, la forêt ne cède que lentement aux causes de destruction qui l'accablent. Ainsi que les pauvres illusions humaines, elle s'en va par lambeaux.

Quant à la lande alpestre de genévrier nain, elle occupe une zone situé entre 1.800 et 2.500 mètres d'altitude. Elle est constituée par un placage de buissons bas, à rameaux étalés sur terre en éventail. C'est une forme d'adaptation et de contrainte, organisée pour résister au vent, à la neige et au froid. Au centre du buisson se dressent souvent 2 ou 3 tiges qui peuvent exceptionnellement atteindre 1 mètre de hauteur, mais qui ne tardent pas à sécher, polies, usées, défeuillées par la violence des vents. Le genévrier nain est un des éléments constitutifs de la forêt claire d'arole, de mélèze, de pin de montagne, d'épicéa et d'aune vert. C'est au milieu de ses buissons que s'opère la lente régénération de toutes ces essences. Et, quand les grands frères ont disparu, il reste seul pour servir de témoin à l'ordre de choses établi par la nature. La lande de genévrier nain est donc la dernière souvenance des forêts disparues. C'est ce que montre à l'évidence la flore qui l'accompagne. Alors que le genévrier commun est l'avant-garde de la forêt qui marche, le genévrier nain est, au contraire, l'arrière-garde qui se replie. Il était bon de marquer cette différence.

3. LANDE DE GENET A BALAI ET DE GENET GRIOT. — Le genèt à balai (*Sarothamnus scoparius*) est fils de la lande des terrains granitiques, siliceux et argilo-siliceux. Il croît tantôt seul, tantôt en compagnie des fougères, des bruyères et des ajoncs. Sa présence indique un sol de qualité supérieure à celui qui ne produit que de maigres bruyères. C'est un végétal de premier jet, à irruption soudaine et violente, qui couvre de ses tiges serrées les chaumes de seigle, deux ou trois ans après l'enlèvement des récoltes. La lande, d'abord ininterrompue et très pleine, présente au bout de 9-10 ans quelques signes de lassitude. Les touffes de genèts s'éclaircissent du pied et sèchent par le haut. Vers la quatorzième année, les bouleaux commencent à apparaître, d'abord par pieds isolés, puis par bouquets. Ils mettent 10 à 15 ans pour crever la lande. Au bout de 20 à 25 ans, la boulinière devient une brosse de coudrier, chêne et bouleau mélangés,

La mise en valeur rapide de cette lande se fait par le *pin sylvestre*. A ce sujet, une question se pose : faut-il préalablement détruire la lande, par le fer ou par le feu ? Si l'on veut semer, *il faut brûler et écobuer* ; si l'on veut planter, on peut *le faire à l'abri du genèt*, mais il faut alors *dégager au bout de 2 à 3 ans*, sans quoi les jeunes plants filent et disparaissent. A noter que l'incendie provoque la formation d'un gazon très dru, mais peu nuisible, de flouve et de brachypode. Le genèt repose et enrichit la terre. Il n'y a pas longtemps encore que, dans tout le Plateau Central, le cultivateur brûlait l'arbuste pour semer dans sa cendre et faisait succéder, tous les 3 ou 6 ans, une récolte de seigle à la lande de genèt.

Dans le Plateau Central, la lande à *Sarothamnus vulgaris* est remplacée par la lande à genèt griot (*Sarothamnus purgans*). Il en est de même en Espagne, notamment dans les sierras de Guadarrama et de Moncayo. Mais, en raison de son port plus raide, le genèt griot ne touffe pas comme le genèt à balai. Il n'occupe donc pas le terrain à lui seul, et, à travers ses buissons, croissent *Vaccinium myrtillus*, *Calluna Vulgaris*, *Erica australis*, *Erica tetralix*, *Erinacea pungens*, *Halimium occidentale*. Abandonnée à elle-même, cette lande tend vers la forêt de pin sylvestre ; livrée aux troupeaux, elle se casse et finit en une lande de callune ou de bruyère.

Le genêt d'Espagne forme, dans l'Aude et dans la Péninsule ibérique, une lande lâche, parfois (Santander) mélangée de *Sarothamnus cantabricus*, à évolution lente. Bonne pour couvrir les égratignures d'un sol calcaire, elle conduit tout naturellement à la forêt artificielle de pin noir d'Autriche. Tout à côté de la lande de genêts, se place la lande si odorante des Retams blancs et jaunes (*Retama Bovei*, *Retama sphærocarpa*, etc.) de l'Algérie, du Maroc et de l'Espagne. C'est une lande des dunes et des terrains sablonneux, jadis étudiée par moi dans « Un coin de l'Oranie », que fortifie *Ephedra fragilis* sur le littoral Oranais et qui n'est pas autre chose que la préface de la forêt de genévriers oxycèdre et de Phénicie. Les beaux peuplements de Seddaoua, près de Cassaigne, n'ont pas d'autre origine.

Dans leurs études sur la végétation du Maroc, BRAUN-BLANQUET et René MAIRE donnent, pour la région de Mogador, la forêt claire d'arganier comme le lointain aboutissant de la lande à *Retama Webbii*. Ils ajoutent, cependant, que, dans les sables de Kenitra, le cycle évolutif de cette lande pourrait se fermer sur un peuplement de genévriers oxycèdre et de Phénicie. Qu'il me soit permis, à ce propos, de faire remarquer que toutes les mesures indiquées ou proposées par ces auteurs pour la consolidation des sables : emploi des graines de Retam, de Ricin, etc., ont été longuement développées par moi dans le travail précité, datant de plus de vingt ans. Il est vrai que quelques détrousseurs de haute marque avaient qualifié « Un coin de l'Oranie » d'œuvre de compilation. Je me console en constatant que, sous d'autres noms, c'est du nouveau. Mon verre est petit, mais je bois dans mon verre.

1. LANDE ALPINE. — La lande alpine de rhododendrons (*Rhododendron ferrugineum*) s'étend généralement entre la

zone des forêts et la zone subnivale, sur une hauteur de 300 mètres et plus. Elle caractérise les terrains siliceux, schisteux et erratiques.

Elle est fille de la forêt de mélèze, d'arole et d'aune vert. Originellement, elle formait, avec le genévrier nain, le sous-bois ou même le contexte de ces forêts ; mais l'homme et les troupeaux d'une part, la dégradation du climat d'autre part, ont fait disparaître les arbres qui l'abritaient, et elle finit par régner en maîtresse sur de grandes surfaces. Où qu'on l'observe, elle forme des fourrés épais, hauts de 0^m50 à 1 mètre, entrecoupés de genévriers nains, d'airelles canches, uligineuses et myrtilles, au milieu desquels percent quelques tiges amaigries de gentiane pourpre, d'arnica, de campanules, d'*Astrantia minor*, de *Melampyrum sylvaticum*, de *Lychnis flos Jovi*, de *Viola pinnata* et d'*Ononis rotundifolia*.

Elle donne naissance par ses dépouilles à un humus acide, tourbeux et infécond, *sur lequel ne prennent pas les semis naturels.*

L'incendie ne tue pas cette lande et, pour reconstituer la forêt spontanée, *il faut arracher le rhododendron à la main,* ce qui ne peut se faire que sur des étendues très limitées.

Partout où croît le rhododendron, partout s'étendait jadis la forêt. Et, puisque son aire d'arbuste social embrasse une hauteur d'au moins 300 mètres, on peut mesurer par là l'amplitude du recul de la végétation forestière dans les Alpes.

5. LANDE DE BRUYÈRES. — La lande de bruyères — *lato sensu* — couvre des espaces immenses en plaine et en montagne ; elle pousse même des incursions hardies jusque dans nos forêts. La monotomie de ces landes est bien atténuée par la beauté de leur tapis floral, qui prend toutes les teintes du rose, et par la délicatesse des clochettes pendues à l'extrémité des rameaux. Pour qui est poète ou qui porte une peine en soi, elles ont leur mélancolie et leur charme. La plupart de ces landes de bruyères sont par excellence enfants des terrains siliceux ;

mais leur domaine naturel s'est beaucoup accru du fait de l'incurie des hommes. Ce sont, en effet, souvent plantes des jachères, des grands vacants déboisés, des pâturages ruinés. Alors que la steppe évoque l'idée d'un paysage très ancien, la lande de bruyères ramène l'esprit vers la forêt détruite. Et il en est malheureusement trop souvent ainsi.

Espèces sociales, les bruyères ont cependant tendance à se mélanger pour mieux feutrer encore. Et leurs associations constituent un milieu d'autant mieux fixé, d'autant plus dur à éclaircir et à vaincre, que leur taille est plus réduite. Il faut avoir longuement parcouru ces landes par la pluie glacée et par le soleil brûlant pour en bien connaître la traîtrise, l'enlacement, l'obstacle qu'elles opposent à se laisser traverser. Le lapin est seul à en apprécier le couvert.

Infinies sont presque les variations de la lande de bruyères, depuis le tapis bas et serré que forme la petite bruyère cendrée, jusque aux hauts fourrés que constituent la bruyère à balais et la bruyère arbre. Dans cette complexité, je distinguerai cependant :

a) La lande spongieuse à *Erica tetralix*, qui couvre, avec les sphaignes, les petites tourbières des argiles et des sables nus. Cette lande occupe rarement de grands espaces. Elle recèle généralement en son sein quelques pieds de saules à oreillettes, et évolue rapidement vers un taillis où dominent l'aune et le saule cendré. Desséchée naturellement ou artificiellement, elle se garnit de callunes, au travers desquelles s'insinuent les jeunes semis de bouleaux. Sur ces terrains raffermis, le pin sylvestre peut être introduit avec succès (Cf. Allorge.)

b) La lande sèche à *Calluna vulgaris* est de tous les sols de granit, d'amphibole, de gneiss, de schistes, de sables et d'argiles siliceuses. Tantôt la callune est pure, tressée, et alors les petites plantes qui l'accompagnent d'ordinaire: *Genista pilosa, Hypericum quadrangulum, Meum athamanticum, Potentila verna, Alchemilla alpina, Solidago virga aurea* sont comme perdues dans sa masse ; tantôt son feutre, déchiré par places, laisse apparaître de petites pelouses de nard raide et de trèfle des Alpes ou des colonies plus étendues d'airelles myrtilles, d'airelles canches et d'airelles uligineuses; parfois encore, elle est percée de buissons de genévriers et de tiges raides et menues d'alisiers nains. Sur les argiles à silex, il y a bataille entre la lande de callune et la mer de fougère aigle : la bruyère gardant pour elle les parties les plus caillouteuses et la fougère les parties les plus argileuses. Si tenace qu'elle soit, cette lande de callune n'est pas éternelle; elle doit compter avec de puissants rivaux qui sont le bouleau et le tremble en plaine, le pin sylvestre en montagne. Petit à petit, ces nouveaux venus font tache dans l'immensité rose et blanche, finissent par en avoir raison et préparent ainsi le retour de la forêt spontanée, de la forêt du pays et du bon Dieu.

c) La lande solognote de bruyères est plus complexe encore. Elle débute d'abord par un frisson de bruyère cendrée (*Erica cinerea*) qui, elle-même, succède à *Rumex acetosella ;* puis, cette végétation frileuse et basse s'élève par adjonction de pieds nombreux de callune (*Calluna vulgaris*): elle se fortifie enfin, ça et là, par l'apparition de la haute bruyère à balais (*Erica scoparia*). Quand cette lande complexe a gagné la forêt, on voit dépérir graduellement et sécher les cépées de chêne rouvre, alors que quelques gros arbres de cette essence, témoins de jours meilleurs, dressent, au-dessus de ces vacants, des cîmes toujours amples et vigoureuses. Cela signifie clairement que le travail d'appauvrissement, ou mieux d'acidification du sol, n'a lieu que dans les couches supérieures de ce dernier et cela indique aussi le moyen d'y parer, qui est de *brûler la bruyère.*

Le grand ennemi de la lande solognote n'est pas encore tant le pin (maritime et sylvestre) que le bouleau. Si on laissait la lande au repos, elle se transformerait d'abord en boulinière, puis en chênaie. J'ai indiqué déjà que, dans les vides encallunés de la forêt solognote, l'alisier torminal ne

craignait pas l'acidité du sol. A noter aussi l'envahissement
de la flouve odorante après chaque incendie.

d) La lande cévénole, que j'ai étudiée près de Limoux
dans l'Aude, est encore formée par la callune et la bruyère
à balais. Elle est tout aussi dense et touffue que la lande solognote, mais elle garde plus longtemps le chêne emprisonné
dans son lacis. Le bouleau en est absent, et le frêne remplace
ici l'alisier terminal. L'évolution paraît se faire directement
de la lande à la chênaie. On a combattu cette lande avec le
pin noir d'Autriche en raison du sous-sol calcaire. Peut-être
pourrait-on aussi utiliser le pin maritime qui croît plus vite.

e) La lande andalouse de bruyères est formée par un mélange de *Calluna vulgaris*, d'*Erica scoparia*, d'*Erica stricta*
et d'*Erica arborea*. La callune ne dépasse pas 0 ᵐ 30 à 0 ᵐ 40,
mais elle est l'ennemi le plus terrible de la forêt et des plantations. La bruyère à balais, à toutes petites et nombreuses
fleurs blanches, portées sur de longs pédoncules, est moins
exclusive que la précédente, et par suite aussi, moins nuisi-
sible pour le forestier. La bruyère dressée, à magnifiques
fleurs rouges, de 6 millimètres et plus de longueur, atteint
des dimensions un peu plus élevées que la *Scoparia* ; elle est
aussi moins encombrante. Enfin, la bruyère arbre, à petites
fleurs roses, peut atteindre 3 à 4 mètres de hauteur ; elle
dessine des oasis où se cramponne la flore du maquis.

Sous le soleil brûlant de l'Espagne, cette lande atteint une
vigueur, une densité et une résistance inouïes. Les troupeaux
eux-mêmes n'arrivent pas à l'ouvrir. Elle a remplacé la forêt
de chêne tauzin et de chêne liège par de longues étapes de
dégradations successives. On la combat difficilement et mal
à l'aide de plantations de pin maritime.

Plus encore dans l'Espagne si tristement dénudée qu'en
France, la lande de bruyères apporte sa note mélancolique
dans la physionomie du pays. Dans les massifs montagneux
du Nord Atlantique, *Erica cinerea, E. vagans, E. lusitanica,
E. scoparia* se disputent la prééminence. Dans des peuple-

ments alanguis et clairs de chênes pédonculé, tauzin et vert, j'ai trouvé *Erica arborea, E. aragonensis, Calluna vulgaris* enserrant un maigre sous-bois de *Crataegus monogyna, Sarothamnus cantabricus, Ulex europaeus, Genista? Adenocarpus?* et *Cytisus?* Les forêts de *Quercus tozza* et de *Fagus sylvatica* de la Galicie sont envahies par *Erica cinerea, E. aragonensis* et *Calluna vulgaris*, qui finissent par s'isoler sur de grandes étendues. Dans la sierra de Guadarrama, les genévriers oxycèdre et de Phénicie sont mangés par la lande d'*Erica scoparia, E. australix*, auxquelles se mélangent *Genista pilosa* et *Genista Lobelii*. Dans les montagnes de Tolède, le maquis de *Quercus coccifera, Phillyrea angustifolia, Pistacia terebinthus* est noyé dans une mer de *Calluna vulgaris, Erica arborea, E. lusitanica*, qu'embellissent de nombreux cistes. Dans la province de Gerône, le chêne rouvre, qui domine un sous-bois de laurier thym, voit tresser à ses pieds *Calluna vulgaris, Erica cinerea* et *scoparia*, toutes plantes qui se sont progressivement substituées à une végétation de *Arbutus unedo, Ligustrum vulgare, Phillyrea angustifolia, Cornus sanguinea, Crataegus monogyna, Prunus spinosa*, dont on retrouve encore les témoins isolés ou groupés.

ʝ) Lande à *Calluna vulgaris* et *Ulex nanus*. Quand l'ajonc se mêle à la bruyère (Sologne, argile à meulière de la région parisienne, dunes), c'est l'indice d'une dégradation encore plus avancée du sol. Généralement, l'ajonc envahit surtout les *vieilles bruyères*. Vient-il en sauveur ou en naufrageur? Je ne saurais le préciser. Toujours est-il que sa venue coïncide avec un nouvel et très accentué recul de la forêt. Les principales caractéristiques de cette lande sont *Deschampsia flexuosa, Danthonia decumbens, Anthoxantum odoratum, Agrostis vulgaris, Galium saxatile, Genista anglica, Genista pilosa*. En traversant récemment les dunes de la région bordelaise, j'ai constaté que, comme dans les Cévennes, l'incendie provoquait l'irruption d'une haute graminée, dont les hampes flétries et jaunes contrastaient puissamment avec le vert glauque de la pineraie et le vert noir de la lande.

La lande de bruyères et d'ajoncs provient de la dégradation de la chênaie siliceuse de Rouvre, par l'élimination progressive, sous l'influence de l'acidité du sol, des essences qui accompagnent habituellement le chêne: charme, bouleau, tremble, et d'un petit nombre de morts-bois, comme la bourdaine, le néflier, le houx. Dans les Landes, il m'a semblé que le bouleau avait, sur certains points, tendance à envahir la lande, mais celle-ci procède plus étroitement encore de la régression, puis de la disparition, de la forêt de chêne occidental et de chêne tauzin.

Le pin sylvestre et le pin maritime sont, comme on sait, les essences appelées à renover cette lande. Mais, là où ils prospèrent côte à côte, il est à remarquer que le sylvestre élimine plus vite et mieux la bruyère et l'ajonc que le pin maritime.

g) La lande à *Ulex nanus* et *Ulex gallii* est surtout bien représentée en Bretagne, en Irlande et en Écosse. Elle exige donc un climat humide et doux. Je ne la connais guère en dehors de certains coins du Morvan, où elle est associée au houx, et du Plateau Central, où elle est accompagnée par *Calluna vulgaris* et *Genista pilosa*. Elle m'a paru singulièrement fermée et tenace, tirant son origine de la forêt détruite, ici de chêne et hêtre, là de chêne et de pin. HARDY arrive aux mêmes conclusions pour les Highlands d'Écosse. Et c'est encore le pin qui brisera son essor.

Ce qu'il faut retenir de cette longue étude, c'est l'action dégradante de la lande de bruyères et d'ajoncs, provoquée par une acidité de plus en plus grande du sol. On s'explique que, mécaniquement aussi, les germes déposés au sein de cette lande éprouvent de grandes difficultés pour se développer, en raison d'abord de l'inextricable réseau de racines qui fouillent en tous sens le terrain et le dessèchent profondément, en raison ensuite du couvert bas et épais, sous lequel doivent se dérouler les premières phases de leur existence. Aussi, je n'hésite pas à conseiller *l'incinération de la lande*, quand on voudra procéder à des plantations ou à des semis.

Par ce moyen, on combattra l'acidité du sol et on supprimera la concurrence vitale.

6. LANDE DE CISTES. — Par ses magnifiques fleurs blanches, roses, rouges, jaunes, qui flamboient sous le soleil, la lande méridionale épuise presque toute la gamme des couleurs. Mais ces fleurs ardentes passent vite comme le désir assouvi, et le moindre toucher les ternit. Cette lande de cistes est de tous les pays que baignent les flots bleus de la Méditerranée. On la trouve dans le Midi de la France, l'Espagne, le Portugal, l'Algérie, le Maroc, où elle est à la fois le dernier soupir de la forêt mourante et le premier sourire de la forêt renaissante. Privée de ses fleurs, la cisteraie est morne, triste, de par ses feuilles et ses tiges, en général ternes, grisâtres, parfois gaufrées. Elle tire sa puissance de ses graines petites, innombrables, douées d'une vie ralentie et que l'*incendie réveille*. Elle est donc, soit le résultat de la régression du peuplement sous l'influence du pâturage, soit l'ornement et la réaction d'un sol brutalement dénudé. Décrire toutes les associations où les cistes figurent serait chose presque impossible. Je me bornerai donc à indiquer les principales.

FIG. 82. — CISTUS MONS-
PELIENSIS, L.

(1) Rameau fleuri.
(2) Feuilles.
(3) Pistil et Étamines.

Le ciste de Montpellier (Fig. 82), aux rameaux visqueux et aux fleurs blanches, est spécial aux terrains siliceux. Il évoque, soit le maquis de pistachier térébinthe, de nerprun alaterne, de philarias à feuilles étroites et intermédiaires, soit la forêt de chêne liège. Dans la sierra de Guadarrama, il forme, avec le *Cistus populifolius*, le clair sous bois des forêts de pin sylvestre et de pin maritime. Avec le *Cistus villosus*, il caractérise, au Maroc, les peuplements dégradés de *Juniperus oxycedrus* et *Juniperus phœnicea*. Avec le *Pistacia lentiscus*, le *Rhus pentaphylla*, le *Chamœrops humilis*, le *Plantago lagopus*, il est encore une des caractéristiques de l'olivette sauvage et rompue. Dans la grande forêt de la Mamora, le *Cistus salviæfolius* (Fig. 83), aux fleurs jaunes, accompagne, avec le *Daphne gnidium*, le chêne liège et le poirier longipède. Il en est de même dans tout le Sud de la péninsule ibérique. Le *Cistus laurifolius*, en association avec le *Cytisus alpinus*, rénove, dans le moyen Atlas, la cédraie détruite par le feu ou par la dent des troupeaux. J'ai précédemment indiqué le rôle énorme que joue, en Espagne, le *Cistus ladaniferus* (Fig. 84), providence des terrains brûlés. Mais nulle part je n'ai vu la lande de cistes aussi fougueuse, aussi bariolée, aussi vivace, aussi tenace que dans la sierra Morena. Elle comprend *Cistus populifolius*, pouvant atteindre un mètre de hauteur totale, *Cistus salviæfolius*, moitié moins élevé, à feuilles petites, gaufrées et à fleurs jaunes, *Cistus Clusii*, encore plus petit. Elle dérive alors d'une ancienne forêt de chêne liège, dont on trouve encore quelques échantillons épars, et qui a cédé la place à un bas fourré de callunes et de bruyères.

FIG. 83. — CYSTUS SALVIÆFOLIUS, L.

(1-2) Rameaux fleuris. (3) Feuille 1/2.
(4) Pétale 1/2. (5-6) Enveloppes calycinales.
(7) Pistil. (8) Poil des feuilles.

Sur les dunes du littoral méditerranéen de la région de Valence, croissent *Cistus albidus*, *Cistus crispus*, *Cistus salviæfolius*, toutes plantes qui paraissent succéder, par voie de régression, à un maquis de *Quercus coccifera*, *Arbutus unedo*, *Osyris lanceolata*, *Phillyrea angustifolia*, *Rhamnus lyciodes*, *Pistacia lentiscus*, *Halimium halimifolium*. Et cette lande parait pouvoir se fermer sur une forêt de *Pinus halepensis*, comme cela arrive, du reste, dans les pineraies de la région oranaise d'Ammi-Moussa où abondent les *Cistus albidus* et *Cistus polymorphus* (Fig. 85).

Ainsi que je l'ai dit précédemment, la cisteraie provient surtout du feu, qui a dénudé le sol, calciné la terre, revivifié les graines. Plus le feu a été fréquent, plus aussi la lande est serrée. Toutefois, si l'on excepte le ladanifère, la cisteraie est grêle, peu fournie. Par une évolution qui est lente sur un sol calciné et appauvri, que n'enrichissent guère les feuilles coriaces et persistantes des cistes, la lande se referme presque toujours sur une forêt de chênes (liège, vert, tauzin), de genévriers ou de pins. Maire prétend qu'il est facile de travailler sur

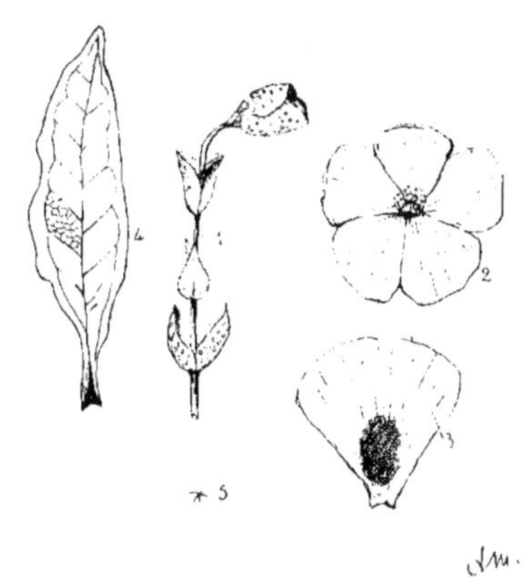

FIG. 81. — CISTUS LADANIFERUS, L.

(1) Rameau fleuri. (2) Corolle, étamines et pistil, (3) Pétale. (4) Feuille. (5) Poil.

une telle lande. Je n'en crois rien. Les essais tentés sur les Cerros de la Garganta, en Espagne, le prouvent surabondamment. Et le mieux est encore de laisser faire la nature, ou de rétablir la phase du maquis.

La lande de Garou *(Daphne gnidium)*, si commune en Algérie et au Maroc, est bien encore un paysage effacé de la forêt de chène liège. Elle prolonge en quelque sorte, sur de vastes étendues, et sur des sables pliocènes, l'orbe de la grande forêt de la Mamora. Elle est beaucoup plus forestière que la lande de palmier nain. Je l'ai vu combattre par des plantations d'*Acacia decurrens*, magnifiquement réussies, dans la région de Kénitra, où les vents mordent et décapent le sable comme dans l'Oranie.

7. LE SAVART. — Le savart nous ramène dans la Champagne pouilleuse, pauvre, misérable, nue, où, comme le dit Reclus, « les résineux qu'on y plante montent sans ardeur d'un sol qui n'a pas assez de sucs pour composer des troncs vigoureux ». Mais cela encore est de l'histoire ancienne. Même malingres, même courtauds, les pins ont envahi les savarts, et c'est à peine s'il reste encore 25.000 hectares de ces derniers dans le département de la Marne. C'est le sylvestre d'abord, le pin noir ensuite, qui ont opéré ce miracle. Le savart a tout le cachet de la steppe, en ce sens qu'il est sans arbres autres que le genévrier ;

FIG. 85. — CISTUS POLYMORPHUS, WILK.

(1) Rameau avec capsules. (2) Fleur passée.
(3) Pistil et Etamines. (4) Feuille.
(5) Disposition engaînante des feuilles.

mais la facilité avec laquelle il s'est laissé reboiser montre, en dehors de toute autre considération, que cette steppe est d'origine humaine. Deux plantes qui foisonnent partout, *Genista pilosa* et *Festuca duriuscula*, constituent l'âme du savart. En juin-juillet, quand le genêt couvre la steppe de son jaune manteau de fleurs, l'air est rempli d'un parfum âcre, violent, sensuel. La végétation arbustive est quasi nulle. C'est à peine si, de loin en loin, on trouve quelques plants d'aubépine, de cornouiller, de nerprun et d'églantier.

C'est en 1755 que le baron de Pinteville fit exécuter les premières plantations de pins sylvestres en Champagne. En 1828, on introduisit le pin laricio, plus résistant à la dent du lapin, et, en 1850, le pin noir d'Autriche. Aujourd'hui, la pineraie couvre bien près de 100.000 hectares. Quelques essences ont été également employées en dehors des pins, en vue surtout de créer des abris pour le gibier : bouleau, saule marsault, aunes *(Alnus glutinosa et incana)*, sorbier, cytise, bourdaine, mahaleb. Toutes ces essences sont d'un faible rendement. Le pin sylvestre étant généralement déformé par la pyrale des pousses et des bourgeons, on tend à lui substituer le pin noir et le pin laricio. Est-ce un bien ? Je n'en sais rien, car, sur le savart, le pin sylvestre se régénère avec une fougue et une facilité incroyables. Aussi, je persiste à croire qu'en sélectionnant les graines du pin sylvestre on arriverait à créer une variété locale, souple et résistante. Je crois également que la plantation de noyers greffés, le long d'allées, serait une excellente mesure pour la santé du massif et pour la bourse des propriétaires.

On s'est demandé si, abandonnées à elles-mêmes, ces pineraies de la Champagne crayeuse se perpétueraient dans le temps. Mon maître Fliche dit non, et il a raison. C'est aussi l'avis de Laurent. Mais on peut et on doit se demander alors vers quelle destinée tendent ces reboisements. La réponse a été donnée par Laurent. En étudiant les garennes (graviers crayeux) de la terrasse supérieure des vallées champenoises, cet auteur a reconnu que tous ces terrains ont été boisés de chêne rouvre, auquel étaient mélangés des érables champêtres, des alisiers blancs et torminaux, des ormes champêtres, des hêtres, avec souille de coudriers et de saules marsaults. Des témoins de cet ancien état de choses, qui remonte au début de l'époque pléistocène, des documents historiques en font foi. Les savarts ne seraient donc point d'origine steppique, comme le croyait Fliche, mais bien le résultat ultime d'un déboisement poursuivi par le fer et par le feu et opéré par nos lointains ancêtres. Les fameux coquefichiers (hêtres) de Merry-sur-Marne seraient ainsi les descendants dégénérés d'une antique hêtraie. Celui donc qui voudrait, sous la pineraie, reconstituer la forêt primitive devra s'adresser au chêne rouvre et au foyard. C'est bien ainsi d'ailleurs que se ferme le cycle de la pineraie temporaire en terrains calcaires.

Quant à l'amélioration du sol par le fait de la végétation des pins, elle est énorme. Laurent a trouvé, sous un peuplement de pin sylvestre de 42 ans, 35.261 kilogrammes, et sous un peuplement de pin noir d'Autriche de 30 ans, 15.132 kilogrammes pour le poids de la couverture morte à l'hectare. Cette énorme proportion de couverture tient à la lente décomposition des aiguilles et à la forte défoliation des pins sur ce sol très sec.

8. Lande d'Airelles. — Avec les airelles aux fruits noirs et rouges (*Vaccinium myrtillus, V. Vitis Idaea, V. uliginosum*) et les busseroles (*Arctostaphylos alpinum, A. officinalis*), nous devrions marcher sous l'ombrage d'une forêt de pin sylvestre, d'arole, de mélèze, d'épicéa, de sapin, de hêtre ou de bouleau. Mais la lande touffue et trompeuse ne vient pas de suite rappeler à l'esprit l'image du temps passé. Et, cependant, elle est, à n'en pas douter, née sous la futaie disparue, cette lande acide qui couvre tant de chaumes vosgiens, alpins, cévénols et morvandiaux. Hors ces baies, elle est vaine pour l'homme et étonnamment maigre pour les troupeaux. Qu'on supprime ces derniers et la forêt renaît, en pin ou en bouleau, en sapin, en épicéa, en mélèze, tout lui est bon. Mais, surchargée de bestiaux, fauchée, elle s'appauvrit encore et retourne à la lande de bruyères et de rhododendrons. A noter que le sapin de Douglas ne la craint pas quand l'altitude s'y prête (600 à 800 mètres).

Il y aurait encore beaucoup à dire sur certaines associations *pérennes* et communes, comme la *framboiseraie*, la *ronceraie*, sur la lutte qui s'établit entre la *végétation traînante* et les *formes arbustives en boule*, mais ce serait trop allonger ce chapitre que d'étendre les exemples des *enchaînements naturels* qui abondent dans la lande comme dans la forêt. Je me bornerai à citer une évolution compliquée, que j'ai maintes fois rencontrée dans les Alpes siliceuses dauphinoises. Elle a son point de départ dans des coupes à blanc estoc pratiquées dans les sapinières, en voici le détail:

Horizon de la ronce (végétation traînante) .	5 à 6 ans.
Horizon du *Lonicera nigra* (forme arbustive en boule).	10 à 15 ans.
Horizon du sureau (forme dressée).	10 à 12 ans.
Horizon du sorbier, du hêtre, du coudrier, de l'aulne, de l'érable	15 à 20 ans.
Retour de la forêt résineuse . .	40 à 53 ans.

Quittant la lande, je vais maintenant, et pour finir, aborder quelques associations qui paraissent étrangères à la forêt et qui, cependant, font trop souvent corps avec elle.

1. FOUGERAIE. — La première est la *Fougeraie*. Celui qui n'a pas circulé, après une pluie battante, dans les fourrés serrés et mal odorants de la fougère aigle *(Pteridium aquilinum,* Kuhn) ne saurait se faire une idée de la puissance de sa végétation. Elle croît sur tous les sols sablonneux et argilo siliceux. En Sologne et sur les argiles à silex et à meulières, elle devient une calamité. Tantôt elle fait la transition entre la lande et la forêt, tantôt elle caractérise le spectre biologique de certaines associations, tantôt et le plus souvent elle *suit, dans nos taillis, l'incendie et les ravages du lapin.* Elle est pourvue d'un rhizome profond, vivace, enfoui très loin dans le sol, qui en rend l'extraction, sinon impossible, du moins fort difficile. Envahissante au premier chef, elle donne des fourrés exclusifs et ses frondes mortes s'entassent sur le sol en un matelas roussâtre, très long à se décomposer et qui ne laisse place à aucun semis.

La fougère aigle accompagne généralement la callune, et la lutte qui s'établit entre elles se tranche généralement au profit de la première. Sur la *zone de contact* entre ces deux associations, on constate très souvent que la bruyère disparait sous les frondes couchées de la fougère. Dans les forêts des environs de Paris, sur des places ravagées par les lapins, la végétation arbustive est remplacée par un tapis de mousses et de lichens, que la fougère ne tarde pas à couvrir de ses tiges pressées.

Atteignant presque la hauteur d'un homme, ces fourrés *massifs* de fougères font la désolation des planteurs. Ils résistent aux fauchages répétés, et on ne peut en avoir raison qu'*en brisant, au premier printemps, la crosse qui assure la reproduction de la plante*. Peut-être pourrait-on essayer également, sur une jeune repousse, la pulvérisation d'une solution de 10 litres ou de 18 kilogrammes 200 par hectolitre d'eau de bisulfate de soude (Ranbaud et Dupont), ce qui sera peu coûteux. Mais, dans les pauvres taillis évidés et envahis par la fougère aigle, le spécifique souverain est le bouleau semé sur buttes.

2. Associations des Marais et Tourbières. — Les marais et tourbières pénètrent aussi profondément dans nos forêts humides. Ils sont envahis par une végétation débordante d'*Arundo phragmites*, de *Gladium mariscus, Carex riparia. Carex stricta, Carex paradoxa, Phalaris arundinacea, Cirsium oleraceum, Typha angustifolia, Typha latifolia, Spiræa ulmaria, Œnanthe fistulosa, Eupatorium cannabinum, Senecio paludosa, Molinia cærulea*, etc. Tous ces terrains pourraient et devraient être emplantés de peupliers, d'aunes et de frênes ; malheureusement, on recule devant les frais que nécessite le nettoiement du sol. Si l'on veut procéder sans dépense, le mieux est de mettre le feu aux grandes herbes, soit au printemps avant leur repousse, soit à l'automne après le dessèchement des tiges. Immédiatement après, on bouturera serré du peuplier. Si l'on a des disponibilités plus grandes, on ouvrira des rigoles se branchant sur un collecteur, et l'on plantera, sur les ados des fossés, peupliers, aunes et frênes. L'essentiel est que les billons provenant de la terre des rigoles soient assez élevés pour que les jeunes plants n'aient pas leurs racines dans l'eau. L'épan-

dage de scories de déphosphoration, ou même simplement
de chaux, à une dose modérée, activera la végétation des
plants en diminuant l'acidité du sol et tiendra en respect les
herbes du marais.

3. GRAMINÉES SOCIALES. — Les graminées sociales
et feutrantes sont fort préjudiciables à la culture forestière. Mon excellent ami, M. Tripier, a montré comment s'abimaient les forêts de la région de Bourg sous la
poussée toujours plus forte du Rosat (*Molinia cærulæa*).
Par suite de pratiques abusives, les taillis ouverts de chêne
pédonculé, bouleau, charme et coudrier se creusent de plus
en plus ; la molinie se jette dans les vides et finit même par
disparaître pour laisser la place à la bruyère. En tous
terrains argileux et compacts, les graminées feutrantes : Aira,
Molinia, etc., se tiennent prêtes à profiter du moindre découvert pour occuper solidement le sol brodé seulement de
quelques tiges maigriotes de bourdaine. Sur toutes les places
ainsi envahies, le taillis manque d'élévation et de vigueur.
C'est ordinairement le coudrier qui rétablit l'équilibre en
faveur de la forêt et qui ramène le chêne. Mais ces formations
feutrantes se reboisent difficilement toutes seules et font la
désolation de certains forestiers. Il y a, cependant, un remède
bien simple pour les détruire : c'est d'allonger la durée des
révolutions. En dehors de cela, et si la place est au soleil, je
ne vois que la plantation de coudriers, frênes et chênes pédonculés mélangés pour extirper le mal.

4. — FRICHES CALCAIRES. — Les friches calcaires occupent
des surfaces considérables sur les terrains jurassiques.
Festuca duriuscula et *Sesleria cærulæa* caractérisent les parties en pente ; *Bromus erectus, Festuca duriuscula* et *Brachypodium pinnatum*, les parties en plateau. Ces friches ont
succédé à d'anciennes forêts de chêne rouvre. Les plantes
qui les peuplent ne sont d'ailleurs qu'une *survivance* de la
flore des clairières et des vides de cette forêt de chêne. Il est
facile de suivre la formation de cette friche sur l'emplace-

ment des vignes et des cultures fruitières, abandonnées par suite du défaut de main-d'œuvre. Le reboisement s'opère avec lenteur par l'apparition d'églantiers *(Rosa canina, Rosa stylosa)*, puis de cornouillers *(Cornus sanguinea)*, de viormes *(Viburnum lantana)*, de coudriers *(Corylus avellana)*, de mahalebs *(Cerasus mahaleb)*.

Parfois, cependant, les choses vont plus vite sous la poussée de l'épine noire *(Prunus spinosa)*, dont les rameaux sont chargés d'*Evernia prunastri*. Au fur et à mesure que la friche tend vers la brosse, le tapis végétal se modifie, et les graminées xérophiles font place à une flore plus riche et plus nuancée, où l'on rencontre *Globularia vulgaris, Ononis columnæ, Fumana procumbens, Hippocrepis comosa, Alsine tenuifolia, Potentilla verna, Sedum album, Linum tenuifolium, Hieracium pilosella, Taraxacum officinale, Coronilla minima, varia, maxima*. etc., etc. Et, comme je le disais dans le « Pâturage en Forêt », entre la brosse naissante, formée par des cépées de chêne et d'alisier, noyées au milieu d'un fourré encore vulnérant d'épines et de mort-bois, et la forêt définitive de chêne, fruitiers, charme et hêtre, on peut observer tous les intermédiaires. La chaîne est continue, comme est aussi continu l'effort de la nature. L'évolution ne dépend que de l'homme et de ses troupeaux. Interviennent-ils brutalement et abusivement, c'est le recul ; profitent-ils sagement du gazon et des bois, c'est l'arrêt ; n'interviennent-ils que pour récolter les fruits mûrs, c'est la marche indéfinie en avant. A noter que deux plantes, *Laserpitium asperum* et *Laserpitium gallicum* ont une signification très précise dans le cycle évolutif qui va de la forêt à la friche ou de la friche à la forêt. Elles marquent la *cassure* très nette qui se produit au *milieu* du stade de régression ou de progression, c'est-à-dire qu'elles indiquent le *passage de la forêt à la brosse ou de la brosse à la forêt*.

Ces friches calcaires, d'un très maigre rendement et d'une très faible valeur, ne peuvent être reboisées qu'en pin noir d'Autriche.

5. — Steppe Salifère. — J'ai parcouru en Oranie, en Australie et en Amérique d'immenses étendues de terrains salés, généralement improductifs. C'était des restes d'anciens lacs, couverts de plantes halophiles qui résistent à l'ardeur du soleil grâce aux propriétés hygrométriques du sol. La steppe salifère algérienne est principalement formée de guétaf *(Atriplex halimus)*, de Semmoumed *(Salsola longi-folia)*, de *Salsola vermiculata* et de *Suæda fruticosa,* qui conduisent à la forêt de tamarix ou qui n'en sont plus que les témoins. En Australie, le fond des lettes est occupé par des Salicornes, des Triglochins *(T. Mucronata, T. striata)*, des Casuarinas *(C. glauca)*, des *Melaleuca (M. thyodes)*, tandis que les rives et les parties exondées portent *Rhagodia Billiarderi, Atriplex rhagodiodes, Eremophila maculata,* au milieu desquels s'élèvent des buissons de *Fusanus acuminatus, F. spicatus, Exocarpus aphylla, Kochia polypterygia, Acacia genistoides.* Et ces formations caractéristiques ne sont elles-mêmes souvent pas autre chose que des formes de régression, sous l'influence des incendies, de la forêt d'*Eucalyptus celastroides, Fusanus spicatus, Acacia genistoides, Hakea Pressii, Grevillea Huegelii* et *Melaleuca uncinata.* Ces *saltbushs* sont non seulement la joie des yeux quand les bleus *Rhagodias* sont en fleurs, mais aussi la providence des pasteurs et la bénédiction des territoires calcinés de l'Australie. On se demande même comment l'introduction des *Rhagodias,* en Algérie et au Maroc, n'a pas encore été tentée depuis longtemps pour la mise en valeur des Dayas.

Des fortunes considérables ont été dissipées en Amérique dans l'achat de terrains salés. L'irrigation parvient bien à corriger l'infertilité de ces sols ; mais l'eau n'est pas abondante partout, et son évacuation ne peut se faire qu'après l'exécution de coûteux travaux. Plus simple me paraît être la méthode que j'ai préconisée dans « Un coin de l'Oranie » et qui consiste à *semer* et à *brûler* des Soudes. D'une part on peut utiliser les graines de Soudes pour la nourriture du bétail; d'autre part chaque récolte enlèvera 20 à 25 kilogrammes par hectare de matières salées au sol qui deviendra bientôt apte à porter d'autres cultures. Pour le forestier, l'essentiel est de savoir que la steppe salifère a pour aboutissant une forêt de Tamarix. Si le climat s'y prête, on pourra aussi essayer l'introduction *d'Eucalyptus celastroides* et *d'Eucalyptus salmonophloia*.

Les Réactifs

Dans une étude récente sur la végétation des Pyrénées, M. Gaussen rappelle la dispute qui s'est élevée entre mon collègue et ami Lenoble et les forestiers, au sujet du déboisement des Alpes, qualifié de légende par ce naturaliste. Gaussen constate que les arguments apportés de part et d'autre laissent beaucoup à désirer. Sans entrer dans le vif du sujet, je voudrais simplement indiquer ici combien il eût été facile de trancher le différend en faisant appel aux *réactifs,* c'est-à-dire aux *plantes reliques.* J'en ai cité quelques exemples au cours de ce chapitre. On pourrait en allonger la liste. Il me paraît difficile de soutenir que les buis, les airelles, les busseroles, les genévriers nains, les rhododendrons ne sont pas une *survivance* des forêts détruites. Il me paraît impossible de prétendre que les pyroles ne sont pas *évocatrices* d'un état boisé, chacune des espèces ayant une préférence marquée pour des formes définies de peuplement. Il me paraît impossible de soutenir qu'*Astrantia minor* n'est pas une plante du mélèzein ; qu'*Asperula odorata* n'est pas une constante de la hêtraie ; que *Premanthes purpurea* (¹) n'est pas la compagne du sapin ? Non, la forêt n'a pas disparu sans laisser derrière elle des témoins vivants de son existence, sans qu'on puisse aujourd'hui encore tracer les limites de son aire dans le passé, grâce à la *survivance* de plantes qui lui faisaient cortège.

Ces réactifs ne sont pas là seulement pour attester le déclin et le retrait de la forêt ; ils sont là aussi pour déceler les

---

(1) A. Mathey : Une herborisation à la Dôle Société forestière de Franche-Comté. Tome VII. N° 3, Septembre 1905.

changements qui s'opèrent dans la composition et la vitalité
de nos associations forestières. Il n'est pas douteux que
l'intervention de l'homme agisse pour modifier les plans de
la nature. Les forêts *travaillées* en vue d'un but et d'un
rendement définis sont souvent des *formes de contrainte* qui
s'abiment devant les yeux des forestiers étonnés. Et, quand
cet événement se produit, ce n'est ni la hache, ni le compas,
ni les quartiers bleu, jaune ou vert, qui pourront rétablir
l'équilibre nécessaire à la vie et à la perpétuité de nos massifs
forestiers. L'élimination du hêtre dans les sapinières du
Jura a été une faute lourde ; la chasse faite au tremble dans
certaines de nos forêts du Val de Saône en a été une autre.
Sans le houx, le cèdre du moyen Atlas ne se régénèrerait
pas avec autant de facilité après les incendies, et sans le
laurier thym (*Viburnum tinus*) le chêne vert de la même
station, ne trouverait pas un si parfait stimulant à sa végétation. Nul, encore, n'oserait croire que le désert qui s'étend
entre l'Alpe du mont de Lans et Saint-Christophe-en-
Oisans a été boisé, si, dans une folle traversée, je n'y avais
pas découvert des buissons de *Juniperus sabina*. Et Gaussen
lui-même, tout en déclarant qu'il n'est pas partisan d'une
trop grande généralisation de la notion de réactifs, confesse
que « des sous-bois qui contiennent *Calluna, Sarothamnus,
Arbutus uva-ursi, Prenanthes purpurea, Vaccinium myrtillus*
correspondent certainement à un milieu où le sapin pourrait
vivre ». Le même auteur signale qu'au sommet de la forêt
de Joux à Ax-les-Thermes, toute une sapinière pure est en
train de disparaître faute de régénération, malgré les coupes
qui y sont faites et qui en emportent les derniers lambeaux.
Ce n'est toutefois pas dans le sol, comme il le croit, qu'il
faut chercher l'explication du mal, mais bien seulement
dans l'élimination des essences adjuvantes, hêtre, bouleau
ou même morts-bois, qui ferment le cycle de la régénération.
Dieu sait combien de pleurs ont été versés sur la disparition
du chêne de nos taillis-sous-futaie ; mais, au lieu d'en dé-
mêler les causes, on s'acharnait après le roi de nos forêts,

en invoquant un soi-disant pouvoir curatif de la hache,
comme si vraiment, à force de tirer de l'eau d'un puits,
on ne finissait pas par le tarir ! Il y a des impondérables
dont un forestier ne peut voir les conséquences que s'il est
naturaliste. C'est ce que j'ai voulu montrer par ces exemples.

Les Contacts

J'entends par là le contact qui se produit, dans une zone
contestée, entre une essence qui décline et d'autres qui
aspirent à la remplacer. Ce contact s'établit sur les limites

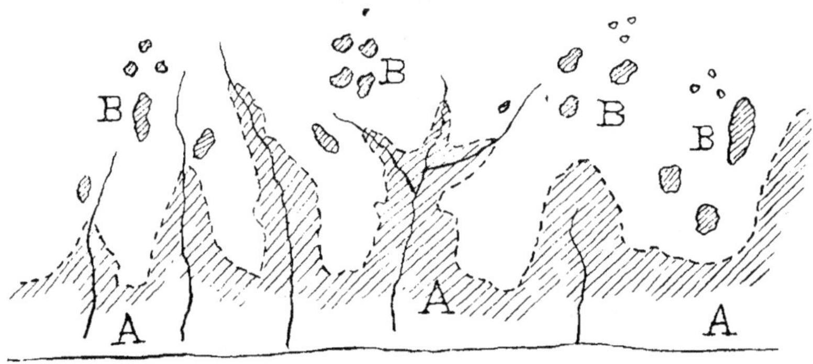

Fig. 86

de l'aire d'habitation des différentes espèces. On reconnaît
qu'une essence est située aux confins de son habitation à la
fragmentation de ses colonies. De la masse cohérente se détachent des antennes qui se terminent elles-mêmes par des
bouquets et des sujets isolés. On se trouve donc en présence
de *stations disjointes* qui peuvent tromper le praticien. Ces
stations reflètent le tempérament de l'essence. S'il s'agit de
plantes méridionales, elles se maintiendront seulement sur
les revers ensoleillés et sur les bancs de rochers qui emma-
gasinent la chaleur (buis, chêne vert, chêne rouvre, érable
à feuilles d'obier). S'il s'agit de plantes boréales, elles se
maintiendront sur les versants frais, dans des vallées profondes, et parfois même exclusivement au voisinage de
sources, de marais ou même dans les tourbières (érable
sycomore, érable plane, hêtre, rhododendron, etc.). Il n'est

question ici que de végétaux *ubiquistes*, car, pour les autres, le changement dans la nature du sol, passant du calcaire à la silice, provoque une *cassure* qui ne peut être considérée comme un contact.

Les contacts se font suivant des contours très irréguliers (Fig. 86). De la mase A se détachent des stations isolées B, et le pouvoir de réaction de l'essence considérée n'est évi-

Fig. 87. — DERNIERS BOUQUETS DE TREMBLE
ENTRE LES ÉTAGES ET LA BERARDE.

demment pas le même en B qu'en A. Deux cas peuvent se présenter. Ou bien l'essence restreint son orbe : c'est le cas du recul de la végétation sur les sommets ; ou bien l'essence agrandit son orbe : c'est le cas de l'enrésinement des bas taillis en montage. Suivant la valeur de l'essence, on sera naturellement conduit, soit à combattre, soit à seconder l'effort de la nature. Si l'on veut maintenir une essence qui tend à disparaître, on prendra des mesures appropriées de conservation. On furetera par exemple le hêtre au lieu de l'exploiter en taillis simple ou composé ; on réservera, au moment du balivage, toutes les cépées d'érable sycomore ou d'érable plane dans les stations disjointes ; on allongera la durée des révolutions pour les essences d'ombre ; on la réduira autant que possible pour les essences de lumière. Si l'on veut, au contraire, favoriser l'expansion d'une essence particulièrement recommandable pour son bois, on s'efforcera de réaliser les conditions de couvert les plus propices à sa régénération ; c'est ainsi que les longues révolutions sont favorables au sapin, défavorables aux pins et à l'épicéa. Mais c'est surtout par la *réserve massive* que l'on obtiendra *l'abondance des semences* et que l'on aidera au maintien et à l'expansion des essences rares ou précieuses. Je me souviens d'un temps, pas encore bien éloigné, où, pour se faire bien venir des populations, on sacrifiait de propos délibéré tous les sapins et épicéas dans les pauvres taillis de la Savoie. Je fus le premier à réagir contre ces errements déplorables et à introduire,

FIG. 88. — LE DERNIER MÉLÈZE,
VERS 2.400 MÈTRES.
CHANTELOUVE, VILLE-VIEILLE-EN-QUEYRAS.
(Cliché d'Alverny).

dans les règlements d'exploitation, cette formule simpliste, qui assurait l'avenir : « réserve de tous les résineux isolés dans les taillis, jardinage dans les bouquets cohérents à raison d'un arbre sur trois ».

Il faudrait un volume pour décrire tous les contacts observés dans la nature. En les analysant, on verrait que, même la distinction classique entre la zone des forêts feuillues et celle des forêts de conifères, est plutôt théorique que réelle... C'est ainsi que, dans le Tessin, le hêtre s'associe au mélèze vers 1.300 mètres ; que, dans la Mateysine, il accompagne le pin sylvestre vers 1.200 mètres ; que, dans les Vosges, il s'élève plus haut que le sapin et l'épicéa ; que, dans le Jura, il lutte, pas toujours à son avantage, avec le

Fig. 89. — LES DERNIERS CEMBROS, VERS 2.400 MÈTRES.
LA TAURE, VILLAR SAINT-PANCRACE.
(Cliché d'Alverny).

sapin pectiné entre 400 et 900 mètres ; qu'en Chartreuse, il suffit d'une faute de culture pour le voir évincer brutalement le sapin et l'épicéa vers 1.400 à 1.500 mètres d'altitude. J'ai déjà dit combien la disparition des érables sycomores avait pesé sur les destinées de la pessière de Génieux. J'ai eu la confirmation de cette vision du passé en traversant, de Drevar à Siebenik, les forêts vierges de la chaîne croate. Partout, j'ai vu les troncs gigantesques de l'érable sycomore se mêler aux longs mâts des sapins et des épicéas. C'est là un bon exemple de ce que j'appellerai par la suite des *Valences*. Il n'est pas besoin d'aller jusqu'en Russie, dans les forêts des Apanages, pour voir le bouleau et le tremble fraterniser avec les conifères. En haut du Fresney-d'Oisans, sur les flancs des montagnes du Mont-de-Lans, vers 1.600 à 1.700 mètres, on pourra s'assurer que ce bouleau et ce tremble forment avec le mélèze une solide et remarquable association. L'épicéa qui dispute souvent à l'arole et au mélèze les sommités alpestres, devient, dans les basses vallées, après avoir modifié son port, une précieuse recrue pour les taillis d'aune blanc. Le pin sylvestre garnit les clairs et rocheux taillis de chêne rouvre de la région de Saint-Étienne et de Rochetaillée (Loire); mais plus haut, sur les pentes du Pilat, il cède la place au sapin. Il en est de même dans les basses Vosges. La photographie ci-dessus (Fig. 87) représente les derniers boisements de bouleau dans la vallée du Vénéon, entre les Étages et la Bérarde, aux confins du Parc National. *Væ solis !* Leur disparition prochaine est écrite au livre du Destin. Et ils disparaîtront aussi, ces mélèzes et ces cembros, jetés en pâture à l'avalanche, que mon excellent camarade d'Alverny a

Fig. 90. — VIEUX FOYARDS, AU PÉRIER.
Cliché Hulin .

fixés, agonisants, sur la plaque (Fig. 88 et 89), et ceux qui viendront après nous accuseront la nature marâtre d'un deuil qui, certes, n'est pas le sien. Il suffit, en effet, de voir ces vieux foyards du Périer (Fig. 90), entourés d'une magnifique jeunesse, pour constater que, malgré leurs tares et leurs blessures, conséquences de la neige et du climat hostile, ils n'échappent pas à la fonction dévolue à tout être vivant : naître, se reproduire et mourir.

Indépendamment de ces contacts, en quelque sorte *stationnels*, il y a des contacts *accidentels*, occasionnés par les gelées printanières, le vent, un excès ou un défaut d'humidité dans le sol et dans l'air, la compacité du terrain, etc. Ces contacts accidentels ne se trouvent plus sur les lisières de la zone d'habitat; ils dessinent des *lacunes* à l'intérieur même de cette zone (Fig. 91). Ainsi en est-il du hêtre dans les coulisses gélives. Ainsi encore quand le frêne déborde ses frontières naturelles, on le voit alors immédiatement se couvrir des roses de l'Hylésine.

FIG. 91

Ces considérations générales ne nous ont pas éloigné des taillis autant qu'on le croirait. Elles nous montrent en tous cas que la forêt n'est pas le domaine de la formule, mais bien le théâtre de la vie. Il est bon de le proclamer très haut, à un moment où l'on cherche les poux dans la chevelure de tous nos arbres, où l'un prédit gravement la faillite du chêne de juin, où l'autre voue l'orme aux Dieux infernaux et où les avions déversent des ordures sur les pins d'Alsace. Tout cela, c'est de la casse qui coûte cher.

La vraie forêt, celle qui n'a rien emprunté à l'homme et qui n'en a pas subi les caprices, est variée, ondoyante, diverse, pleine des pieds à la tête. Elle recèle en elle-même une force qui ne peut mieux se comparer qu'à celle d'un ressort tendu. J'ai eu la bonne fortune de la contempler en des points du globe les plus éloignés. Sa majesté et sa beauté ont fait sur moi une impression que rien ne parvient à détruire. Son silence, son mystère ont quelque chose de religieux. Sa richesse est grande. Voyez plutôt (Fig. 92) cette forêt d'*Eucalyptus regnans* des montagnes de Victoria avec son sous-bois de fougères-arbres, où les tiges de grosseur inégale montent vers le ciel dans un ensemble impressionnant, où il n'y a pas de vides, où chaque arbre s'est assuré une place appropriée à sa taille. Y a-t-il au monde quelque chose de plus gracieux, de plus vivant et de plus beau ? Et combien j'aime Gaussen évoquant, lui aussi, la merveilleuse forêt du Haut-Pallars, cette forêt pyrénéenne extraordinaire, en majorité de bouleaux, mais avec des pins à crochets et de longs sapins, avec aussi du chêne rouvre, du tremble, du sorbier des oiseleurs, de l'alisier blanc, du frêne, de l'aune,

FIG. 92. — FORÊT VIERGE D'EUCALYPTUS REGNANS.
PROVINCE DE VICTORIA, AUSTRALIE.

du tilleul, du pin sylvestre ! La voilà bien, la forêt mélangée, vivace et éternelle, que nous devons chercher à imiter.

Les Valences

De même que les atomes d'une molécule sont maintenues par des forces attractives qui en assurent la cohésion, de même les essences d'un peuplement sont réunies par des liens et des affinités obscures qui en assurent la perpétuité et que je désignerai sous le nom de *valences*. Ces valences sont à la fois fonction du sol et de la vie. Elles donnent à chaque type de forêt sa physionomie propre. Même quand cette forêt se disloque, elles demeurent comme les formules de constitution autour desquels viennent cristalliser les réactions. Elles correspondent sensiblement aux divisions que j'ai établies page 211 pour les sols. Les voici succinctement résumées :

1er Groupe
- Valence : Chêne pédonculé, frêne et orme.
- Formes de liaison : Saulnaie, aulnaie.
- Formes aberrantes : Populnaie, pessière.

2e Groupe
- Valence : Chêne rouvre, hêtre et charme.
- Forme de liaison : Boulinière.
- Formes aberrantes : Châtaigneraie, robineraie.

3e Groupe
- Valence : Chêne pédonculé, charme, coudrier.
- Forme de liaison : Coudraie.

4e Groupe
- Valence : Chêne rouvre et charme.
- Forme de liaison : Chêne rouvre et hêtre.
- Forme aberrante : Chêne rouvre, hêtre et frêne.

5e Groupe
- Valence : Chêne rouvre, hêtre et fruitiers.
- Forme aberrante : Chêne rouvre, hêtre et frêne.

6e Groupe
- Valence : *a)* Chêne rouvre { type continental. / type méridional.
- *b)* Chêne vert.
- Formes dégradées : Maquis, garrigue.
- Forme aberrante : Juniperaie.

La Forêt ondoyante et diverse

Les abords de la forêt étant déblayés, nous pouvons maintenant pénétrer à son intérieur et en étudier l'agencement intime, en suivant le plan que nous venons de tracer. C'est le meilleur moyen de ne pas s'égarer, et c'est pour avoir méconnu ces distinctions fondamentales, qu'estimateurs, aménagistes et baliveurs se sont parfois si lourdement trompés.

Premier Groupe

Ce groupe comprend les forêts situées sur les alluvions modernes et, par extension, les forêts situées au voisinage des queues limoneuses d'étangs, sur les îles et les grèves des fleuves, rivières et torrents. Elles sont fréquemment submergées par les eaux et colmatées par leurs dépôts. La base minéralogique est formée par des sables gras ou des graviers cimentés par un fin limon argileux ou calcarifère.

Ces forêts d'alluvions, ordinairement entourées de prairies, sont extraordinairement fertiles. C'est sur ces sols privilégiés que se rencontrent les plus belles futaies sur taillis de France (Fig. 93). Elles y étaient encore plus nombreuses autrefois, comme en témoignent les nombreux cantons de *Deffoy*, anciennement bois en défens, qui sont prés aujourd'hui, et souvent même mauvais prés, sur des terres de sables filtrants.

FIG. 93. — TYPE DE FORÊT DU PREMIER GROUPE
CHÊNE PÉDONCULÉ, FRÊNE, ORME.

Au premier printemps, *Lysimachia nummularia* étale sur le sol son riche manteau de fleurs jaunes et fait voler au moindre contact l'essaim doré de son pollen. La végétation herbacée comprend à la fois des plantes vernales, comme *Anemone sylvi, Ranunculus auricornus, Ficaria ranunculoides, Caltha palustris, Primula officinalis, Cardamine pratensis, Lythrum salicaria*, et des plantes ombrophiles, telles que *Sisymbrium alliaria, Viola sylvestris, Geranium roberticum, Spiræa ulmaria, Stachys sylvatica, Arum maculatum, Agrostis vulgaris*, qui couvre les jeunes coupes de ses tiges pressées et menues. Dans les mares et les fossés abondent *Iris pseudo acorus* et *Oplismenus crus-galli*. Mais la plante *caractéristique* de ces sols est le crin végétal *(Carex brizoides)* qui, dans les vieux taillis, balance sa fragile hampe grise au-dessus d'un élégant tapis d'émeraude (Fig. 94).

Ce crin végétal est un sous-produit intéressant de la forêt. Il sert pour le rembourrage des matelas et des meubles, la confection des liens ; il pourrait remplacer l'Alfa dans la fabrication du papier.

On le récolte de Juin à Octobre, en enroulant les feuilles sur un bâton ; porté sur des chemins ensoleillés pour le faire un peu sécher, il est ensuite tressé en cordes, à l'aide d'un crochet. Cent cinquante kilos de Carex sec donnent cent kilos de matière cordée, valant environ trente francs.

Les morts-bois sont peu nombreux, fugaces et figurés par des saules (*Salix fragilis*, *Salix viminalis*, *Salix cinerea*), des fusains (*Evonymus europeus*), des nerpruns

FIG. 94. — TYPE DE FORÊT DU PREMIER GROUPE TACHE DE *Carex brizoïdes*.

(*Rhamnus catharticus*), des bourdaines (*Frangula vulgaris*), des aubépines (*Cratægus monogyna*) et surtout des groseillers (*Ribes rubra* et *Ribes uva-crispa*). L'épine noire (*Prunus spinosa*) persiste seule dans les taillis âgés de 20 à 25 ans, où elle forme des buissons bas, très caractéristiques. Le houblon (*Lupus humulus*) et la clématite (*Clematis vitalba*), sporadiques sur ces terrains, sont des ennemis à surveiller de très près.

Aux types de la valence se mêlent en proportion variable

des merisiers, des érables champêtres, des saules blancs, des aunes et des peupliers (*Populus nigra, Populus canescens*), dont la végétation est débordante. Les taillis paraissent toujours *clairs* et on a tendance à les sous-estimer. Leur rendement est cependant considérable, en raison de l'élévation des perches.

C'est l'humidité du sous-sol qui entretien la belle végétation de ces forêts. Si cette humidité vient à disparaître, comme cela arrive souvent à la suite de l'abaissement du plan d'eau des rivières, il se produit une régression dans le peuplement, qui perd de son élongation, et une modification profonde dans la souille et le tapis végétal. D'une part, les plantes aquatiques se localisent au voisinage des mares et des fossés ; d'autre part, il y a un afflux de morts-bois qui s'emparent solidement du terrain et dont l'existence est prolongée. Si l'on n'augmente pas immédiatement la durée de la révolution, la forêt finit par se *casser* complètement. Sur alluvions calcaires, ces morts-bois sont représentés par des épines-vinette, des viornes obier, des épines blanches, des coudriers, mais surtout par des *Nerprans purgatifs* qui sont les véritables *réactifs* de ces forêts ébranlées. Sur ces terrains éminemment filtrants, inondés l'hiver, calcinés l'été, le peuplement se déchire, et les sujets de la valence dessinent des taches, des ilots au milieu des morts-bois, des saules et des trembles toruleux. Les peupliers plantés dépérissent et meurent ; seuls les bouleaux introduits se défendent contre la sécheresse (Vallée de la Tille, en Côte-d'Or).

La Saulaie caractérise les terrains inondés, les iles et les graviers fluviatiles. *Deschampsia cæspitosa, Urtica dioica, Lythrum salicaria, Phalaris arundinacea, Stachys palustris* couvrent densément le sol. Ces plantes sont dominées à leur tour par de nombreux saules (*Salix alba, Salix purpurea, Salix viminalis*), des aulnes, des trembles, des peupliers noirs, et enfin par les arbres de la valence : orme, frêne, chêne pédonculé, celui-ci étant le dernier venu dans la forêt naissante.

Les Taillis tourbeux ou *fest-carr* des Anglais, ont des affinités étroites avec ce groupe. Le tapis végétal est formé de *Phragmites, Molinies, Polystichum thelipteris, Aconitum napellus, Carex paniculata, Carex paradoxa, Iris pseudo acorus,* au milieu desquels s'égare parfois la superbe *Osmonde royale.* La bourdaine, le saule cendré et le saule pourpre, le troène et le nerprun forment des berceaux que finissent par relier des aunes, des ormes, des frènes et des chênes pédonculés. Dans ces taillis tourbeux, on doit, au passage des coupes, réserver toutes les essences de bois durs. Si l'on veut aider la nature, c'est l'aune et le peuplier qu'il faut employer. L'introduction du pin weymouth est plus aléatoire, en dehors de la basse montagne.

L'Aulnaie présente un mélange de la flore des marais et de la flore sylvatique. A ses pieds ou dans les vides croissent : *Equisetum maximum, Festuca gigantea, Carex pendula, Scirpus sylvaticus, Primula elatior, Paris quadrifolia, Impatiens noli-tangere, Allium ursinum, Arum maculatum, Cirsium oleraceum, Epilobium hirsutum, Spiraea ulmaria, Urtica dioïca.* La souille comprend *Ribes rubrum, Cornus sanguineus ;* le houblon et la clématite se montrent là particulièrement envahissants et dangereux. A l'aune noir qui forme le fond du peuplement viennent s'ajouter, sous l'influence d'un traitement convenable, les essences de la valence, ainsi que quelques saules blancs et cendrés. Ces taillis d'aune sont toujours très pleins et d'un rendement élevé.

J'ai déjà signalé que, dans les environs de Paris, le calcaire de Champigny était souvent recouvert de limons extrèmement fertiles (Rozoy-en-Bric, etc.), sur lesquels la valence (chêne pédonculé, orme et frène) se développe merveilleusement, accompagnée par le peuplier grisard qui atteint là des dimensions exceptionnelles. Ces terrains sont couverts, au printemps, de bleues jacinthes (*Endymion nutans*).

La Populnaie se rencontre surtout dans les îles des fleuves et dans les dépressions humides, comme celles qui bordent les voies ferrées. Elle se maintient là grâce à des exploitations fréquentes, qui favorisent le drageonnement du peuplier noir et qui gênent l'installation des bois durs. Elle est ordinairement mélangée de saules.

Formes aberrantes. — Les formes aberrantes du groupe sont représentées surtout par des types montagnards.

Les alluvions graveleuses des vallées alpestres sont presque toujours envahies par de vigoureux taillis d'aune blanc (*Alnus incana*), dont la longévité est en relation avec l'état de division du sol et qui, sous un couvert un peu relevé, finissent par abriter de nombreux semis *d'épicéa pleureur*. Maintenus à l'état de réserves de taillis, ces épicéas ne tardent pas à transformer l'aunaie peu rémunératrice en une *pessière* de grande richesse. Mais, pour cela, il faut éloigner les troupeaux qui, dédaignant les taillis d'aune, se jettent avec avidité sur les jeunes pousses d'épicéa.

Sur les grèves du Drac et de la Gresse (Isère), la forêt se constitue par étapes. La grève nue est couverte d'une pauvre végétation de *Taraxacum dens leonis*, *Epilobium hirsutum*, *Plantago lanceolata*, *Plantago cynops*, avec quelques fragiles semis d'aune blanc dans les cailloux, de saules et d'hippophaès dans les cuvettes remplies de limon. Puis vient une association forestière composée de saule drapé, saule pourpre et peuplier noir. Ce qui pointe, c'est le saule pourpre avec ses ramules rougeâtres ou verdâtres ; ce qui tresse et s'arrondit en boules, c'est le saule drapé. A ces trois plantes primordiales s'associent généralement ensuite l'hippophaé, le mahaleb et la coronille arbrisseau. La résistance du peuplier noir est surprenante. Sur des souches recépées très haut et très mal, naît une nuée de rejets qui filent avec une prodigieuse rapidité. A la vérité, ces rejets, si vigoureux dans leur jeunesse, donnent de pauvres arbres déjetés, tordus, qui suent la misère avec leur écorce longuement crevassée et leur cime souvent dépouillée. Le bois est grossier, râpant à la main, troué par de nombreuses larves et souvent pourri au pied.

L'évolution se poursuivant, on arrive à la forêt typique, constituée par l'aune blanc, le frêne, le chêne pédonculé, le bouleau, le cerisier et l'ypréau. Le sous-bois est formé simplement de bourdaine, de troène et de chèvrefeuille (*Lonicera periclymenum* et *L. xylosteum*). A signaler encore, un peu partout, des ilots de pin sylvestre, dont les graines, venues de fort loin et échouées sur les grèves, ont crû à l'abri de toute concurrence vitale. Ces pins sont bas, écrasés, mal venants sur ces cailloutis agglomérés en un véritable béton. Ce n'est que sur le sol ameubli et enrichi par l'humus que les pins de deuxième génération donneront de meilleurs sujets. Dans les parties les plus anciennement exondées, j'ai souvent vu effectuer des plantations prospères d'acacia. Ces indications montrent l'utilité, pour le reboiseur alpin, de mélanger le saule drapé, le saule pourpre et le peuplier noir dans la confection des cordons.

Deuxième Groupe

Ce deuxième groupe comprend surtout des sables de nature et de composition très variables, des grès, des gaizes, des faluns et des tuffeaux. Nous y trouvons : les grès bigarrés du Trias ; les grès et les sables dolomitiques à *Avicula contorta* du Rhétien ; les sables verts de l'Albien (forêt de Soulaine) ; la gaize de Rethel ; les sables de la Puisaye, du Maine, du Perche ; la gaize cénomanienne de l'Argonne, çà et là recouverte de sables glauconieux, phosphatifères, à *Pecten asper* ; la gaize du Pays de Bray ; les couches sableuses du Turonien de l'Anjou ; les sables de Saumur du Senonien ; les sables de Bracheux, le tuffeau de la Fère (forêt d'Eu), les sables de Rilly, dans la montagne de Reims, du Thanétien ; le tuffeau de l'Aisne, les sables d'Auteuil du Sparnacien ; les sables de Cuise, d'Hérouval, de Pierrefonds, d'Aisy, les grès

de Sermiers de l'Yprésien ; les sables de Grignon du Luté-
tien ; les sables de Beauchamp et de Marines du Bartonien ;
les sables de Fontainebleau, de Jeurre, de Morigny, de
Pierrefitte, d'Ormoy du Stampien; les sables de l'Orléanais,
du Blésois de l'Aquitanien ; les sables de Sologne de l'Hel-
vétien, les faluns de l'Anjou du Miocène.

Sur tous ces sols perméables, profonds, la forêt, à condition d'être *pleine*, se montre admirable de venue. Les fûts des
réserves sont *longs*, propres. Les taillis rachètent leur faible
densité par leur élongation. Sans doute certaines forêts de
ce groupe ne paraissent pas justifier le rapprochement que
j'en ai fait ; mais il faut attribuer leur décadence, non pas
au sol qui les porte, mais à des abus anciens de jouissance
et à un traitement défectueux. C'est ce dont j'ai pu me rendre
compte dernièrement encore, en visitant la forêt de
Rambouillet, où, sur un sable cru, la misère voisine la
richesse. Toutes les inégalités de croissance observées, aussi
bien en Sologne qu'ailleurs, peuvent donc s'effacer, grâce à
des mesures appropriées de traitement.

Le type de ces forêts du 2ᵉ groupe est formé par des taillis
clair-plantés, à tapis herbacé peu varié, où la moindre trouée
provoque l'apparition des plantes sociales : bruyères, airelles,
genêts à balais, graminées feutrantes. La flore comprend
principalement *Polypodium dryopteris, Pteris aquilina, Danthonia decumbens, Aira flexuosa, Festuca canina, Holcus
mollis, Anthoxantum odoratum, Luzula albida, Luzula
forsteri, Convallaria maïalis, Hypericum pulchrum, Teucrium
scorodonia, Betonica officinalis, Melampyrum pratense,
Senecio sylvaticus*, etc.

La valence est formée par le chêne rouvre, le charme et
le hêtre ; mais elle est rarement complète et le plus
souvent *déchirée*. Le châtaignier introduit vient, çà et là,
donner à la forêt un agréable cachet exotique. Enfin le
bouleau, le tremble, le merisier, l'érable champêtre, le saule
blanc, le grisard complètent la trame des peuplements.

La forêt déchirée va de la forme la plus dégradée : chêne rouvre × bouleau, aux types plus riches : chêne rouvre × bouleau × châtaignier, — chêne rouvre × bouleau × charme × châtaignier, — chêne rouvre × charme × bouleau × divers, — chêne rouvre × charme × hêtre × divers. C'est dans les sables coquilliers les plus riches (Grignon) que le hêtre prend son plus beau développement.

Si la souille de ces taillis est presqu'inexistante, en revanche l'invasion des arbustes sociaux, favorisée ou provoquée par la multiplication des lapins, conduit très vite ces forêts à la ruine. Le bouleau est le grand reboiseur des peuplements dégradés, et c'est surtout en sa faveur que doit jouer la *réserve massive*. Le Grisard peut également jouer un grand rôle dans les regarnis des taillis clairiérés. L'incendie est à redouter tout particulièrement dans les taillis envahis par la bruyère.

Boulinière. — Quand la forêt a par trop pâti de l'incendie et de l'abroutissement, quand les exploitations se succèdent à trop brève échéance en découvrant le sol, les taillis fondent sous la poussée grandissante de la lande de bruyères, et il ne reste plus qu'une boulinière de maigre rapport, que l'on doit enrichir par des plantations de pins sylvestres et maritimes.

Chataigneraie. — Les plantations anciennes de châtaignier ont souvent donné à ces sols une grande richesse. Croissant activement dans leur jeune âge, les taillis de châtaignier sont très pleins. Les feuilles, larges et lentes à se décomposer, se plaquent sur le sol, y entretiennent une fraîcheur constante et réduisent à presque rien le tapis végétal. Ce dernier est surtout représenté par des touffes grêles d'Aira. Les cépées donnent des tiges droites, longues, mesurant à 15 ans jusqu'à 10 mètres d'élévation et 0 m. 30 de tour à hauteur d'homme. Un hectare renferme de 6.000 à 7.000 perches. Le châtaignier est donc à recommander à l'égal des pins pour le reboisement de ces terrains et l'enrichissement de leurs forêts ; à l'état de cordons, il s'oppose efficacement au développement de l'incendie.

Robineraie. — L'acacia, lui aussi, se plaît en ces terrains. Et sa rapide croissance dans le jeune âge, la valeur de son bois utilisé sous de faibles dimensions le recommandent à l'attention des sylviculteurs. Il est employé dans la fixation des talus de chemins de fer et de routes, dans le comblement des vides du taillis. Il demande des stations abritées et craint la dent du lapin. Il forme des taillis pleins, élancés, souvent encombrés de ronces ou garnis d'une végétation peu drue de graminées parmi lesquelles domine *Aira flexuosa*.

Forme aberrante. — Une forme curieuse de passage entre le premier et le deuxième groupe se montre dans les landes de Gascogne (Arcachon), où le *chêne pédonculé* s'associe, sur les sables crus du littoral, au pin maritime, au chêne liège et à *l'arbousier*. Le sous-bois est de cistes, ajoncs, bruyères et fougères.

Troisième Groupe

Ce groupe englobe les marnes et les alluvions anciennes. Ces dernières, constituées par des éléments roulés et peu décomposés, forment des terrains élevés de 8 à 10 mètres au-dessus des cours d'eau ; elles sont tantôt à éléments siliceux, tantôt à éléments calcaires, et toujours très boisées. Leur coloration varie du gris au jaune. Les marnes, généralement cultivées ou transformées en embouches, sont bleues dans le lias où elles sont chargées de matières organiques, bariolées dans le trias où se trouvent de nombreux affleurements de gypse. A ce groupe appartiennent les forêts de Citeaux, Seillon, Sénart, Amance, etc.

Souvent désignés sous le nom *d'herbues*, ces terrains ont une forte tendance à se couvrir d'un manteau épais de graminées variées : *Milium effusum, Calamagrostis epigeios, Aira cæspitosa, Festuca arundinacea, Agrostis canina, Poa nemo-*

ralis, Anthoxantum odoratum, Holcus mollis, Avena pubescens, etc. Parmi les autres figurants du tapis végétal, les plus répandus sont : *Juncus capitatus, Luzula vernalis. Luzula erecta, Ficaria ranunculoides, Anemone nemorosa, Primula elatior, Convallaria maïalis, Vinca minor, Veronica chamædrys, Origanum vulgare, Galeopsis tetrahit, Stachys sylvatica, Ajuga reptans, Melampyrum pratense, Erythræa centaurium. Hypericum pulchrum. Potentilla tormentilla, Ervum tetraspermum, Lotus uliginosus, Myosotis palustris, Epilobium parviflorum, Eupatorium cannabinum*, etc. *Angelica sylvestris* dresse, le long des chemins et dans les vides, ses grandes tiges fistuleuses et aromatiques ; le jonc des jardiniers (*Juncus glaucus*) surgit sur l'emplacement des chênes arrachés ; *Juncus bufonius* étale, le long des charrières, le tapis serré de ses tiges menues sortant d'un frais coussin de racines ; les chèvrefeuilles grimpent après les tiges du taillis et les sculptent ; les ronces festonnent dans les jeunes coupes et emprisonnent, pour un temps, les semis de chêne et de bouleau.

Fig. 95

TYPE DE FORÊT DU TROISIÈME GROUPE.

La valence est formée de chêne pédonculé, charme et coudrier (Fig. 95). A ces essences primordiales s'associent, suivant le jeu des révolutions, l'érable champêtre, le tremble, le bouleau et l'aune. Tantôt le brassage de ces différents éléments est complet ; tantôt, au contraire, l'une ou l'autre de ces essences secondaires se groupe en petits paquets : tremblière et aunaie surtout. *Le chêne de juin* appartient à cette formation. Quant au chêne rouvre, il existe bien, ça et là, dans les peuplements, particulièrement sur les sols calcaires ; mais il est là à titre *d'invité* et sa propagation est due surtout aux balivages.

Les morts-bois sont représentés par le saule marsault, l'épine blanche, le fusain, la bourdaine, le troène, le cornouiller sanguin. Ils ne sont ni gênants ni encombrants. Ce qu'il faut redouter par dessus tout dans ces taillis *serrés* et *trapus*, c'est d'abord le pâturage que tente le développement exagéré du tapis végétal ; c'est ensuite l'invasion de la molinie bleuâtre, accompagnée de la bourdaine. C'est encore par une *réserve massive*, non éclectique, que l'on combattra cette dernière.

Coudraie. — Le coudrier m'est toujours apparu comme une des formes primordiales de ces terrains argileux. Il en est l'âme ancestrale. Et, cependant, il a des racines moins profondes dans le temps que les aunes et les bouleaux, puisque ses premiers restes apparaissent seulement dans l'oligocène, c'est-à-dire à partir du Sannoisien et du Stampien. D'où vient donc qu'il a pu se tailler une part si large dans l'occupation de ces sols ? C'est que, par son enracinement, son couvert, sa facilité de reproduction par semences, sa forme basse, étalée et trapue, il s'adapte merveilleusement au terrain qui le porte. « Année de noisettes, année de disette », dit le proverbe populaire. Rien de plus vrai, et cela montre que le coudrier n'a pas à souffrir du climat humide et froid de nos plaines tertiaires. De fait, il donne des taillis pleins, de repousse facile, résistants, sous lesquels se forme rapidement un terreau doux et d'une admirable fertilité. Dans les forêts ouvertes et cassées, exploitées jeunes, où le coudrier n'est que sporadique, on doit, pour le réensemencement, en réserver les plus belles cépées.

La flore de la coudraie n'a rien de caractéristique. Je la vois surtout composée d'*Anemone nemorosa*, de *Ranunculus auricomus*, *Convallaria maïalis*, *Viola sylvestris*, *Lamium galeobdolon*, *Milium effusum*. Les Anglais y ajoutent *Endymion nutans*, qui caractérise beaucoup mieux, à mon sens, les formations du second groupe.

Quatrième Groupe

C'est le groupe des argiles compactes, imperméables et froides, qui comprend à la fois les cailloutis des plateaux (glaise de la Chambarand, Isère), les terres blanches de l'oxfordien et les grandes étendues boisées de l'argile rouge à silex du bassin de Paris. Mais, alors que les cailloutis des plateaux et l'argile à silex sont franchement siliceux, les terres blanches de l'oxfordien sont nettement calcaires, à moins cependant qu'elles ne soient recouvertes, ce qui est souvent le cas, d'un manteau siliceux d'argile à chailles.

Dans les formations siliceuses, le tapis végétal comprend principalement *Anemone nemorosa*, *Helleborus fœtidus*, *Arabis sagittata*, *Erysimum cheiriflorum*, *Malva alcea*, *Hypericum montanum*, *Genista tinctoria*, *Astragalus glycyphyllos*, *Ulex europaeus*, *Sarothamnus scoparius*, *Coronilla minima*, *Peucedanum alsaticum*, *Serratula tinctoria*, *Crepis setosa*, *Senecio erucifolius*, *Erythrœa centaurium*, *Lithospermum officinale*, *Betonica officinalis*, *Calamintha clinopodium*, *Euphorbia amygdaloides*, *Melica uniflora*, *Festuca heterophylla*, *Brachypodium Sylvaticum*, *Agrostis canina*, *Carex glauca*, etc. Mais ce qui fait la caractéristique de ces terrains pour le forestier, c'est la tendance qu'ils ont à se garnir, aussitôt qu'ils sont découverts ou qu'ils ont eu à subir l'incendie et les attaques du lapin, d'une végétation débordante de *Calluna vulgaris*, *Molinia cœrulea* et *Pteris aquilina*. La bruyère, la blache et la fougère sont une calamité par elles-mêmes et par le feu qu'elles provoquent. C'est aux incendies répétés que les trois quarts des taillis de la Chambarand doivent leur lamentable misère, comme c'est au lapin que maintes forêts, de Villeneuve-sur-Yonne à Rouen, doivent leur déclin et leur ruine.

Les formations calcaires recèlent *Actæa spicata*, *Anemone pulsatilla*, *Stachys sylvatica*, *Vincetoxicum officinale*, *Phyteuma orbiculare*, *Chlora perfoliata*, *Teucrium chamædrys*, *Campanula glomerata*, *Globularia vulgaris*, *Tamus communis*, *Iris fœtidissima*, etc. On les distingue aisément à ce fait que, sur tous les talus écorchés, abondent de nombreuses orchidées : *Aceras anthropophora*, *Ophrys arachnites*, *Ophris apifera*, *Orchis hircina* et surtout *Orchis pyramidalis*. Ils n'ont pas à craindre l'invasion des plantes sociales.

La valence est de chêne rouvre et de charme, mais autour d'elle s'organisent des combinaisons variées d'essences secondaires. Sur l'argile à silex, le chêne est si prépondérant que la réserve des baliveaux est un jeu. Au chêne et au charme s'adjoignent le bouleau, l'érable champêtre, le tremble, le cerisier, le châtaignier introduit et un peu d'alisier terminal. Le hêtre est toujours rare dans les taillis exploités au-dessous de 30 ans.

Les taillis sont pleins, peu broussailleux, généralement soumis à l'écorçage. Exploités jeunes, incendiés ou abroutis, ils se creusent profondément et sont envahis sur de grandes surfaces par la bruyère et la fougère. Trois essences peuvent être employées avec succès pour le garnissage de ces vides et vacants, ce sont le pin sylvestre et l'acacia (Vernon, Channot) ou encore le pin maritime (la Blache). L'acacia donne à Channot (Yonne) des résultats merveilleux vers l'âge de 30 ans. Le pin sylvestre prospère admirablement aussi sur ces sols, soit en bouquets, soit à l'état de réserves isolées. Il atteint 2 m. 50 de tour et 15-18 mètres de haut à 90 ans.

Les terres blanches de l'oxfordien sont bien aussi composées de chêne rouvre et de charme ; mais le charme tend à céder sa place au hêtre qu'attire la nature calcaire du terrain. Les essences auxiliaires sont aussi plus nombreuses ; on y trouve l'érable à feuilles d'obier, l'orme de montagne, l'alisier blanc, le sorbier domestique. Les fruitiers et les morts-bois dessinent une évolution qui ira en s'accentuant encore dans les groupes suivants.

Les taillis sont épais, serrés, lents à s'éclaircir du pied ; ils forment une transition entre les groupes précédents et ceux qui restent à étudier.

La végétation arbustive et herbacée est plus variée que dans la formation siliceuse ; elle comprend des *Cratœgus*, des *Ilex*, des *Daphne laureola*, des *Ruscus aculeatus* et enfin les caractéristiques de la Hêtraie, *Asperula odorata*, *Veronica montana*, *Pyrola rotundifolia*, *Sanicula europaea,* qui font leur première apparition.

C'est dans ce groupe que je range, au titre aberrant, tous les taillis alpins situés sur les micaschistes et schistes à cericite, d'affinités siliceuses. Les plantes caractéristiques du tapis végétal sont *Luzula nivea, Pyrola secunda* et *Prenanthes purpurea.* Les essences sont très variées et se groupent suivant l'exposition et l'altitude. On y trouve le chêne rouvre (jusqu'à 1.050 m.), le charme (arrêté à 600 mètres), le hêtre, le frêne, le cerisier, le châtaignier, les érables plane, sycomore et à feuilles d'obier, l'alisier blanc, le sorbier, le bouleau, le tremble, le coudrier, le pin sylvestre et le sapin. Dans ces taillis recépés à la fleur de l'âge, il n'y a pas de dominantes, pas de valence nette. Ce sont tous d'anciens taillis de hêtre et de chêne, à convertir en pessière ou en sapinière. Bien que les taillis y soient denses, leur rendement est nul, faute d'arbres.

Enfin et pour finir, je citerai une dernière et bien curieuse association, observée sur des limons argilo-calcaires recouvrant l'oxfordien. La valence est formée de chêne rouvre, hêtre, frêne. Cette formation est particulièrement intéressante, tant au point de vue du groupement inattendu des essences, qu'au point de vue de sa richesse et de sa souplesse. J'ajoute que j'ai déjà signalé des cas où le frêne s'accommode de terres fortes et envahies par de puissantes graminées. C'est ce qui arrive en particulier sur la terre à foulon. J'estime, néanmoins, que les terres blanches de l'oxfordien, comme la terre à foulon elle-même, ne peuvent être reboisées qu'en pin noir.

Cinquième Groupe

J'ai rangé dans ce groupe tous les calcaires marneux du Turonien, du Cenomanien, de l'Aptien, du Néocomien, du Portlandien, du Kimméridgien, du Bathonien supérieur et les calcaires à entroques du Bajocien. Ils occupent des pays de coteaux et de montagnes et forment un ensemble bien homogène. La terre végétale, grise dans les terrains crétacés, rouge dans les terrains jurassiques, n'a pas grande épaisseur quand elle provient exclusivement de la décomposition de la roche sous-jacente, mais elle est le plus souvent mélangée de plaquettes calcaires ou de rognons marneux, emballés dans l'argile, ce qui en augmente la profondeur et la fertilité. La culture agricole, qui s'est, maintes fois et bien à tort, emparée de ces maigres terrains, les abandonne petit à petit, la forêt étant seule à même de les couvrir et de les vivifier.

Sur ces sols, la flore voit augmenter le nombre de ses représentants, et les plantes parfumées des terrains calcaires font irruption dans les jeunes taillis. Je note au hasard de la plume : *Scolopendrium officinale, Polypodium vulgare, Melica uniflora, Milium effusum, Carex maxima, Carex glauca, Luzula pilosa, Paris quadrifolia, Polygonatum multiflorum, Polygonatum vulgare, Mœhringia trinervia, Ranunculus auricomus, Anemone nemorosa,*

Dentaria pinnata, Vicia sepium, Genista prostrata, Oxalis acetosella, Mercurialis perennis, Lactuca muralis, Phyteuma spicatum, Asperula odorata, Daphne laureola, Pyrola rotundifolia, Vinca minor, Gentiana lutea, Cynoglossum montanum, Lithospermum purpureo-cœruleum, Veronica tenerium, Scrophularia canica, Melampyrum pratense, Thymus serpyllum, Glechoma hederacea, Galeobdolon luteum, Stachys recta, Brunella grandiflora, Ajuga reptans, Teucrium scorodonia, Asarum œuropæum, Mercurialis perennis, Orchis militaris, Orchis mascula, Platanthera bifolia, Céphalanthera pallens, Maïanthenum convallaria, Paris quadrifolia, Lilium martagon, Phalangium ramosum, etc. La diversité des espèces ne permet pas à l'une d'entre elles de s'isoler sur de grandes surfaces, à l'exception cependant du *buis,* qui garnit souvent de ses tiges pressées le calcaire à entroques. Les graminées qui pourraient seules offrir, par le feutrage de leurs racines, un certain obstacle à l'installation des semis, sont représentées par des espèces peu gazonnantes : *Festuca heterophylla, Dactylis glomerata, Brachypodium sylvaticum, Melica nutans, Briza media.* Ces graminées ne prennent d'ailleurs une certaine importance que sur le diluvium blond des plateaux, qu'elles servent à déceler. Ce qui domine dans les jeunes coupes, ce sont les papilionacées festonnantes et les aromatiques labiées.

La valence se compose de chêne rouvre, hêtre et fruitiers (alisier blanc, alisier torminal, sorbier domestique, cerisier, pommier . Autour d'elle se groupent le charme, les érables (à feuilles d'obier, plane, sycomore), l'orme de montagne, les tilleuls à grandes et à petites feuilles, abondants sur les reins rocheux, les cytises (faux-ébénier et des Alpes), le saule marsault. La souille est de coudrier, de mahaleb, de nerprun purgatif, de cornouillers (mâles et plus rares sanguins). Les morts-bois sont nombreux, envahissants, tenaces ; ils ont pour représentants les groseillers, épineux comme l'*Uva crispa,* ou inermes comme l'*Alpinum,* des houx, des coronilles, des viornes, des troènes, des chèvrefeuilles, des épine-vinettes, les épines blanches (oxyacantha, monogyna). Deux plantes grimpantes : *Tamus communis* et *Clematis vitalba*, contribuent encore à augmenter le fouillis des jeunes tailles. Ces morts-bois, qui surgissent après la coupe, tissent des fourrés épais à l'ombre des grandes essences et sont extrêmement lents à s'éclaircir. Ils sont le trait saillant des forêts des marno-calcaires, où les essences pivotantes, comme le chène, déclinent visiblement, en tant que futaie, pour laisser la place au hètre. Le taillis très dru, peu élevé, de végétation lente, mais soutenue, demande à être enrichi par les essences secondaires : érables, sorbiers, alisiers, qui doivent entrer dans la réserve sous forme de *volières*. C'est donc surtout à partir des marno-calcaires que change la pratique des balivages.

Comme type aberrant, il faut signaler la valence chène rouvre, hètre et frène qui se développe, sur une hauteur de 100 à 150 mètres, le long des éboulis du calcaire à entroques, au contact avec le lias. En ces points, les éboulis sont copieusement arrosés par des sources dessinant un horizon très net. En tous lieux, cette bande, magnifiquement boisée et garnie de beaux arbres, contraste, par sa richesse, avec les maigres taillis des forèts du plateau.

Sixième Groupe

A ce groupe appartiennent toutes les forèts croissant sur des roches massives, peu fissurées et qui comprennent notamment :

a) La craie blanche du sénonien, les calcaires compacts à faciès urgonien et corallien, les calcaires du Bajocien, les calcaires dolomitiques et cristallins du Muschelkalk et autres étages ;

b) Les granits, les gneiss et les porphyres.

Ce qui relie entre eux tous ces terrains d'élection forestière, en apparence si dissemblables, c'est l'impossibilité de constituer une réserve d'avenir avec le chêne et la nécessité impérieuse, absolue, de le remplacer par le hêtre. Mais, pour la clarté des faits et la netteté de l'exposition, j'étudierai séparément les terrains calcaires et les terrains siliceux.

Forêts des terrains calcaires compacts

Tout le monde connaît la flore riche, éclatante, parfumée des terrains calcaires. Le printemps, l'été et l'automne épuisent la gamme des couleurs et rivalisent pour charmer les yeux du promeneur. Toutes ces plantes, si abondantes dans les jeunes coupes, se succèdent avec une régularité admirable, enchaînant sans cesse les observations et les faits. Tantôt ce sont les blancs *Leucoïum vernum*, les jaunes *Narcissus pseudonarcissus* et *Anemone ranunculoïdes*, les bleues *Scilla bifolia* et *Centaurea montana*, les roses *Anemone hepatica*, les blancs *Maïanthenum bifolium* et *Asperula odorata*, les pourpres *Asarum europæum* qui émaillent le parterre des grands bois, alors que *Anemone pulsatilla*, *Dianthus carthusianorum*, *Linum alpinum*, *Scilla autumnalis*, *Bupleurum falcatum*, *Genista pilosa*, *Brachypodium pinnatum*, *Bromus asper*, *Festuca duriuscula*, *Carex præcox*, etc., etc., sont cantonnés dans les clairières ; tantôt les éboulis disparaissent sous la poussée des *buis*, au milieu desquels jaillissent les touffes énormes des *Laserpitium gallicum*, aux feuilles si ornementales, et *Laserpitium latifolium*, aux travers desquels se dérobent *Daphne alpinum*, *Teucrium montanum*, *Saponaria ocymoides*, *Authranthus angustifolius* ; tantôt c'est le *Daphne mezereum* qui couvre la pierraille de ses fleurs roses et odorantes, c'est *Paeonia corallina* et *Actaea spicata* qui fleurissent si gentiment les bois clairs, c'est *Arctostaphylos officinale* et *Cypripedium calceola*, dont les colonies rares et éparses évoquent des temps révolus.

Mais c'est surtout après la coupe que la flore atteint son

apogée en nombre et en puissance. Les récolements se font dans la magie des couleurs. Ici, ce sont les *Lilium martagon*, les *Aquilegia vulgaris*, les *Valeriana officinalis*, les *Festuca heterophylla* qui se groupent en denses colonies ; là, le sol disparaît sous un frisson de *Melampyrum arvense :* dans les sommières et les layons ensoleillés les *Trifolium rubens, alpestre, montanum* recueillent la pluie et la rosée venues du ciel pour la rendre ensuite généreusement aux forestiers ; le muguet et la mélite sont partout ; il se dégage de l'ensemble comme une folie de vie.

Et, si le tapis végétal est serré, luxuriant, varié, il en est de même de la flore arbustive, souvent armée, piquante et déchirante. Les rosiers (*Rosa pimpinellifolia, R. tomentosa, R. rubiginosa*), les églantiers, les cornouillers mâles, les viornes, les troènes, les fusains, les coronilles, les épines-vinette, les framboisiers, les daphnés sont légion. Les amé-lanchiers, les cotoneasters, les nerpruns purgatifs et des Alpes, les sureaux, les coudriers, les saules marsault, les buis se mêlent et s'entremêlent. Sur ce sol nourissant et qui s'échauffe si aisément, cette souille et ces morts-bois durent, durent jusqu'à épuiser la patience du forestier trop pressé. Tant qu'ils vivent et qu'ils encombrent le sol, rien à faire pour la hache qui ne ferait qu'enfler le rôle de ces bois sans valeur.

La valence est de chêne rouvre et de hêtre ou de hêtre et de chêne rouvre, suivant l'âge auquel on exploite les taillis. Mais à ces deux essences viennent s'adjoindre parfois le chêne pédonculé, égaré, et tous les végétaux qui peuplent les calcaires marneux. Le frêne lui-même, mais un frêne différent de celui des plaines, est fréquent sur les éboulis. L'importance des érables, des alisiers, des sorbiers, des tilleuls grandit encore, alors que celle du charme s'efface. Au chêne, que l'on réservait jadis et que l'on réserve trop souvent encore à tour de bras et de marteau, au chêne, bon seulement dans le taillis, on doit substituer de plus en plus la réserve de hêtre et, en volières, des alisiers, érables, tilleuls (Fig. 96).

Le taillis, drù dans les forêts soignées de longue date, souvent évidé dans les forêts pâturées, lacuneux sur les

FIG. 96. — TYPE DE FORÊT DU SIXIÈME GROUPE SUR CALCAIRE COMPACT. RÉSERVE EN VOLIÈRES D'ALISIERS.

rochers où poussent les orpins, est très long à se débarrasser de ses langes, c'est-à-dire de ses morts-bois. Il a, par contre, pour lui la vitalité prodigieuse de ses souches qui en permet l'exploitation tardive. J'ai condamné et je condamne toujours, dans ces terrains, l'introduction du pin qui ne donne rien.

Forêts des terrains compacts siliceux

Bien différentes sont ces forêts des terrains siliceux compacts, qui ont, cependant, même aboutissement et même technique. C'est, d'une part, la flore qui change avec ses arbustes et ses plantes sociales, callunes, airelles, fougères, genêts à balais; avec ses champs de digitale pourpre (*Digitalis purpurea*, Fig. 97), de seneçons *Senecio adonidifolius*) et d'épilobes (*Epilobium montanum*), avec ses groupements denses de *Ranunculus aconitifolius* dans les parties mouillées. C'est, d'autre part, l'aspect des jeunes coupes, tout d'abord couvertes d'un manteau ininterrompu d'*Agrostis alba*, dont les chaumes et les inflorescences rougeâtres ondulent gracieusement sous le souffle des vents (Fig. 98), puis après jaunies par les fleurs d'or des genêts. Les layons de coupes sont envahis par un dense tapis de callunes d'où les pieds ont peine à s'arracher.

La valence est de chêne rouvre. Mais à ce chêne s'adjoignent en plus ou moins grand nombre du bouleau, du

Fig. 97. — RÉCOLTE DE DIGITALE POURPRÉE.

tremble, du sorbier des oiseleurs, de l'alisier blanc. Hêtre et charme sont rares et ne deviennent abondants que dans les taillis exploités à longue révolution. Partout sont de petits marais tourbeux, qui ne sont parfois qu'un frisson d'eau sur de la mousse, qui d'autres fois sont amplement garnis de *Polytrichum formosum* et *arnigerum*, *Philonobis fontana*, *Hypnum schreberi*, *purum*, *aispidatum*, *Dicranum scoparium*, etc., marais qui se couvrent d'un taillis vigoureux d'aunes, de bouleaux et de trembles. Les bouleaux, dont les racines font saillie au-dessus du sol, sont d'ailleurs moins longévifs, moins bien venants, que les trembles (forêt domaniale de Saulieu).

Infiniment curieux, infiniment troublants sont ces taillis de chêne pur, à écorce, du Morvan et d'autres lieux similaires. Dès l'âge de 15 ans, ils n'ont à leur pied qu'un vert et mince duvet de mousse et d'agrostis. Les rejets paraissent *plantés* et comme distribués de main d'homme. L'estimateur, qui voit loin, a toujours tendance à en forcer le rendement, qui est mince. Et, depuis que le monde est monde, on balive là-dedans lâchement, pauvrement, en chêne qui ne fait rien, non-sens cultural sur un sol acide, dont la détérioration est suivie de l'inévitable et vain cortège des airelles, des fougères, des bruyères et des ajoncs. Là encore, la réserve

FIG. 98. — TYPE DE FORÊT DU SIXIÈME GROUPE SUR GRANIT. JEUNE COUPE AVEC TAPIS ININTERROMPU D'*Agrostis alba*. BALIVAGE PAUVRE EN CHÊNE ROUVRE.

en volières des essences secondaires s'impose. La plupart de ces taillis, situés à plus de 400 mètres d'altitude, demandent d'ailleurs à être enrésinés en sapin pectiné. Dans les vides, on peut introduire le pin sylvestre, le douglas et même le mélèze.

Forêts Méridionales

a) CHÊNE ROUVRE. — Sur les calcaires compacts de la Provence et du Languedoc, le chêne rouvre forme des taillis qui donnent au pays un aspect caractéristique. Il est en contact plus ou moins permanent avec le chêne vert qui le supplante sur les reins rocheux et sur les pentes brusquement redressées. D'une façon générale, le rouvre domine au Nord et à l'Ouest; le chêne vert, au Sud et à l'Est.

La valence est de rouvre; mais à ce rouvre se mêlent plus ou moins largement l'érable de Montpellier, le térébinthe, le poirier à feuilles d'amandier et le genévrier de Phénicie. La souille est formée d'aubépines, de cornouillers, de viornes, d'amélanchiers, de nerpruns, de paliures, de coronilles, de buis; elle est tressée de clématites et de smilax. Le tapis végétal comprend de nombreuses asphodèles; des petits houx, des asperges, des hellébores, des sariettes (*Saturica montana*), des Euphorbes (*Euphorbia nicaeensis*), et tout un groupe de graminées xérophiles, pami lesquelles prédominent *Brachypodium ramosum* et *B. phœnicoides*.

Poussant sur la roche, ces taillis de chêne rouvre ne brillent ni par leur densité, ni par leur élévation. Ils sont d'un médiocre rendement. Les réserves ont des cimes étalées et des fûts relativement bas. C'est par les fruitiers surtout (sorbiers et alisiers) que l'on parviendra à améliorer à la fois le peuplement et les balivages.

Si toutefois on voulait introduire des résineux dans ces clairs taillis pour en forcer le rendement, ce serait au pin d'Alep qu'il faudrait s'adresser pour des altitudes inférieures à 300 mètres, en choisissant les endroits bien pourvus de terre végétale.

b) CHÊNE VERT. — Les bois de chêne vert, cantonnés sur les calcaires compacts, viennent naturellement se ranger dans ce groupe. Dans le midi de la France, en Espagne, où

ils sont outrageusement pâturés, ils ne forment guère que
des taillis simples, clairiérés, laissant apparaître la roche au
travers de ses méats. Pour retrouver la forêt de chêne vert

FIG. 99. — FUTAIE DE CHÊNE VERT.

deux à trois fois séculaire, il faut aller au Maroc, dans le
moyen Atlas. Là existent des perchis et des futaies de toute
beauté, quasi pures, souvent serrées et dont l'élévation
dépend de la profondeur plus ou moins grande du sol (Fig. 99).
Évidemment, ce ne sont pas les futaies de Tronçais, de Bercé,
de Bellème, aux longues et majestueuses colonnades de fûts.

La futaie marocaine est plus courte (16 mètres de hauteur) et renferme une proportion beaucoup moins grande de bois d'industrie. Elle provient, pour une grande part, de rejets de souches qui se sont développés après les incendies et qui ont évolué sans l'intervention humaine. Pâturées par des troupeaux transhumants de chèvres et de moutons, elles n'ont qu'un maigre sous-bois de pivoines, houx et viornes thym. De par leur origine même, elles présentent des damiers de peuplement dont l'âge rappelle le dernier grand incendie qui leur a donné naissance. Les vieux arbres sont souvent atteints de pourritures causés par des polypores (*Polyporus igniarius, Polyporus fomentarius*). Elles me représentent un peu ce que devaient être les forêts *vivrières* des Gaules avant l'invasion Romaine et ce que j'ai vu sur certains points en Slavonie. Telles quelles, elles ont leur majesté, leur splendeur et leur utilité. Elles sont sans conteste les *derniers représentants* du type. Leur disparition est *une perte pour la civilisation*.

En tous autres points, la forêt de chêne vert est formée de cépées pleines et vigoureuses, auxquelles s'adjoignent, spécialement dans les parties rocheuses, *Phillyrea media, Pistacia terebinthus, Pirus amygdaliformis*. Entre ces cépées se développe une *souille* de *Phillyrea angustifolia, Phillyrea media, Quercus coccifera, Rhamnus alaternus, Viburnum tinus, Prunus spinosa, Buxus sempervirens, Cratoegus monogyna, Cornus mas :* puis vient un contexte plus ou moins serré de morts-bois où dominent : *Asparagus acutifolius, Jasminum fruticans, Daphne gnidium, Coronilla glauca, Dorychium pentaphyllum, Genista scorpuis, Genista hispanica, Ruscus aculeatus, Rosmarinum officinale, Lavandula stæchas, Lavandula latifolia*, etc. La flore herbacée comprend tantôt des espèces sous-ligneuses, ordinairement à feuilles persistantes, comme les hélianthèmes, les bugranes, les cytises, les germandrées, tantôt des plantes chaméphytes dont l'appareil végétatif se réduit durant l'été et l'hiver à une rosette de feuilles : psoralée bitumineuse, silènes, scabieuses, centaurées, vipérines, cynoglosses, sauges, chardons, molènes, etc. ; tantôt des végétaux cryptophytes, comme Ranoncule bulbeuse, Scille automnale, Ails, Orchidées, Cyperacées et Graminées. Parmi ces dernières dominent des types franchement xérophiles, comme *Andropogon ischaenum, Brachypodium ramosum, Oegilops ovata*, etc. Les plantes sarmenteuses sont représentées par *Asparagus acutifolius, Rutia peregrina, Clematis flanulla, Lonicera etrusca*, etc. Ces deux derniers étages (morts-bois et tapis végétal) forment la partie inflammable et flambante de la forêt de chêne vert. On en a souvent conseillé, préconisé le détrapage, oubliant que *c'est au sein de cette basse végétation que s'opère seulement la régénération naturelle du chêne vert.* C'est ce qu'ignorent, hélas ! beaucoup de forestiers.

Dans ces forêts de chêne vert s'égrènent, suivant les lieux et les stations, ici du pin d'Alep, là du genévrier oxycèdre, plus loin du cèdre. Et c'est ainsi que la nature nous montre clairement comment on peut boucher les vides des taillis émiettés.

Sur ces taillis de chêne vert, l'action de l'homme est funeste. Après chaque coupe, le sol mis à nu est brûlé ; l'humus est oxydé ; la terre végétale perd son eau de constitution et sa cohésion, elle se réduit en poudre que les eaux emportent. La végétation déjà pauvre se ralentit encore, On comprend dès lors aisément ce que peuvent devenir ces taillis soumis à des révolutions de 18 à 25 ans ou à des abus de parcours.

c) Maquis. — La première conséquence est de donner une place de plus en plus prépondérante aux espèces sociales ou drageonnantes : buis, chêne kermès, genêts épineux, romarins, qui constituent la souille. La taille du recrû s'abaisse en même temps que s'altère la composition de l'ensemble. On arrive ainsi au *maquis*. Dans cette phase régressive du maquis, le sol n'est plus couvert que de broussailles, au milieu desquelles surgissent quelques cépées de chêne vert, de lentisque et de philaria.

d) GARRIGUE. — Désormais sans valeur forestière, le maquis est livré aux bêtes Il se disloque, s'émiette. Les genêts épineux, les buis, à l'état de touffes rampantes, ne parviennent plus à voiler la nudité du sol. C'est la *garrigue*. Bientôt après, c'est la lande de buis et de lavande. Que faire de ces garrigues et de ces landes que brûle le soleil? Problème redoutable et dont on ne voit pas de solution économique. Pin d'Alep peutêtre, malgré le feu qui couve. Repos sûrement, qui permettra à la nature de refaire son œuvre ; mais, hélas ! avec une lenteur capable d'émousser les meilleures bonnes volontés.

FIG. 100. — CRÊTES ROCHEUSES GARNIES DE GENÉVRIERS OXYCÈDRES Espagne.

e) JUNIPERAIE. — Il reste enfin à dire un mot d'une formation particulière, spéciale aux escarpements rocheux, siliceux ou calcaires, et que j'ai trouvée aussi bien sur les quartzites de la sierra de Almaden, en Espagne, que sur les calcaires compacts de la région languedocienne et de l'Illyrie. Ce sont les peuplements très ouverts de genévriers oxycèdre, de Phénicie et thurifère, occupant généralement des crêtes (Fig. 100). On doit les considérer comme des débris de forêts de chêne tauzin (Espagne), de chêne rouvre (Illyrie) ou de chêne vert (Midi de la France). Les genévriers, largement épars, sont distribués dans les anfractuosités de la roche et apparaissent de loin comme des points noirs jetés sur le gris de la pierre ou le vert de la prairie de *Festuca elegans*, *Festuca triflora*, *Avena albinervis*, *Milium multiflorum*, etc. Des végétaux buissonnants : kermès, tauzin, chêne de Portugal, térébinthe, alaterne, paliure, amélanchier, se nichent dans les replis un peu terreux de la falaise et sont un écho affaibli des peuplements disparus. Ces boisements clairs de genévriers constituent des forêts de protection et ne sont susceptibles d'aucune exploitation. Ils disparaissent d'ailleurs très vite sous la dent des boucs, laissant à la montagne l'aspect de chaînes lunaires.

Dans ces pages qui terminent le premier volume du Traité des Taillis, je me suis efforcé de donner une vue ordonnée de la composition des peuplements, évitant le détail pour ne voir que l'ensemble. Les uns trouveront que les tableaux sont incomplets, les autres qu'ils sont trop chargés. De cette ébauche sortira néanmoins, je l'espère, la claire vision de l'enchaînement des faits et des causes, qui est le meilleur fondement de la sylviculture pratique.

Dijon, le 14 Juillet 1927.

Alph. MATHEY.

ERRATA

Page 108,   7ᵉ ligne, lire « laciniée », au lieu de « lasciniée ».

— 118. 14ᵉ   — , supprimer « *et* ».

— 135. 24°   — . lire « terreau », au lieu de « terrain ».

— 137. 16ᵉ   — , — « plus tôt ».   —   de « plutôt ».

— 177. avant-dernière ligne, supprimer l'« e » final de « Gobi ».

— 179. 3ᵉ ligne, lire « carie » au lieu de « carrie ».

— 303, 12ᵉ   — . lire « montagne », au lieu de « montage ».

INDEX ALPHABÉTIQUE

A

B

C

D

E

F

H

I

J

K

L

O

P

Q

R

S

T

U

V

<h2 style="text-align:center">W à Z</h2>

TABLE DES FIGURES

TABLE ANALYTIQUE DES MATIÈRES

Imp. A. LEBRETON, Rue Saint-Jacques, Le Mans. — 25212

IMPRIMERIE
A. LEBRETON
11-15, Rue Saint-Jacques
LE MANS
25212